Die Isolierung
großer elektrischer Maschinen

Die Isolierung großer elektrischer Maschinen

Von

Dipl.-Phys. Hartmut Meyer

Siemens-Schuckertwerke AG

Mit 199 Abbildungen

Springer-Verlag Berlin Heidelberg GmbH

1962

ISBN 978-3-662-01580-3   ISBN 978-3-662-01579-7 (eBook)
DOI 10.1007/978-3-662-01579-7

Vorwort

Das vorliegende Buch stellt zusammenfassend ein Gebiet des Elektromaschinenbaues dar, das in den letzten Jahrzehnten ständig an Interesse, Umfang und Bedeutung gewonnen hat. Während die Isoliertechnik in der ersten Zeit des Elektromaschinenbaues oft mit einem Nimbus des Geheimnisvollen umgeben wurde, hat sich dies besonders seit der lebhaften Beschäftigung mit Isolationsproblemen in den dreißiger Jahren vollständig geändert. Gegenwärtig verläuft die Entwicklung der Isolationstechnik im wesentlichen auf zwei Wegen. Einmal wird auf dem Gebiet der praktischen Herstellung der Wicklungsisolierungen unter den durch die Kunststofftechnik veränderten Voraussetzungen gearbeitet. Zum anderen besteht allgemeines Interesse an der Schaffung von Bewertungsmaßstäben für die Isolierungen. Die Darstellung der Isolierung großer elektrischer Maschinen in diesem Buch berücksichtigt diese Zweiteilung.

Nach einer Einführung und der Behandlung der Funktionen, der Beanspruchungen und des Aufbaues der Isolierungen in den Abschnitten I und II werden daher im III. Abschnitt die zur Verwendung kommenden Isolierstoffe und die nach verschiedenen Verfahren hergestellten Wicklungsisolierungen beschrieben. Dabei waren vor allem die Entwicklungen auf dem Gebiet der synthetischen Isolierstoffe, Kunstharze usw. zu berücksichtigen, soweit sie bereits die Isoliertechnik der Hersteller beeinflussen.

Der IV. Abschnitt des Buches ist dagegen der grundsätzlichen Frage der Lebensdauer und den vielen Versuchen gewidmet, im Rahmen von Betriebsüberwachungen mit mehr oder weniger zerstörungsfreien Meß- und Prüfverfahren Aussagen über Restlebensdauer, Alterungsvorgänge und Zustand der Isolierungen zu gewinnen. Der Umfang dieses Abschnittes entspricht der Intensität, mit der in aller Welt besonders im letzten Jahrzehnt auf diesem Gebiet gearbeitet worden ist.

Die Auswahl des Stoffes und Art der Darstellung erfolgte in dem Bestreben, möglichst allen Interessenten an Maschinenisolierungen gerecht zu werden. So soll denn das Buch sowohl dem Studierenden des Elektromaschinenbaues wie auch dem praktisch arbeitenden Konstrukteur zur Unterrichtung über die gegenwärtigen Isolationsprobleme dienen. Den für den Betrieb von großen elektrischen Maschinen in Kraftwerken oder Industriebetrieben verantwortlichen Ingenieuren soll einerseits eine Unterrichtung über den Stand der Isoliertechnik, andererseits aber auch eine Möglichkeit gegeben werden, sich über Prüfung und Beurteilungsverfahren für Isolierungen zu informieren, die bei der zunehmenden Ausübung periodischer Betriebsüberwachungen zur Anwendung gelangen. Nicht zuletzt soll das Buch auch denen einen nützlichen Überblick über ihr Tätigkeitsgebiet vermitteln, die in Laboratorien und Versuchswerkstätten der maschinenbauenden Industrie an der Weiterentwicklung der Isolierungen arbeiten.

Der Verfasser ist für die Anregung und Förderung dankbar, die ihm durch die Leitung des Dynamowerkes der Siemens-Schuckertwerke AG bei der Ausarbeitung des Manuskriptes zuteil wurde. Herrn Dr. LIEBSCHER gebührt besonderer Dank für sein tätiges Interesse an der Fertigstellung des Buches. Für die Anfertigung des Manuskriptes, der Zeichnungsvorlagen und des Registers habe ich Frl. STECKLING, Frl. KESSLER und meiner Frau zu danken. Gedankt sei auch den Kollegen in den SSW-Werken und -Dienststellen, die sich der Mühe einer letzten kritischen Durchsicht des Manuskriptes unterzogen haben. Dem Springer-Verlag endlich danke ich für die in bekannt vorbildlicher Weise erfolgte Drucklegung und Herausgabe des Buches.

Berlin-Siemensstadt, im Oktober 1961

H. Meyer

Inhaltsverzeichnis

I. Einführung

1. Abgrenzung des Stoffes

Das zu behandelnde Gebiet der Isolationstechnik umfaßt die Isolierungen großer elektrischer Maschinen in einem weiten Bereich von Maschinentypen und -leistungen. Es wird dabei vor allem von den Isolierungen großer Energieerzeuger und -verbraucher zu sprechen sein, die sich isolationstechnisch durch das gemeinsame Merkmal auszeichnen, daß ihre Wicklungen aus einzelnen Wicklungselementen, vorgeformten Spulen oder Stäben, zusammengesetzt sind.

Unter diesem Merkmal zusammengefaßt, bilden die Wicklungsisolierungen von Turbogeneratoren, Wasserkraftgeneratoren, von mittleren Synchron- und Asynchronmaschinen sowie von größeren Maschinen für elektrische Fahrantriebe ein bei aller Verschiedenheit im Detail zusammengehöriges Gebiet der Technik. Der komplexe Aufbau der Isolierungen aus verschiedenen anorganischen und organischen Isolierstoffen, die Aufteilung der Wicklung in einzelne, weitgehend austauschbare, vorgeformte Wicklungselemente, die damit erzielte Möglichkeit von Reparaturen und die aufwendige, teure Spezialarbeit erfordernde Fertigungstechnik, kennzeichnen die interessierenden großen Maschinen, wobei deren elektrische Leistung in einem Bereich von mehr als drei Zehnerpotenzen von etwa 100 kW bis mehr als 300 000 kW variieren kann.

2. Die Isolierung

Die Bedeutung der Isolierung für die elektrische Maschine ist die eines *notwendigen Übels,* d. h. sie ist nicht im eigentlichen Sinne aktives Material in der Maschine wie Eisen und Kupfer, man kommt jedoch ohne sie nicht aus. Das Eisen trägt den magnetischen Fluß, das Kupfer der Wicklungen führt den damit verketteten elektrischen Strom. Die Isolierung trennt Teile verschiedenen elektrischen Potentials voneinander, ist aber im Grunde unerwünscht, da man den von ihr beanspruchten Raum im Interesse einer Verbesserung der elektrischen Werte der Maschine lieber mit Kupfer oder Eisen füllen würde.

Der wesentliche Anteil der Maschinenisolierung dient der Trennung spannungführender Wicklungsteile untereinander und von dem auf Erdpotential befindlichen Ständer- und Läufereisen. Diese von der Isolierung aufzunehmenden Spannungen sind notwendig mit der Funktion der elektrischen Maschine verknüpft, und sie sollen hier als *Arbeits-spannungen* bezeichnet werden, im Gegensatz zu unerwünscht auftreten-den *parasitären* Spannungen, die im Kupfer und Eisen zu Wirbelstrom-verlusten und vagabundierenden Strömen führen und besondere Iso-lierungen notwendig machen.

Die wesentlichen Träger von Arbeitsspannungen sind:

Die Hauptisolierung[1]   } von Ständer- und
die Windungsisolierung   } Läuferwicklungen,

die Hauptisolierung   } für gleichstromgespeiste
die Windungsisolierung   } Wicklungen, ausgeprägte Pole,

die Hauptisolierung   }
die Lamellenisolierung   } von Kommutatoren,

die Isolierung von Schleifringen und Zuführungsleitungen.

An sich sehr kleine parasitäre Spannungen werden im Kupfer und Eisen der Maschinen induziert, die jedoch bei großen Querschnitten zu hohen Wirbelstromverlusten führen können. Durch Unterteilung der Kupfer- und Eisenquerschnitte in gegeneinander isolierte Teilleiter bzw. dünne Bleche wird die Auswirkung dieser parasitären Spannungen auf ein erträgliches Maß gesenkt. Zur Vermeidung von schädlichen Lager-strömen als Folge der in der Läuferwelle induzierten Wellenspannung werden Lager in vielen Fällen isoliert aufgestellt.

3. Entwicklung der Isolationstechnik

Die Entdeckung des Zusammenhanges von elektrischem Strom und Magnetismus im Jahre 1820 durch OERSTED und der elektromagneti-schen Induktion im Jahre 1831 durch FARADAY bilden die Ausgangs-punkte für die Entwicklung der Elektrotechnik. Kaum ist OERSTEDS Entdeckung bekannt geworden, da wird noch im gleichen Jahre durch SCHWEIGGER eine erste Spule aus isoliertem Draht hergestellt, um die magnetischen Wirkungen des Stromes zu vervielfachen. Den Zeitpunkt der Herstellung dieser Spule 1820 darf man wohl als die Geburtsstunde der Isolationstechnik ansehen.

Fast gleichzeitig mit der Veröffentlichung des Induktionsgesetzes durch FARADAY 1832 beginnt die Entwicklung des Elektromaschinen-baues. Überall wird versucht, geeignete Maschinen zur elektromagneti-schen Stromerzeugung zu bauen. Holz, Kautschuk, Glas, Guttapercha, Textilgewebe sind die ersten Isolierstoffe, derer man sich bedient. 1858 werden die ersten Isolierstoffkombinationen, bitumen- und kautschuk-

---

[1] Die Bezeichnung Hauptisolierung wurde in Anlehnung an den internatio-nalen Sprachgebrauch (main insulation) für die Isolierung zwischen spannung-führenden Wicklungsteilen und dem Maschineneisen gewählt.

imprägnierte Baumwollgewebe verwendet. 1866 findet W. SIEMENS das dynamo-elektrische Prinzip und gibt damit dem Elektromaschinenbau den entscheidenden Impuls für die weitere Entwicklung. Der Mangel an genügend temperaturfesten Isolierstoffen begleitet die Entwicklung der elektrischen Maschinen, so daß in zunehmendem Maße anorganische Naturstoffe wie Glimmer und Asbest Bedeutung gewinnen.

Um die Jahrhundertwende beginnt mit der Einführung des Drehstromes und dem Bau immer größerer Maschinen bei Steigerung der Maschinenspannungen die Entwicklung der Maschinenisolierung, deren grundsätzlicher Aufbau sich zumindest in Europa bis heute weitgehend erhalten hat. Die Erfindung des Mikafoliums durch JEFFERSON und DYER 1900 und des Bügelprozesses zur Herstellung fester Umpressungen im Nutteil der Wicklungen durch HAEFELY im Jahre 1910 macht den Einsatz des thermisch, chemisch und elektrisch hochwertigen Glimmers als tragendem Bestandteil der Hauptisolierung möglich.

Mit den steigenden Einheitsleistungen der Maschinen wachsen auch zunächst die Anforderungen an die Isolierung, da man im Interesse kleiner Maschinenströme die Spannungen erhöht. Zwischen 1920 und 1930 werden in USA und Europa z. T. Maschinen mit Nennspannungen von 22 ⋯ 36 kV gebaut. Die Entwicklung leistungsfähiger Schalter und die Einführung der Blockschaltung von großen Generatoren mit Transformatoren bringt jedoch eine rückläufige Tendenz, so daß z. B. noch heute die höchsten nach VDE 0530 für Generatoren genormten Nennspannungen 16,5 kV (16 $^2/_3$ Hz) bzw. 15,75 kV (50 Hz) betragen. Erst in jüngerer Zeit wurde die Anwendung höherer Spannungen von z. B. 24 kV bei Einheitsleistungen über 300 MVA für Turbogeneratoren erforderlich.

Bis etwa 1920 ist bei allen Herstellern das Schellackmikafolium als Nutisolierung gebräuchlich, und als Wickelkopfisolierung dienen Lackgewebebänder. Diese Technik ist auch heute noch für die Mehrzahl der in Europa gebauten Maschinen gebräuchlich, mit der einen Abwandlung, daß seit etwa 1930 auch Asphalt an Stelle von Schellack als Bindemittel im Mikafolium verwendet wird. In den USA wurde seit etwa 1920 bereits eine neue Art der Verarbeitung von Glimmerisolierstoffen eingeführt, nämlich das durchgehende Bewickeln von Spulen und Stäben mit schmalen, sich überlappenden Glimmerbändern, die mit Asphalt imprägniert werden. Diese durchgehende Isolierung bietet besonders bei hohen Spannungen eine wesentliche Erleichterung des Überschlagproblems. Im Zusammenhang mit der Erhöhung der Nennspannungen wird diese Isolierung ab etwa 1930 in den USA allgemein eingeführt und bleibt auch in Anwendung, nachdem sich die niedrigeren Nennspannungen durchgesetzt haben. Zeitlich mit den Jahren des zweiten

Weltkrieges zusammenfallend und teils auch durch den Krieg bedingt, entstanden überall auf der Welt Isolationsprobleme bei großen elektrischen Maschinen. In den USA führten die gesteigerten Maschinenabmessungen und zeitbedingte Überlastungen zu wärmemechanischen Beanspruchungen, denen der Asphalt als Bindemittel nicht mehr gewachsen war. An anderen Stellen waren schlechte Isolierstoffe oder nicht ausreichend erprobte Austauschstoffe Ursache für die verschiedensten Schäden, so daß allgemein nach dem Kriege eine lebhafte Entwicklung auf dem Gebiet der Isolierung großer Maschinen einsetzte.

Diese Entwicklung konzentrierte sich zunächst auf die Anwendung der neuen härtbaren Kunststoffe als Bindemittel in Glimmerisolierungen an Stelle der thermoplastischen Naturstoffe Schellack und Asphalt. Die lösungsmittelfreien, polymerisierenden Polyesterharze erhalten zur Imprägnierung von Glimmerbandisolierungen seit 1949 einen sehr großen Anwendungsbereich, die später entwickelten Epoxydharze können sich bisher wegen technologischer Schwierigkeiten nur in wesentlich geringerem Maße durchsetzen. Ein neues Gebiet der Isolationstechnik wird mit der Anwendung der sog. Glimmerpapiere an Stelle des natürlichen Spaltglimmers betreten. Glimmerfreie Isolierungen, z. B. auf der Grundlage von Siliconkautschuk, kennzeichnen die Tendenz der weiteren Entwicklung.

Gegenwärtig gibt es eine scheinbar schwer zu überblickende Vielfalt unterschiedlicher Isolierungen und Isolierverfahren. Diese Vielfalt läßt sich jedoch, wenn man z. B. vom Aufbau der fertigen Isolierung ausgeht, durch Einführung weniger kennzeichnender Merkmale zu guter Übersicht ordnen. Wesentliche Kennzeichen sind, ob und in welcher Form die Isolierung Glimmer enthält, welche Klebe- oder Imprägnierharze zur Anwendung kommen und ob die Isolierung aus Bändern oder breiten Bahnen aufgebaut wird. Das Schema der Tab. 1 enthält praktisch alle wesentlichen Varianten der heute gebräuchlichen Isolierungen. Die zeitliche Entwicklung ist in der Tabelle gut zu erkennen. Während der großflächige, gewachsene Spaltglimmer auch mit thermoplastischen Bindemitteln betriebssichere Isolierungen ergibt, die mit härtenden Kunstharzen eine Reihe von Verbesserungen erfahren, kommt man ohne härtbare Kunstharze grundsätzlich nicht mehr aus, wenn man die aus kleinsten Glimmerflocken zusammengesetzten Glimmerpapiere verwenden will. Die völlige Ausschaltung des Glimmers in Maschinenisolierungen ist in größerem Maße bisher nur mit Siliconkautschuk ausgeführt worden. Der Versuch, mit Epoxydharzen gegossene Isolierungen mit Glasgewebeverstärkung einzusetzen, ist bisher nur in einem Einzelfall bekannt geworden und stellt einen Vorstoß in völliges Neuland dar.

In der Zeittafel zur Entwicklung der Isolationstechnik ist versucht worden, wesentliche Daten aus der Geschichte des Elektromaschinen-

Tabelle 1. *Isolierungen großer Maschinen*

Grundsubstanz	Spaltglimmer			
			Glimmerpapier	
Art des Bindemittels	thermoplastische Kleber (Naturprodukte)		härtbare Kunstharze	
Form des Zwischenmaterials bzw. Verarbeitungszustand	Breitbahn-Mikafolium	Glimmerbänder	Breitbahn-Mikafolium	Glimmerbänder
Bezeichnung der Bindemittel	Schellack, Asphalt	Asphalt	Epoxydharz	Polyester-, Epoxydharz

Grundsubstanz	Organischer Kunststoff	
	Silikonkautschuk	Epoxydharz
Art des Bindemittels	—	—
Form des Zwischenmaterials bzw. Verarbeitungszustand	halbvulkanisierte Silikonkautschukbänder mit anorganischem Füllmaterial	flüssiges Harz, Glasgewebeverstärkung
Bezeichnung der Bindemittel	—	—

baues zusammenzustellen, wobei weder Vollständigkeit angestrebt werden konnte, noch irgendwelche Prioritäten festgestellt werden sollen. Der Rückgriff auf die Zeit der ersten Anfänge der Isolationstechnik wurde in der Absicht vorgenommen, zu zeigen, wie zunächst nur die natürlichen Isolierstoffe des täglichen Gebrauches zur Verfügung stehen, dann neue Naturstoffe und Kombinationen aus mehreren Stoffen bewußt den Zwecken des Maschinenbaues angepaßt werden, bis 1910 mit dem Mikafolium zunächst ein gewisser Abschluß der Entwicklung erreicht zu sein scheint. Tatsächlich ist aber zu jeder Zeit intensiv an der Weiterentwicklung der bestehenden Isolierungen gearbeitet worden, und zwar immer auf zwei Gebieten nebeneinander: Einerseits bemüht sich die Fertigungstechnik, die vorhandenen Stoffe auf die beste Weise zu verarbeiten und vorhandene Stoffe neu für ihre Zwecke einzusetzen. Die Durchsetzung der Asphalt-Glimmerbandisolierung und ihre Vervollkommnung in der Zeit zwischen 1920 und 1930 in den USA stellt eine solche Entwicklung dar. Andererseits arbeitet abseits von der praktischen Anwendung die chemische Industrie an der Schaffung neuer synthetischer Stoffe. So wird nachträglich erkennbar, daß die

Tabelle 2. *Zeittafel zur Entwicklung der Isoliertechnik im Elektromaschinenbau*

Zeit	Stand der Technik	Isolierstoffe und Isoliertechnik
1820	OERSTED, Elektrizität und Magnetismus	SCHWEIGGER, Spule aus isoliertem Draht zur Verstärkung der magnetischen Wirkungen des Stromes
1831	FARADAY, elektromagnetische Induktion	
1835	Versuche mit Stromwendern	Ebenholz als Isolierstoff (M. H. v. JACOBI)
1836	Versuche zur Schaffung von elektromagnetischen Stromerzeugern	Kautschuk als Isolierstoff (MULLIN, Großbritannien)
1838		Glas als Isolierung eines 2 poligen Stromwenders (W. WEBER, Göttingen)
1843		FARADAY gibt Guttapercha als Isolator an
1847		W. SIEMENS wendet Guttapercha als Kabelisolierung an
1850		Glimmer und Asbest gewinnen Bedeutung
1858	Bau von elektromagnetischen Maschinen	Baumwollgewebe, imprägniert mit Kautschuk und Bitumen-Terpentinlösung (NOLLET, Frankreich)
1866	Dynamo-elektrisches Prinzip, W. SIEMENS; Selbsterregung durch remanenten Magnetismus	
1882	Elektrotechnische Ausstellung in München, 1500 V Gleichstromübertragung	
1892/93		Glimmer für Maschinenisolierung, Micanit erfunden (MUNSELL, USA)
1900		Azetylzellulose (Cellon)
1909		Erster synthetischer Kautschuk im Laboratorium. Phenol-Formaldehyd-Harze: Bakelit (BAEKELAND, USA)
1910	Großmaschinenbau in Europa	Schellack-Mikafolium Bügelprozeß (HAEFELY)
	Einphasen-Turbogenerator ($16^2/_3$ Hz) bis 7,5 MVA, 3000 V (SSW)	Lackgewebebänder im Wickelkopf
	Wasserkraftgeneratoren bis 17,5 MVA (BBC)	Asphalt-Paraffin-Kompound als Imprägniermittel für Windungsisolation

Tabelle 2 (Fortsetzung)

Zeit	Stand der Technik	Isolierstoffe und Isoliertechnik
1911		Bügelprozeß nach HAEFELY durch Westinghouse in USA eingeführt
1913	Maschinenspannungen bis 15 kV in USA Turbogeneratoren (3600 U/min) bis 5 MVA (USA)	100 µ-Papier für Mikafolien, getränkte, ungetränkte Baumwolle und Seidenbänder Isolationsprobleme 1913: Schlechte Lackseidenbänder, spröde Lacke. Windungsdurchschläge beim Einschalten, Schäden durch Glimmentladungen bei höheren Maschinenspannungen ($U_n > 4000$ V)
1918	Turbogenerator 60 MVA, 6,6 kV, 1000 U/min (SSW)	
1919	Synchron-Phasenschieber für 22 kV (USA)	Asphalt-Glimmerbandisolierung in USA (GEC)
1929	Turbogenerator 43 MVA, 6,3 kV, 3000 U/min (SSW) Generator für 33 kV (PARSONS)	Reduzierung des Isolationsproblems auf 11 kV durch konzentrischen Wicklungsaufbau
1930	Maschinenspannungen bis 30 kV	Durchgehende Glimmerbandisolierung im Nutteil und Wickelkopf mit Asphaltimprägnierung in USA allgemein eingeführt
1931		Asphaltmikafolium in Europa
1940		Entwicklung von Polyesterharzen für Isolationszwecke (Westinghouse)
1942	Wasserkraftgeneratoren, 100 MVA, 16,5 kV, 150 U/min (SSW)	Schellackmikafolium in der Nut, Lackgewebebänder im Wickelkopf Isolationsschäden in USA durch Wandern der Asphalt-Glimmerisolierung
1949		Erster Turbogenerator mit „Thermalastic"-Isolierung: Glimmerbandisolierung mit lösungsmittelfreiem, ausgehärtetem Kunstharz imprägniert (Westinghouse, USA)
1953		Einführung der Epoxydharze in die Elektrotechnik
1954		Mikafolium mit heißhärtendem Kunstharzkleber

Tabelle 2 (Fortsetzung)

Zeit	Stand der Technik	Isolierstoffe und Isoliertechnik
1956		Silikonkautschukisolierung für Großmaschinen bis 13,8 kV (Silco-Flex, Allis Chalmers, USA)
1957		„Micapal"-Isolierung (GEC), Glimmerbänder mit Spaltglimmer und Glimmerpapier, Epoxydharz-Bindemittel
1957		Glimmerbandisolierungen mit Polyester- und Epoxydharzimprägnierung in Europa
1958	Turbogeneratoren, 320 MVA, 24 kV (Westinghouse, USA)	
1959		Fuji-Harz-Isolierung, ohne Glimmer (Fuji Denki, Japan)

ersten Schritte in die Richtung der synthetischen Isolierstoffe *nach Maß*, durch welche die Isolationstechnik heute so sehr bestimmt wird, schon um 1900 erfolgten. Es wurden deshalb u. a. drei Daten in die Zeittafel aufgenommen, die zunächst mit der Isolierung der Maschinen nicht viel zu tun zu haben scheinen: Die Erfindung des Cellons (Acetylzellulose) etwa 1900, des ersten synthetischen Kautschuks 1909 und im gleichen Jahre die Synthese der Phenol-Formaldehydharze, die als *Bakelit* bis heute Verwendung finden. Diese Erfindungen sind erste Schritte zu der Vielfalt der heute bereits im Gebrauch befindlichen synthetischen Kunstharze.

4. Gegenwärtige Probleme

Die Entwicklung der Isoliertechnik der großen Maschinen zielt auf die Abkehr von den natürlichen Isolierstoffen hin, sie ist aber von diesem Ziel noch weit entfernt. Eines der Hindernisse auf dem Wege zum schnelleren Einsatz von neuen Isolierstoffen für die Isolierung elektrischer Maschinen ist das Fehlen geeigneter Maßstäbe zur Beurteilung ihrer Eignung.

Die gegenwärtige Arbeit der Isolationstechniker gilt daher nicht nur der Erprobung und Bewertung der neuen synthetischen Isolierstoffe im Hinblick auf ihre verschiedenen physikalischen und technischen Eigenschaften und der Entwicklung geeigneter Verfahren zu ihrer Anwendung im Maschinenbau. Vielmehr werden seit längerer Zeit die mit der Erhöhung der Betriebssicherheit der Maschinen zusammenhängenden Fragen an vielen Stellen bearbeitet. Eine ganze Reihe von Verfahren zur Bewertung und Prüfung der Isolierung von Maschinenwicklungen ist entstanden und wird bereits mit mehr oder weniger Erfolg zur Betriebsüberwachung angewendet. Die Abschätzung der Möglichkeiten und Grenzen dieser Prüfverfahren geschieht auf zweierlei Wegen, nämlich einmal durch das Sammeln praktischer Erfahrungen bei Wicklungsüberprüfungen, zum anderen durch Aufklärung der physikalischen Grundlagen der einzelnen Verfahren. Infolge des sehr komplexen Aufbaues der Maschinenisolierungen aus mehreren Stoffkomponenten sind gerade diese Grundlagen noch relativ wenig bearbeitet worden.

Die Einführung einer neuartigen Isolierung bedeutet immer eine Extrapolation der in relativ kurzen, sich bestenfalls über einige Jahre erstreckenden Versuchen ermittelten Dauerbeständigkeit auf die zwei bis drei Jahrzehnte der für den praktischen Betrieb erforderlichen tatsächlichen Lebensdauer. Verfahren zu schaffen, die eine Bewertung und einen Vergleich verschiedener Isolationsarten unter Bedingungen ermöglichen, die einerseits dem praktischen Betrieb so nahe wie möglich kommen, andererseits in relativ kurzer Zeit Resultate liefern sollen, ist eine der schwierigsten Aufgaben, die dem Isolationstechniker gegenwärtig gestellt sind. Es wird daher in einem gesonderten Kapitel auf die vielen Meßgrößen und Meßverfahren eingegangen werden, die in den letzten Jahren in zunehmendem Maße Interesse beansprucht haben, auch wenn abschließende Urteile noch nicht möglich sind.

II. Funktionen, Aufbau und Beanspruchungen der Isolierung

Die Isolierung von Maschinenwicklungen übt Funktionen als Träger elektrischer Felder und mechanischer Kräfte, als Medium für den Wärmetransport und an bestimmten Stellen als Distanzhalter und Füllstoff aus. Die im Betrieb auftretenden elektrischen, thermischen, mechanischen und chemischen Beanspruchungen der Isolierung müssen durch Benutzung geeigneter Isolierstoffe berücksichtigt werden. Der Aufbau der Isolierungen aus den verschiedenen Isolierstoffen wird stark durch die Form beeinflußt, in der die Stoffe vorliegen. Faserstoffe, wie Baumwolle, Seide, Asbest und künstliche Glasfaser, blattförmige Stoffe, wie Naturglimmer, Papiere aus Asbest, Zellulose und zerkleinertem Glimmer sowie Kunstfolien, und schließlich amorphe Stoffe, wie Asphalt, Kautschuk, Schellack, Kunstharze und Lacke, sind die Grundbestandteile der Isolierungen. Daraus hergestellte Gewebe, Bänder, Mikafolien, Schichtpreßstoffe, Formstücke und Gießlinge sind die zur Verarbeitung gelangenden Zwischenprodukte.

A. Elektrische Funktionen und Beanspruchungen

1. Die Nutisolierung

a) Die elektrischen Beanspruchungen im Nutteil der Isolierungen.
Das geometrische Bild des elektrischen Feldes in der Nutisolierung wird
an den Schmal- und Breitseiten der Wicklungselemente durch das
homogene Feld eines einfachen Plattenkondensators, an den Kanten

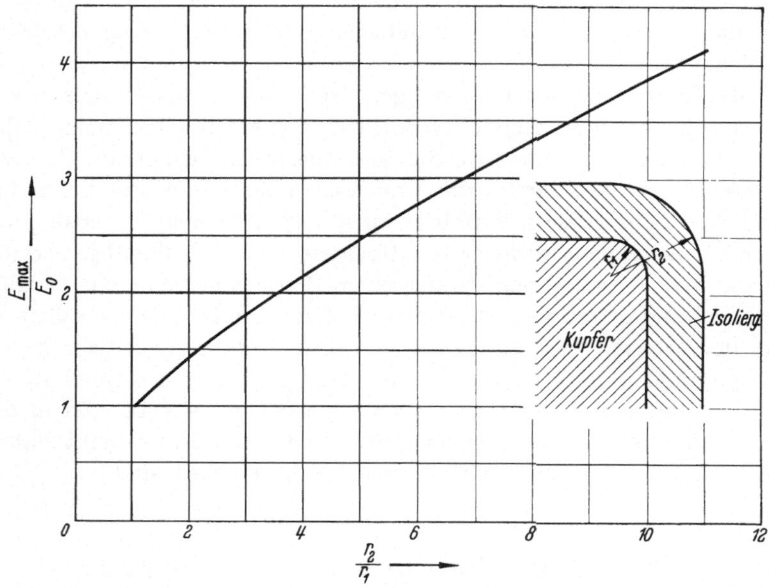

Abb. 1. Feldstärkeerhöhung an Leiterkanten, abhängig vom Verhältnis der Radien von Kupfer-
und Isolationskante

der Leiter durch je einen Quadranten des Feldes eines Zylinderkonden-
sators dargestellt. Die Feldinhomogenität an den Kanten des Wicklungskupfers führt zu einer Erhöhung der Kantenfeldstärke E_{max} gegenüber
der mittleren Feldstärke E_0 im homogen beanspruchten Teil der Isolierung;
diese ist vom Verhältnis r_2/r_1 des Kantenradius r_2 der außen geerdeten
Umpressung zum Radius r_1 der Kupferkante abhängig und beträgt für
eine ideal konzentrische Zylinderkondensatoranordnung

$$\frac{E_{\mathrm{max}}}{E_0} = \left(\frac{r_2}{r_1} - 1\right)\frac{1}{\ln\dfrac{r_2}{r_1}}\,. \tag{1}$$

Abb. 1 zeigt für $r_2/r_1 = 1$ bis 10 Feldstärkeerhöhungen bis auf das
Vierfache gegenüber homogener Beanspruchung. Die Praxis hat bewie-
sen, daß derartige Feldverhältnisse zulässig sind, so daß man allgemein
die Bemessung nach der mittleren, sich aus Strangspannung $U_n/\sqrt{3}$ und

Isolationsnenndicke sich ergebenden Feldstärke E_0 festlegt. Diese liegt gegenwärtig bei etwa $1{,}5 \cdots 3\,\mathrm{kV_{eff}/mm}$ und hat sich gegenüber den Anfängen des Elektromaschinenbaues nur wenig erhöht. Abb. 2 zeigt die bereits 1913 benutzten Isolationsstärken sowie deren ungefähre gegenwärtig übliche untere Grenze, die bei den niedrigen Nennspannungen aus rein mechanischen Gründen zu relativ geringen Feldstärken

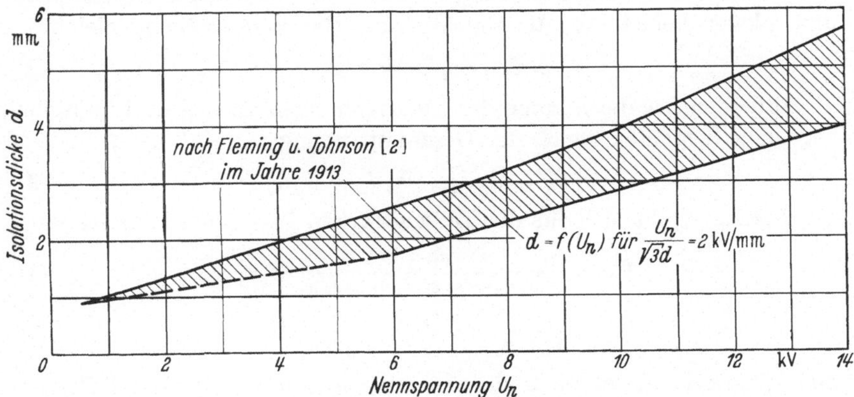

Abb. 2. Bemessung der Nutisolierung. Obere Grenze: 1913 (nach FLEMING u. JOHNSON [2]). Schraffierter Bereich: gegenwärtiger Anwendungsbereich bei $\dfrac{U_n}{\sqrt{3}\,d} \leqq 2\,\mathrm{kV/mm}$

führt. Verglichen mit dem Dielektrium in Transformatoren, Kabeln und Kondensatoren ist die dielektrische Ausnutzung der Isolierung in Maschinen sehr niedrig. Ein wesentlicher Grund hierfür ist, daß Maschinenwicklungen in Luft- oder Wasserstoff-Atmosphäre betrieben werden, während bei Transformatoren, Kabeln und Kondensatoren die gesamte Isolieranordnung unter flüssigem Isolierstoff betrieben wird und außerdem Lufteinschlüsse in der Isolierung im Vakuum entfernt und die Hohlräume mit flüssigen Imprägniermitteln ausgefüllt werden.

b) **Die Spannungsverteilung im Mehrschichtdielektrikum.** In der geschichteten, allgemein aus Glimmer, einem Trägermaterial und dem Bindemittel bestehenden Nutisolierung, aber auch an vielen anderen Isolationsanordnungen innerhalb der Maschinen sind Stoffe unterschiedlicher dielektrischer Eigenschaften in Reihe geschaltet. Die Auswirkungen dieser Reihenschaltung auf die Spannungsverteilung im Dielektrikum, auf die resultierende Dielektrizitätskonstante und den Einfluß der dielektrischen Verluste der einzelnen Komponenten auf den Verlustfaktor der zusammengesetzten Isolierung kann man mit einfachen Formeln beschreiben, solange die Spannungsverteilung im Dielektrikum durch die DK der Isolierstoffe bestimmt wird, d. h. solange der Verlustfaktor der einzelnen Komponenten klein gegen Eins ist.

In einem geschichteten Dielektrikum kann man sich die vielen dünnen Schichten jeder Komponente in eine einzige, den gesamten Volumenanteil des betreffenden Stoffes darstellende Schicht konzentriert denken. d_1, d_2 und d_3 seien die auf die Gesamtdicke $d_g = 1$ bezogenen Teildicken dreier Komponenten mit den Dielektrizitätskonstanten ε_1, ε_2 und ε_3. $U_g = \mathfrak{E}_g \, d_g$ sei die am Gesamtdielektrikum anliegende Spannung.

In allen drei Stoffen ist das Produkt aus Dielektrizitätskonstante und lokaler Feldstärke, die sog. dielektrische Verschiebung, gleich:

$$\varepsilon_1 \, \mathfrak{E}_1 = \varepsilon_2 \, \mathfrak{E}_2 = \varepsilon_3 \, \mathfrak{E}_3 . \tag{2}$$

Außerdem ist die Summe der Teilspannungen an den drei in Reihe liegenden Schichten gleich der Gesamtspannung:

$$\mathfrak{E}_1 \, d_1 + \mathfrak{E}_2 \, d_2 + \mathfrak{E}_3 \, d_3 = \mathfrak{E}_g \, d_g . \tag{3}$$

Hieraus ergibt sich für die Teilfeldstärken bzw. Teilspannungen:

$$\mathfrak{E}_1 = \frac{\varepsilon_2 \, \varepsilon_3}{\varepsilon_1 \, \varepsilon_2 \, d_3 + \varepsilon_1 \, \varepsilon_3 \, d_2 + \varepsilon_2 \, \varepsilon_3 \, d_1} \, \mathfrak{E}_g \, d_g , \tag{4}$$

$$U_1 = \frac{\varepsilon_2 \, \varepsilon_3 \, d_1}{\varepsilon_1 \, \varepsilon_2 \, d_3 + \varepsilon_1 \, \varepsilon_3 \, d_2 + \varepsilon_2 \, \varepsilon_3 \, d_1} \, U_g , \tag{5}$$

und entsprechend für die anderen beiden Komponenten. Die Teilspannung an einer der Schichten ist also dem Produkt der Dielektrizitätskonstanten der anderen Schichten und der eigenen Schichtdicke proportional.

Für ein Zweischichtdielektrikum sehen die Gleichungen ganz analog aus:

$$\mathfrak{E}_1 = \frac{\varepsilon_2 \, d_g}{\varepsilon_1 \, d_2 + \varepsilon_2 \, d_1} \, \mathfrak{E}_g \quad \text{und} \quad U_1 = \frac{\varepsilon_2 \, d_1}{\varepsilon_1 \, d_2 + \varepsilon_2 \, d_1} \, U_g . \tag{6}$$

Die Spannungsverteilung im geschichteten Dielektrikum ist besonders im Hinblick auf Lufteinschlüsse interessant. In Lufteinschlüssen entsteht einerseits wegen ihrer niedrigen DK ($\varepsilon = 1$) eine hohe Feldstärke, andererseits ist ihre Durchschlagfestigkeit aber sehr viel geringer als die von festen Isolierstoffen.

Ist z. B. mit einer festen Isolierstoffplatte ($\varepsilon = 5$) von der Dicke $d_1 = 0{,}9$ mm ein Luftspalt von $d_2 = 0{,}1$ mm in Reihe geschaltet, so liegt entsprechend Gl. (6) an dem nur 10 % der Gesamtdicke ausmachenden Luftspalt rd. 36 % der Gesamtspannung. In vielen Fällen wird daher in ähnlichen Isolierstoffanordnungen die Durchschlagspannung der Luft überschritten, und Glimmentladungen innerhalb der Luftspalte sind die Folge.

c) **Die Glimmeinsatzspannung in Lufteinschlüssen.** Von den vereinfachenden Bedingungen beim Plattenkondensator ausgehend, läßt sich die Spannung U_0 ausreichend genau berechnen, bei der innerhalb der Luftspalte eines geschichteten Dielektrikums Glimmentladungen einsetzen.

Vor dem Glimmeinsatz liegt am Luftspalt die Teilspannung

$$U_2 = \frac{\varepsilon_1 d_2}{\varepsilon_1 d_2 + d_1}\, U_g.\tag{7}$$

Diejenige Spannung U_g, bei der U_2 gerade den Wert der für die Luftspaltdicke d_2 zum Durchschlag benötigten Spannung erreicht hat, wird allgemein als Glimmeinsatzspannung U_0 bezeichnet.

Die Spannungswerte zum Durchschlag ebener Luftspalte sind bekannt (Abb. 3). Setzt man diese von d_2 abhängigen Werte in Gl. (7) ein und geht dabei von bestimmten Gesamtstärken $d = d_1 + d_2$ des

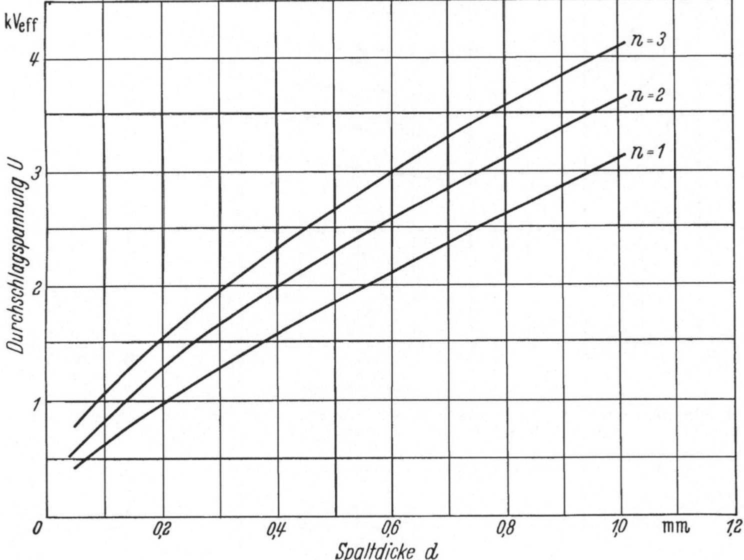

Abb. 3. Durchschlagspannung ebener Luftspalte, Dicke d auf n-Spalte der Dicke d/n verteilt

Dielektrikums aus, so erhält man die in Abb. 4 dargestellte Abhängigkeit der Glimmeinsatzspannung von der Dicke des eingeschlossenen Luftspaltes in einem Dielektrikum. Die Glimmeinsatzspannung durchläuft, abhängig von der Luftspaltdicke, bei 0,2 ⋯ 0,4 mm ein Minimum. Isolierungen, die im Betrieb infolge Erweichung des thermoplastischen Bindemittels *aufgehen*, werden meist nach dem Aufgehen Luftspalte enthalten, deren Dicke sich diesem Minimumbereich des Glimmeinsatzes nähert. Bei derartigen Isolierungen wird auch tatsächlich [33] nach der Inbetriebnahme ein Absinken der Glimmeinsatzspannung beobachtet.

Abb. 5 zeigt die rechnerischen Minimumwerte der Glimmeinsatzspannung und die Einsatzspannung für eine konstante Luftspaltdicke von 0,1 mm, abhängig von der Isolationsdicke, verglichen mit einer

Betriebsbeanspruchung der Isolierungen von 2 kV$_{\text{eff}}$/mm. Man erkennt, daß Glimmen in Isolierungen am Wicklungsanfang relativ wahrscheinlich

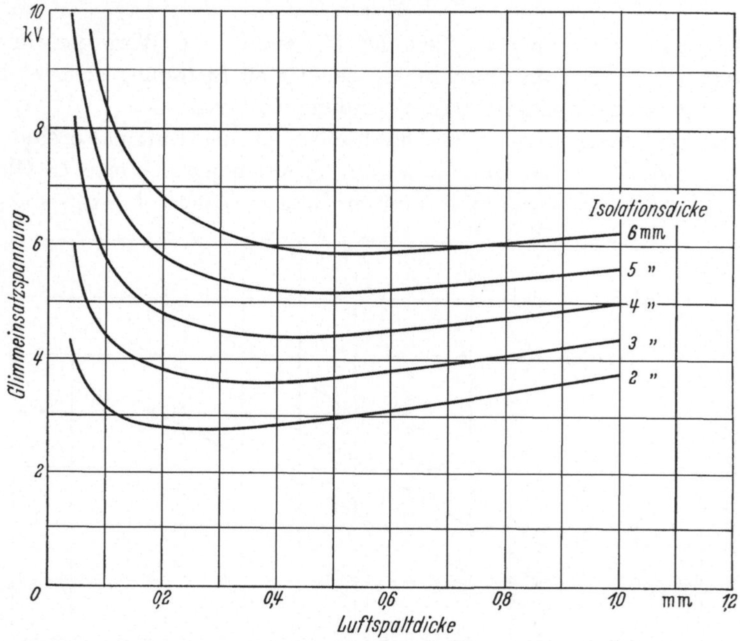

Abb. 4. Glimmeinsatzspannung von Isolierungen, abhängig von der Dicke eingeschlossener Luftspalte, rechnerisch. DK des festen Isolationsanteiles $\varepsilon = 5$

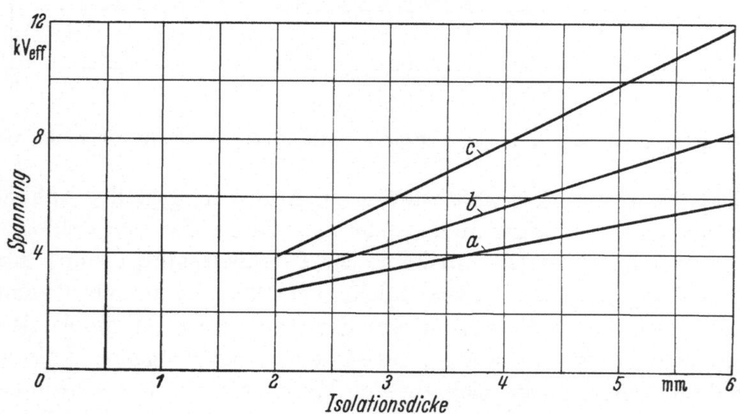

Abb. 5. Glimmeinsatz in Isolierungen, rechnerisch. DK der luftfreien Isolierung $\varepsilon = 5$. *a* Minimumwerte der Glimmeinsatzspannung; *b* Glimmeinsatz für 0,1 mm-Luftspalt; *c* Strangspannung $\dfrac{U_n}{\sqrt{3}}$ für 2 kV/mm

ist, da die Betriebsspannungen wesentlich über diesen Spannungen des Glimmeinsatzes liegen. Nur bei Isolationsdicken unter 2 mm für kleine

Nennspannungen unter 5 kV bietet allein schon die aus mechanischen Gründen übliche größere Isolationsdicke und die dadurch geringere Feldstärke eine Gewähr dafür, daß kein Glimmen in der Isolierung auftritt.

Zur Beurteilung des Glimmeinsatzes ist es wichtig, die Erhöhung der Einsatzspannungen zu berücksichtigen, die bei mehreren in Reihe geschalteten Luftspalten eintritt. Die Durchschlagspannung eines Luftspaltes, abhängig von der Dicke d, läßt sich nach Abb. 3 angenähert durch eine Funktion $U_D = a + b\,d$ darstellen, d. h. sie nähert sich mit kleiner werdender Luftspaltdicke einem konstanten Endwert. Mehrere in Reihe geschaltete Luftspalte mit je einer Dicke von d/n haben damit eine Gesamtdurchschlagspannung von $n\,U_{(d/n)} = n\,a + b\,d$; ein einzelner Spalt der Dicke d schlägt aber bereits bei $U_{(d)} = a + bd$, d. h. bei geringerer Spannung durch. Bei schlecht oder gar nicht verklebten geschichteten Isolierungen, in denen viele Luftspalte in Reihe liegen, führt dies zu besonders hohen Glimmeinsatzspannungen, die u. U. eine sehr luftfreie Isolierung vortäuschen.

d) Die resultierende Dielektrizitätskonstante. Für die Reihenschaltung von Teilkapazitäten C_1, C_2 und C_3 gilt

$$\frac{1}{C_g} = \frac{1}{C_1} + \frac{1}{C_2} + \frac{1}{C_3}, \tag{8}$$

und mit $C = \dfrac{\varepsilon_0\,\varepsilon\,F}{d}$ für einen Plattenkondensator und $d_g = 1$ ergibt sich

$$\frac{d_g}{\varepsilon_g} = \frac{d_1}{\varepsilon_1} + \frac{d_2}{\varepsilon_2} + \frac{d_3}{\varepsilon_3} \quad \text{oder} \quad \varepsilon_g = \frac{\varepsilon_1\,\varepsilon_2\,\varepsilon_3}{d_1\,\varepsilon_2\,\varepsilon_3 + d_2\,\varepsilon_1\,\varepsilon_3 + d_3\,\varepsilon_1\,\varepsilon_2}. \tag{9}$$

Für ein Zweischichtdielektrikum lautet die analoge Gleichung:

$$\frac{\varepsilon_g}{d_g} =: \frac{\varepsilon_1\,\varepsilon_2}{d_1\,\varepsilon_2 + d_2\,\varepsilon_1}. \tag{10}$$

Sind Lufteinschlüsse über die gesamte Fläche der Isolierung verteilt und ist die resultierende Dielektrizitätskonstante ε_1 der Isolierung im luftfreien Zustand bekannt, so ergibt sich hieraus für die Abhängigkeit der resultierenden DK vom Luftgehalt X die Gleichung

$$\varepsilon_g = \varepsilon_1\,\frac{1}{1 + (\varepsilon_1 - 1)\,X}. \tag{11}$$

Geht man von den einzelnen festen Bestandteilen einer Isolierung aus, so ergibt sich für die resultierende DK in Abhängigkeit vom Luftgehalt die Gleichung:

$$\frac{1}{\varepsilon} = \left(\frac{\delta_1}{\varepsilon_1} + \frac{\delta_2}{\varepsilon_2} + \frac{\delta_3}{\varepsilon_3}\right) + \left(\frac{\varepsilon_1 - 1}{\varepsilon_1}\,\delta_1 + \frac{\varepsilon_2 - 1}{\varepsilon_2}\,\delta_2 + \frac{\varepsilon_3 - 1}{\varepsilon_3}\,\delta_3\right) X. \tag{12}$$

In Abb. 6 sind die errechneten DK-Werte von drei verschiedenen Isolierungen ihres Luftgehaltes dargestellt. Der Rechnung wurden die in Tab. 3 zusammengestellten DK-Werte der einzelnen Isolierstoffe und die in Tab. 4 angegebene Zusammensetzung unter Annahme einer Reihenschaltung zugrunde gelegt.

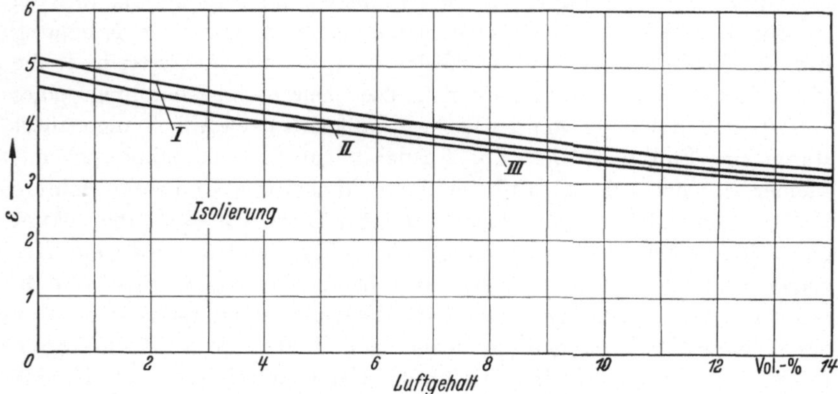

Abb. 6. DK von geschichteten Isolierungen, abhängig vom Luftgehalt. Isolierstoff und Luft in Reihenschaltung

Tabelle 3. *Dielektrizitätskonstante von Isolierstoffen (20 °C)*

Isolierstoff	DK	Isolierstoff	DK
Glimmer	6	Schellack	4,4
Papier (Faser)	5,6	Kunstharz A	3,5
Glasseide (Faser) . . .	6	Kunstharz B	3,3

Tabelle 4. *Zusammensetzung von Hochspannungsisolierungen*

	Isolierung *I* Vol.-%	Isolierung *II* Vol.-%	Isolierung *III* Vol.-%
Glimmer	25	50	45
Schellack	37,5	—	—
Kunstharz A	—	35	—
Kunstharz B	—	—	35
Papier	37,5	—	15
Glasseide	—	15	5

Zur genauen Luftgehaltbestimmung reichen Kapazitätsmessungen, obwohl sie an sich sehr genau ausführbar sind, meist nicht aus; bei eingebauten Wicklungen sind die Abmessungen der Isolierung nicht genau genug feststellbar und außerdem ist die Voraussetzung der Reihenschaltung von Luft und festem Isolierstoff nicht immer gegeben. Sehr große Luftgehalte sind jedoch immer an niedrigen DK-Werten erkennbar.

e) Der Verlustfaktor geschichteter Isolierungen. Unter Annahme einer Reihenschaltung der Isolierstoffe läßt sich auch der resultierende

Verlustfaktor geschichteter Isolierungen berechnen. Sind z. B. ε_1, ε_2 und ε_3 bzw. d_1, d_2 und d_3 die Dielektrizitätskonstanten bzw. Dicken der Isolierstoffkomponenten, $\tan\delta_1$, $\tan\delta_2$ und $\tan\delta_3$ ihre Verlustfaktoren, so gilt mit $d_1 + d_2 + d_3 = d_g = 1$ und

$$\varepsilon_g = \frac{\varepsilon_1\,\varepsilon_2\,\varepsilon_3}{d_1\,\varepsilon_2\,\varepsilon_3 + d_2\,\varepsilon_1\,\varepsilon_3 + d_3\,\varepsilon_2\,\varepsilon_1}\,. \tag{13}$$

$$\tan\delta_g = \varepsilon_g\left(\frac{d_1}{\varepsilon_1}\tan\delta_1 + \frac{d_2}{\varepsilon_2}\tan\delta_2 + \frac{d_3}{\varepsilon_3}\tan\delta_3\right). \tag{14}$$

Hat eine Komponente hohe dielektrische Verluste, die sich im Ersatzschaltbild als Parallelschaltung von Kapazität und Widerstand darstellen, z. B. hohe Leitfähigkeitsverluste im Schellack bei hoher

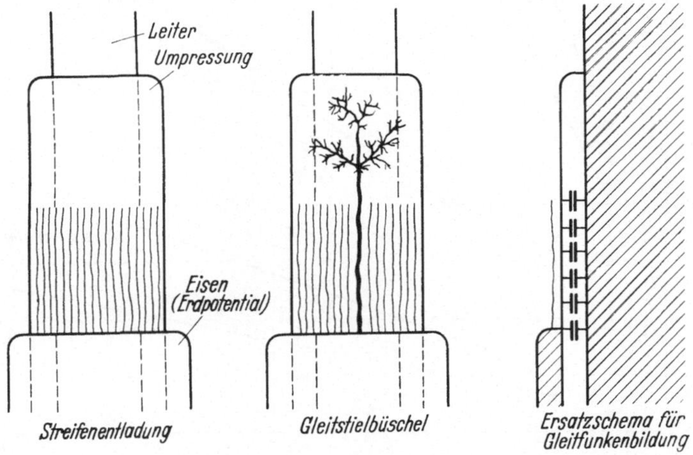

Abb. 7. Schematisches Bild einer Durchführung, Generatorspule (nach ROTH [5])

Temperatur, so gilt die Gleichung nicht mehr. Für fast alle praktisch vorkommenden Isolierstoffe mit $\tan\delta \ll 1$ ist sie jedoch anwendbar.

Die Gleichungen für andere Schichtungszahlen sind ganz analog aufgebaut. Der Verlustfaktor eines Bestandteiles der Isolation macht sich am resultierenden Verlustfaktor demnach um so stärker bemerkbar, je kleiner die DK des Stoffes und je größer sein Anteil an der Gesamtdicke ist.

2. Elektrische Beanspruchungen der Isolierung außerhalb der Nut

Jedes Wicklungselement einer Ständerwicklung, Stab oder Spulenseite, stellt elektrisch die Durchführung eines isolierten, spannungführenden Leiters durch das geerdete Eisenpaket dar. Die an Durchführungen entlang der Isolationsoberfläche auftretenden tangentialen elektrischen Beanspruchungen rufen bei höheren Spannungen die bekannten Gleitentladungen hervor (Abb. 7).

Abb. 8 gibt in einem Diagramm für Drehstrommaschinen, abhängig von der Isolationsdicke, die Strangspannung, d. h. die normale Betriebsbeanspruchung der Nutisolierung, die Nennspannung, die Gleitfunkeneinsatzspannung, die Prüfspannung und zum Vergleich den Bereich der 1 min-Durchschlagspannung der Nutisolierung an.

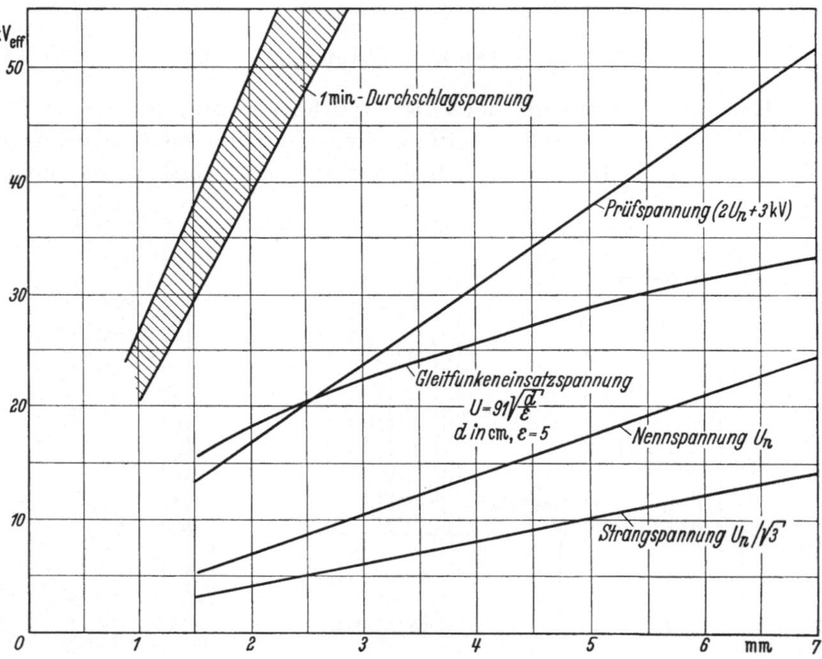

Abb. 8. Gleitfunkeneinsatz am Nutaustritt.
Es wurde eine Betriebsbeanspruchung der Nutisolierung mit 2 kV_eff/mm angenommen

Die Gleitfunkeneinsatzspannung wurde nach der bekannten Näherungsgleichung von TOEPLER

$$U_{gl} = 91 \sqrt{\frac{d}{\varepsilon}} \ [\text{kV}_{\text{eff}}] \tag{15}$$

$(U_{gl}$ in $[\text{kV}_{\text{eff}}]$, d in $[\text{cm}])$

berechnet. Der Zusammenhang von Nennspannung und Dicke der Nutisolierung ist vereinfachend durch die Wahl der Betriebsbeanspruchung von 2 kV/mm festgelegt worden. Als DK der Isolierung wird $\varepsilon = 5$ angenommen.

Die Prüfspannung übersteigt bereits bei $U_n \approx 8$ kV die Gleitfunkeneinsatzspannung. Wenn auch nach VDE 0530 bei Prüfspannung Gleitfunken zulässig sind, so muß der Hersteller doch wegen des außerordentlich starken Längenwachstums der Gleitfunken bei relativ geringer Steigerung der Spannung über den Einsatzwert Maßnahmen zur Unterdrückung der Gleitentladungen bei der Prüfung treffen. Halbleitende Oberflächenbeläge oder in die Isolierung eingelegte kapazitiv spannungsteuernde leitende Folien am Nutaustritt dienen zur Spannungssteuerung und Erhöhung der Überschlagsspannungen bei Nennspannungen ab etwa $6 \cdots 7$ kV.

Im Wickelkopf tritt als Dauerbeanspruchung zwischen benachbarten Wicklungsteilen maximal die innerhalb bestimmter Regelbereiche schwankende Nennspannung der Maschine auf. Das elektrische Feld zwischen den isolierten, durch relativ große Luftabstände voneinander

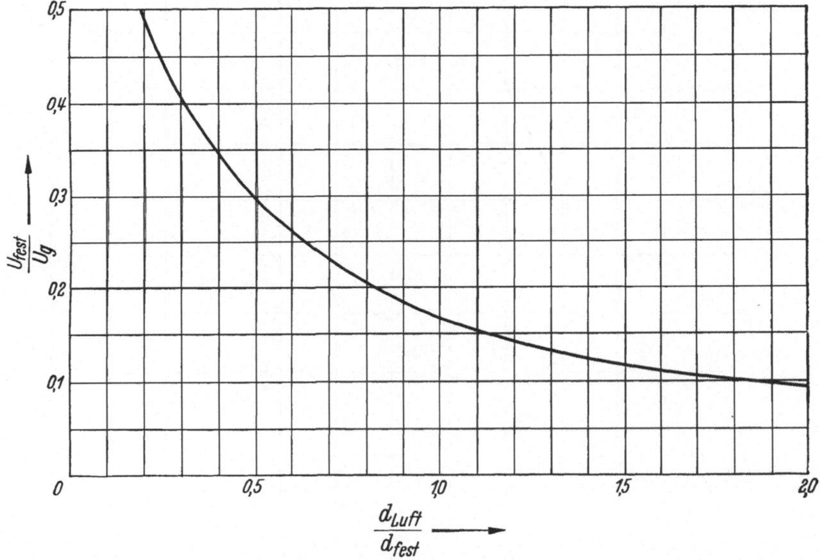

Abb. 9. Reihenschaltung von Isolierstoff ($\varepsilon = 5$) und Luft; Spannung an festem Isolierstoff, abhängig vom Verhältnis der Schichtdicken d_L/d_F

getrennten Wicklungsteilen konzentriert sich im wesentlichen auf die Luft mit ihrer kleinen Dielektrizitätskonstante. In einer Reihenschaltung von fester Isolierung ($\varepsilon = 5$) und Luft ($\varepsilon = 1$) bei einem Dickenverhältnis $d_{\text{Luft}}/d_{\text{fest}} = 1$ entfällt z. B. auf den festen Isolierstoff nur noch rd. 17% der Gesamtspannung (Abb. 9). In der Praxis ist der Luftanteil im Wickelkopf meist sogar noch größer, so daß nur noch rd. 10% der Spannung auf den festen Anteil entfällt. Für eine erste Abschätzung von Glimmeinsatzspannungen im Wickelkopf zwischen benachbarten Wicklungssträngen kann man daher praktisch so rechnen, als läge die gesamte Spannung am Luftspalt und als herrsche im Luftspalt ein nahezu homogenes Feld. Die in Wirklichkeit vorhandene Inhomogenität des Feldes, entsprechend der niedrigere Glimmeinsatzspannungen zu erwarten wären, wird durch die tatsächlich $10 \cdots 15\%$ geringere Spannung am

2*

Luftspalt ungefähr ausgeglichen. Abb. 10 zeigt u. a. die Durchschlagspannung von Luft im homogenen Feld zwischen Plattenelektroden für Spaltdicken von 1 ··· 50 mm und Abb. 11 den daraus abgeleiteten Zusammenhang zwischen Luftabständen a im Wickelkopf und Maschinen- bzw. Prüfspannung. Dabei wurde die Voraussetzung gemacht, daß es wohl bei der Prüfung mit erhöhter Spannung kurzzeitig zu Teildurchschlägen (Glimmen) der Luftspalte kommen darf, nicht jedoch im Dauerbetrieb. Für die Abschätzung der Abstände zwischen isolierten

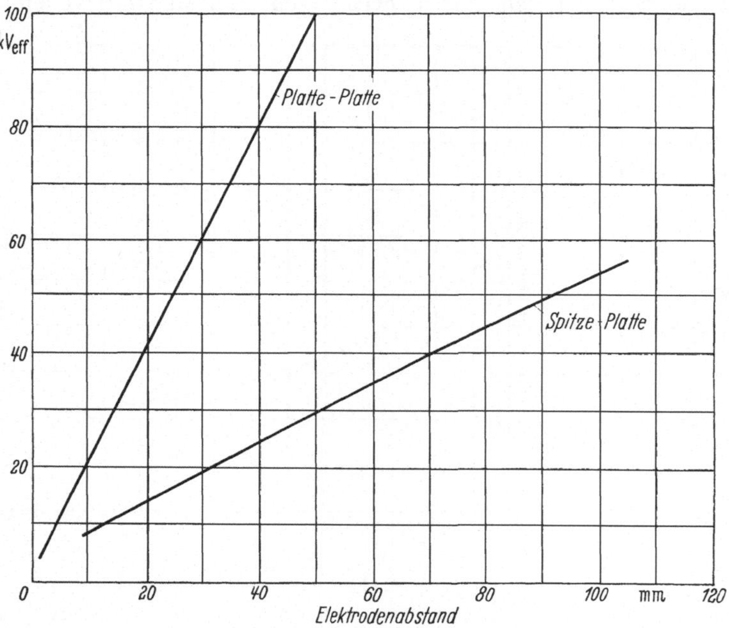

Abb. 10. Durchschlagswerte für Luft zwischen ebenen Elektroden und bei Spitze–Platte-Anordnung

Leitern im Wickelkopf und geerdeten Bauteilen wurde im Hinblick auf Kanten und Spitzen an Eisenteilen der Maschinen die Elektrodenanordnung Spitze–Platte herangezogen. Es ergeben sich die Abstände b in Abb. 11 unter der Voraussetzung, daß bei Prüfspannung keine Entladungserscheinungen zwischen Wicklung und Eisen auftreten sollen. Die endgültige Bemessung dieser Abstände kann von diesen Richtwerten noch nach höheren und niedrigeren Werten abweichen; einerseits sind Fertigungstoleranzen bei der Einhaltung vorgegebener Abstände zu berücksichtigen und evtl. Sicherheitszuschläge im Hinblick auf Veränderungen der Wickelkopfisolierung nach langem Betrieb zu machen; andererseits kann eine besonders hochwertige Wickelkopfisolierung auch einen gedrängteren Aufbau möglich machen.

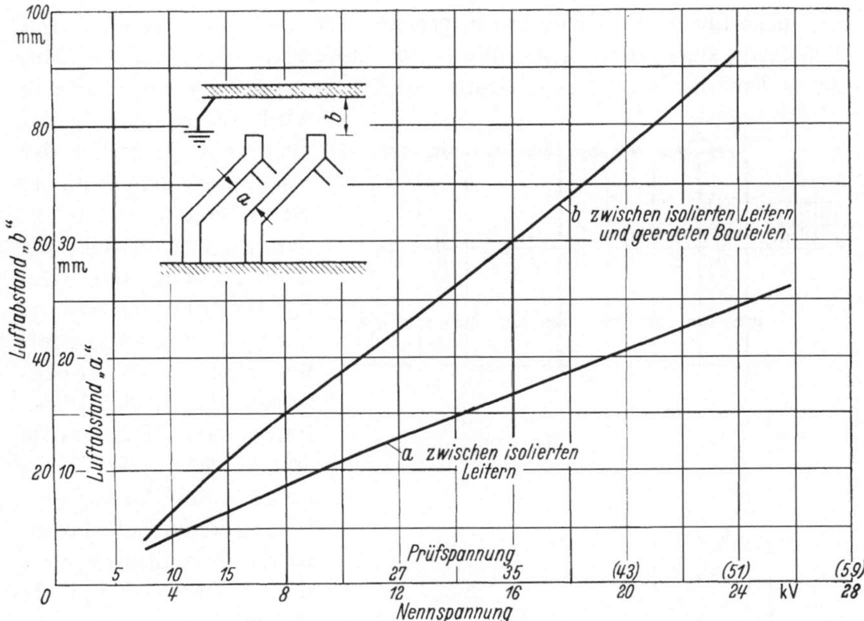

Abb. 11. Richtwerte für Luftabstände im Wickelkopf von Ständerwicklungen (Glimmeinsatz etwa bei Prüfspannung)

3. Die Windungsisolierung

Verglichen mit den an der Nutisolierung im Betrieb und bei der Prüfung auftretenden Spannungen sind die stationären Windungsspannungen in Spulen klein, nämlich etwa 10 ⋯ 150 V. Auch die Windungsprobe durch Erregung der fertigen Maschinenwicklung auf 1,5fache Nennspannung (VDE 0530, §47) stellt keine nennenswerte Beanspruchung dar. Die Geometrie des elektrischen Feldes ist etwa die gleiche wie in der Nutisolierung, da Leiter mit rechteckigem Querschnitt und gerundeten

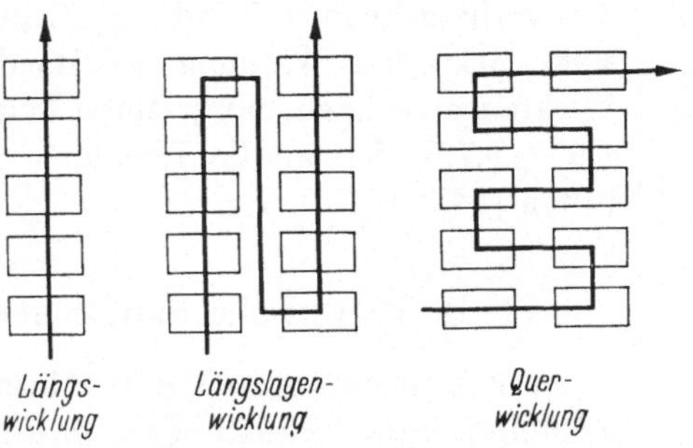

Abb. 12. Wickelarten von Formspulen

Kanten gegeneinander zu isolieren sind. Eine Erhöhung der stationären Beanspruchungen der Windungsisolierung tritt bei Längslagen- und Querwicklung auf, wobei Leiter mit dem Potentialunterschied mehrerer Windungsspannungen nebeneinanderliegen (Abb. 12). Die entscheidenden elektrischen Beanspruchungen der Windungsisolierung sind jedoch durch die nichtstationären Spannungen gegeben, die als Wanderwellen durch Schaltvorgänge oder atmosphärische Störungen ausgelöst werden. Besonders die Windungsisolierung der Eingangsspulen einer Wicklung wird um so stärker beansprucht, je steiler der Spannungsanstieg einer in die Wicklung einlaufenden Spannungswelle ist. Abb. 13 zeigt die sogenannte Anfangsverteilung der Spannung bei Auftreffen einer steilen Spannungswelle auf den Wicklungsanfang. Während die Induktivität L der Wicklung für diese Anfangsverteilung keine Rolle spielt, ist das Verhältnis von C_1 und C_2 entscheidend, da sie wie kapazitive Spannungsteiler wirken. An Windungs- und Hauptisolierung einer nachfolgenden Windung liegt jeweils immer nur die Spannung, die an der Hauptisolierung

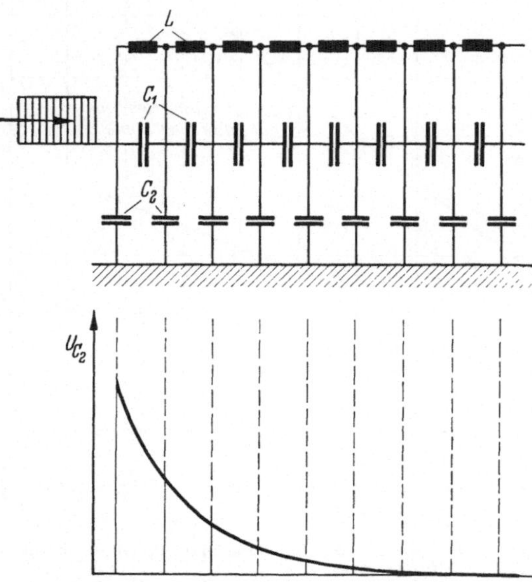

Abb. 13. Anfangsverteilung der Spannung U_{C_2} beim Auftreffen einer Rechteckwelle auf eine Wicklung mit kapazitiver Längskopplung (nach RÜDENBERG). L Windungsinduktivität; C_1 Kapazität von Windung zu Windung; C_2 Kapazität zwischen Windung und Eisen

der vorhergehenden Windung allein gelegen hat. Die Beanspruchung sinkt also von Windung zu Windung. Messungen an eingebauten Wicklungen zeigten, daß je Meter Leiterlänge in den Eingangswindungen $1{,}5 \cdots 1{,}7\%$ der in die Wicklung einlaufenden Stoßspannungen auftreten [54].

B. Thermische Funktionen und Beanspruchungen

a) Wärmeleitfähigkeit und Wärmewiderstand. Eine nur bei innengekühlten Ständerwicklungen großer Maschinen entfallende Aufgabe der Isolierung besteht darin, die im Wicklungskupfer entstehende Verlustwärme an das Ständereisen oder an das gasförmige Kühlmittel abzuführen. Die bekannte physikalische Tatsache, daß gute elektrische Isolationseigenschaften zugleich schlechte Wärmeleitungseigenschaften bedingen, erschwert das Problem. Trotzdem dürfen die Unterschiede der Wärmeleitfähigkeit der verschiedenen am Aufbau von Maschinenisolierungen beteiligten Isolierstoffe und auch der Umstand nicht übersehen werden, daß eine elektrisch hochwertige und deshalb dünnere Isolierung auch einen geringeren Wärmewiderstand darstellt.

Die Wärmeleitfähigkeit von Maschinenisolierungen ist meist geringer, als nach den Wärmeleitzahlen der verschiedenen, am Aufbau der Isolierungen beteiligten festen Isolierstoffe zu erwarten sein sollte. Hierfür ist der an sich unbeabsichtigt beim Fertigungsprozeß in die Isolation eingebrachte Luftgehalt und der unvermeidliche Luftspalt zwischen Isolierung und Nutwand, der sich auch mit großem Aufwand durch Nutauskleidung nicht ganz füllen läßt, verantwortlich.

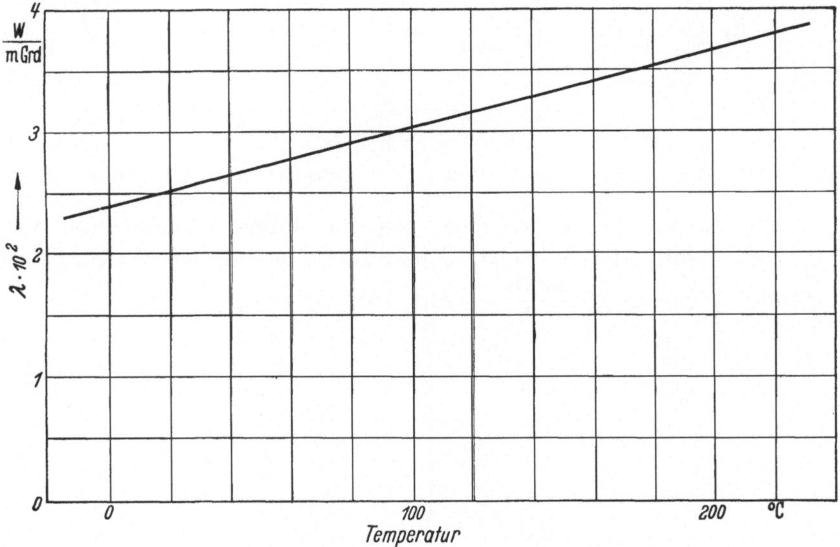

Abb. 14. Wärmeleitzahl von Luft (nach D'Ans-Lax [1])

Bei der Berechnung der resultierenden Wärmeleitzahlen geschichteter Anordnungen von festen Isolierstoffen und Luft muß zunächst Klarheit über die einzusetzenden Wärmeleitzahlen des Luftanteiles herrschen. Die Wärmeübertragung durch Luft setzt sich grundsätzlich aus einem auf Energieaustausch der Moleküle beruhenden Leitungsmechanismus, der Wärmestrahlung zwischen den die Luft begrenzenden festen Oberflächen und einem Konvektionsanteil zusammen. Alle drei Komponenten sind temperaturabhängig.

In Abb. 14 ist die Wärmeleitzahl λ der Luft in Abhängigkeit von der Temperatur dargestellt [1]. In Abb. 15 ist durch eine äquivalente Wärmeleitzahl λ^* die gesamte auf Leitung und Konvektion beruhende Wärmeleitfähigkeit von senkrechten Luftschichten abhängig von der Schichtdicke dargestellt. Für dünne Schichten unterhalb 1 mm Dicke spielt danach praktisch die Konvektion keine Rolle. Es können daher die λ-Werte der reinen Wärmeleitung der Abb. 14 zur Rechnung herangezogen werden, d.h.

$$\lambda_{\text{Luft } 20°} = 0{,}025 \left[\frac{W}{m\,grd} \right]$$

und

$$\lambda_{\text{Luft } 100°} = 0{,}031 \left[\frac{W}{m\,grd} \right].$$

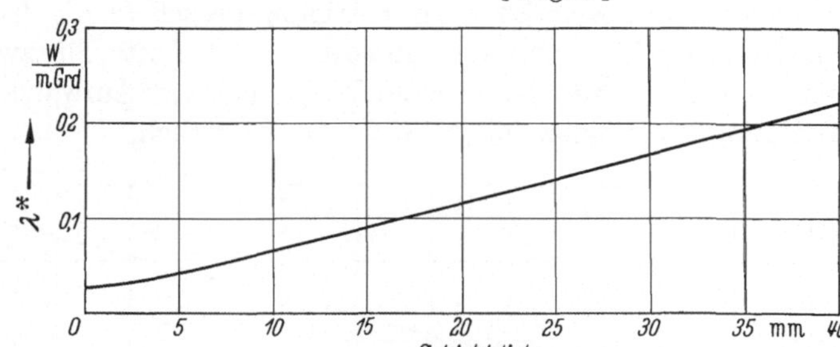

Abb. 15. Äquivalente Wärmeleitzahl senkrechter Luftschichten (nach D'ANS-LAX [1])

Mit diesen Werten ergeben sich für dünne Luftschichten von $0{,}05 \cdots 0{,}6$ mm Stärke bei 20 °C und 100 °C spezifische Wärmewiderstände $\dfrac{\delta}{\lambda}$ bis zu $25 \left[\dfrac{m^2\,Grd}{W} \right]$ (Abb. 16).

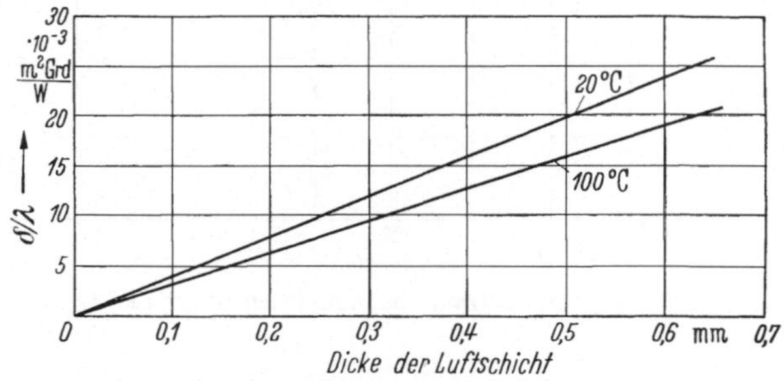

Abb. 16. Wärmewiderstand dünner Luftschichten

b) Spezifischer Wärmewiderstand und resultierende Wärmeleitzahlen verschiedener Nutisolierungen. Die üblichen Nutisolierungen stellen für den Vorgang der Wärmeleitung eine Reihenschaltung von Glimmer, Bindemittel und Trägermaterial dar. Die resultierende Wärmeleitfähigkeit einer solchen Reihenschaltung der Gesamtdicke d läßt sich aus der für die Addition der in Reihe liegenden spezifischen Wärmewiderstände δ/λ gültigen Gleichung berechnen, wenn die einzelnen λ-Werte und die Teildicken δ (Volumenanteile) der beteiligten Isolierstoffe bekannt sind:

$$\frac{d}{\lambda_{ges}} = \frac{\delta_1}{\lambda_1} + \frac{\delta_2}{\lambda_2} + \frac{\delta_3}{\lambda_3} \quad (d = \delta_1 + \delta_2 + \delta_3 = 1). \tag{16}$$

(Indizes: 1 für Glimmer, 2 für Bindemittel, 3 für Trägermaterial.)

Zur Vereinfachung wird die Nenndicke der Isolierung d hier gleich Eins gesetzt. Bei der rechnerischen Berücksichtigung des Luftgehaltes einer Isolierung wird angenommen, daß die Nenndicke konstant, also unabhängig vom Luftgehalt ist. Ein Luftgehalt von z. B. 10% bedeutet also eine gleichmäßige Verringerung des Volumenanteiles aller festen Isolierstoffe um jeweils 10%.

Der gesamte Wärmewiderstand einer lufthaltigen Isolierung der Dicke 1 unter Annahme einer Reihenschaltung von Luft und festen Isolierstoffen ergibt sich dann zu

$$\frac{1}{\lambda_{\text{ges}}} = \left(\frac{\delta_1}{\lambda_1} + \frac{\delta_2}{\lambda_2} + \frac{\delta_3}{\lambda_3}\right)(1 - X) + \left(\frac{\delta_1 + \delta_2 + \delta_3}{\lambda_4}\right) X. \tag{17}$$

(X: auf die Nenndicke 1 bezogene Dicke des Luftanteiles der Isolierung, Index „4" für Luft)

Umgeformt ergibt dies:

$$\frac{1}{\lambda_{\text{ges}}} = \left(\frac{\delta_1}{\lambda_1} + \frac{\delta_2}{\lambda_2} + \frac{\delta_3}{\lambda_3}\right) +$$
$$+ \left[\left(\frac{\lambda_1 - \lambda_4}{\lambda_4}\right)\frac{\delta_1}{\lambda_1} + \left(\frac{\lambda_2 - \lambda_4}{\lambda_4}\right)\frac{\delta_2}{\lambda_2} + \left(\frac{\lambda_3 - \lambda_4}{\lambda_4}\right)\frac{\delta_3}{\lambda_3}\right] X. \tag{18}$$

Nach dieser Gleichung unter Benutzung der λ-Werte aus Tab. 5 sind die spezifischen Wärmewiderstandswerte für zwei verschiedene Isolierungen berechnet worden (Abb. 17a u. b). Dabei wurde die Zusammensetzung der Isolierungen nach Tab. 4 (S. 16) zugrunde gelegt. Zur Vereinfachung wurde nur die Temperaturabhängigkeit der Wärmeleitzahl λ_4 der Luft in den Rechnungen berücksichtigt.

Tabelle 5. *Wärmeleitzahlen von Isolierstoffen*

Isolierstoff	$\lambda\left[\dfrac{\text{W}}{\text{m grd}}\right]$	Isolierstoff	$\lambda\left[\dfrac{\text{W}}{\text{m grd}}\right]$
Glimmer	0,46 ··· 0,58 (0,5)	Asbestpapier, $\varrho = 1$	0,15
Papier	0,15	Quarz, SiO_2	1,46
Glasfaser, $\varrho = 2{,}6$.	0,7	Glas, $\varrho = 2{,}4 ··· 3{,}2$.	0,58 ··· 1,05
Schellack	0,25	Mylar	0,15
Epoxydharz	0,2	Silikongummi . . .	0,3
Bakelit	0,23		

An den verschieden hohen Wärmewiderstandswerten für die luftfreien Isolierungen erkennt man den Einfluß der unterschiedlichen Wärmeleitzahlen der festen Isolierstoffe (Tab. 5): Der hohe Glimmergehalt und der Anteil an gut wärmeleitender Glasseide reduziert z. B. den Wärmewiderstand der Isolierung *II* auf $^2/_3$ des Wertes der Isolierung *I* bei gleicher Dicke. Die überragende Bedeutung des Luftgehaltes für die Wärmeleitung wird aber daraus ersichtlich, daß bereits 4 ··· 5% Luft in Reihenschaltung mit einem Anteil von 95 ··· 96% fester Isolierstoffe in der Isolierung *II* genügt, um den spezifischen Wärmewiderstand um 50% auf denjenigen der luftfreien Isolierung *I* ansteigen zu lassen.

Einen Vergleich der resultierenden Wärmeleitzahlen der Isolierungen *I*, *II* und *III* nach Tab. 4 (S. 16) zeigt Abb. 18. Die drei mit steigendem

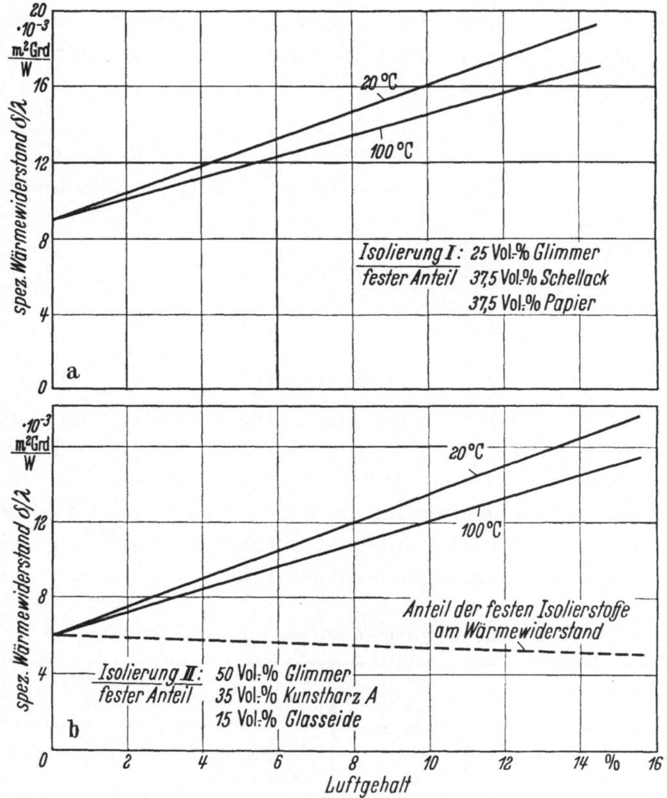

Abb. 17a u. b. Wärmewiderstand von 2 mm-Isolierungen, abhängig vom Luftgehalt
a) Isolierung *I*; b) Isolierung *II*

Luftgehalt stark absinkenden Kurven gelten für die Wärmeleitung senkrecht zur Schichtrichtung der Isolierung bei Reihenschaltung von Luft und Isolierstoff. Dieser Fall kommt den tatsächlichen Verhältnissen zumindest sehr nahe. Für luftfreie Isolierungen berechnete und gemessene resultierende Wärmeleitzahlen der drei Isolationsarten stimmen überraschend gut überein (Tab. 6), wenn auch die Übereinstimmung bei den Werten für die Isolierung *I* und *II* in der zweiten Dezimale in Anbetracht der verschiedenen Fehlermöglichkeiten bei der Berechnung und Messung sicher nur zufällig ist.

Tabelle 6. *Vergleich gemessener und berechneter Wärmeleitzahlen*

Isolationsart	Gemessene Werte	Berechnete Werte	%
Isolierung *I*	0,22 $\dfrac{W}{mgrd}$	0,22 $\dfrac{W}{mgrd}$	100
Isolierung *II*	0,33 $\dfrac{W}{mgrd}$	0,33 $\dfrac{W}{mgrd}$	150
Isolierung *III*	0,25 $\dfrac{W}{mgrd}$	0,27 $\dfrac{W}{mgrd}$	114

Die oberen, leicht geneigten Geraden in Abb. 18 zeigen die Wärmeleitzahlen für Parallelschaltung der Isolierstoffanteile, d. h. in Schichtrichtung der Isolierung. Dieser λ-Wert hat an sich, da er senkrecht zur

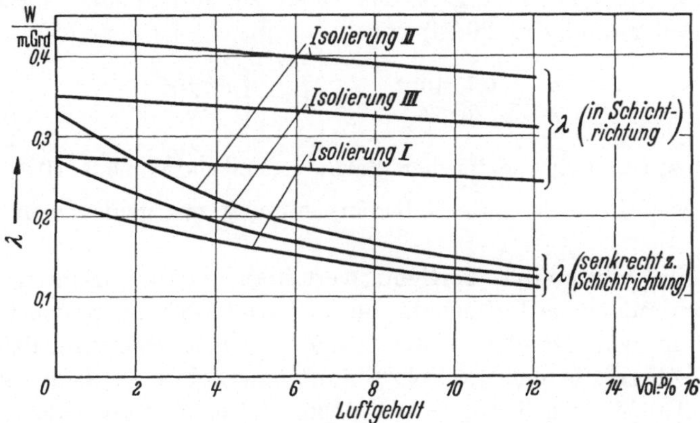

Abb. 18. Wärmeleitzahlen geschichteter Isolierungen in Schichtrichtung und senkrecht dazu (rechnerische Werte)

allgemeinen Richtung des Wärmestromes gilt, keine Bedeutung bei idealer Reihenschaltung der Luft mit dem Isolierstoff. Praktisch ist aber die Luft in geschichteten Isolierungen in Form mehr oder weniger ausgedehnter *Inseln* verteilt. Bei der besseren Leitfähigkeit in Schichtrichtung ist daher anzunehmen, daß sich infolge des an solchen *Inseln* entstehenden Wärmestaues örtlich begrenzt Temperaturgradienten in Schichtrichtung ausbilden und der Wärmestrom z. T. um die Lufteinschlüsse herumgeführt wird.

Man wird also zumindest nicht immer mit einer einfachen Reihenschaltung Isolierstoff–Luft rechnen dürfen. Sieht man einen Teil der Isolierung als luftfrei an und einen anderen Teil als reine Reihenschaltung von Luft und festem Isolierstoff, so wird man den wirklichen Verhältnissen u. U. näherkommen. In jedem Fall ergibt die Parallelschaltung luftfreier Isolierung mit lufthaltiger eine geringere Abhängigkeit des

Wärmewiderstandes vom Gesamtluftgehalt als die reine Reihenschaltung, die den berechneten Beispielen in Abb. 18 zugrunde gelegt ist.

c) Beispiel aus der Isolationstechnik. 1. Mit den Werten der Wärmeleitzahlen von Luftschichten aus Abb. 16 läßt sich der Wärmewiderstand einer Nutauskleidung von zwei Lagen Graphitpapier rechnerisch abschätzen: $^2/_{10}$ mm Graphitpapier haben etwa einen spezifischen Wärmewiderstand von

$$\frac{\delta}{\lambda} = \frac{0{,}2 \cdot 10^{-3}}{0{,}15} \left[\frac{\text{m}^2 \, \text{grd}}{\text{W}} \right] = 1{,}3 \cdot 10^{-3} \left[\frac{\text{m}^2 \, \text{grd}}{\text{W}} \right].$$

Da die Nutwandung jedoch nicht streng eben ist, lassen sich Luftspalte zwischen der Oberfläche des isolierten Leiters und der Nutwand nicht vermeiden. Rechnet man mit einem durchschnittlichen Restluftspalt von 0,1 mm, so ergibt das einen zu addierenden spezifischen Wärmewiderstand (bei 20 °C) von

$$\frac{\delta}{\lambda} = \frac{0{,}1 \cdot 10^{-3}}{0{,}025} = 4 \cdot 10^{-3} \left[\frac{\text{m}^2 \, \text{grd}}{\text{W}} \right],$$

so daß insgesamt ein spezifischer Wärmewiderstand von $5{,}3 \cdot 10^{-3} \left[\frac{\text{m}^2 \, \text{grd}}{\text{W}} \right]$ ergibt, was in recht guter Übereinstimmung mit gemessenen Werten steht.

2. Ein bestimmtes Fertigungsverfahren ergab allgemein Nutisolierungen mit einem Luftgehalt von im Mittel 4,5% im Neuzustand vor Einbau in den Ständer. Unter Annahme einer Reihenschaltung der festen Isolierstoffe und 4,5 Vol.-% Luft innerhalb einer Isolierung vom Typ I (Tab. 4) von 3 mm Gesamtdicke und einer Nutauskleidung von zwei Lagen Graphitpapier ergibt sich rechnerisch folgender spezifischer Gesamtwärmewiderstand zwischen Kupfer und Eisen:

Spez. Wärmewiderstände	Lokalisiert in	Zahlenwert $\left[\frac{\text{m}^2 \text{grd}}{\text{W}}\right]$
$\dfrac{\delta_1}{\lambda_1}$	Nutauskleidung	$5 \quad \cdot 10^{-3}$
$+ \dfrac{\delta_2}{\lambda_2}$	Isolierstoff, fest	$12{,}8 \cdot 10^{-3}$
$+ \dfrac{\delta_3}{\lambda_3}$	Luftgehalt der Umpressung	$5 \quad \cdot 10^{-3}$
$\Sigma \dfrac{\delta}{\lambda}$	gesamte Nutfüllung zwischen Kupfer und Eisen	$22{,}8 \cdot 10^{-3}$

Durch Verbesserung des Fertigungsverfahrens wurde der Luftgehalt der Umpressungen auf etwa 1% verringert. Damit ergibt sich ein

Gesamtwärmewiderstand von:

$$5 \cdot 10^{-3} \left[\frac{\mathrm{m^2\,grd}}{\mathrm{W}} \right] \quad \text{(Nutauskleidung)}$$

$$+\ 13{,}2 \cdot 10^{-3} \left[\frac{\mathrm{m^2\,grd}}{\mathrm{W}} \right] \quad \text{(Isolierstoff, fest)}$$

$$+\ 1{,}2 \cdot 10^{-3} \left[\frac{\mathrm{m^2\,grd}}{\mathrm{W}} \right] \quad \text{(Luftgehalt)}$$

$$\overline{19{,}4 \cdot 10^{-3} \left[\frac{\mathrm{m^2\,grd}}{\mathrm{W}} \right].}$$

Die Fertigungsverbesserung brachte demnach eine Verbesserung der Wärmeabfuhr. Im vorliegenden Beispiel wird der Temperatursprung Kupfer–Eisen um 15% gesenkt.

Dies gilt auch noch, wenn durch Aufgehen der Isolierung nach Trocknen und Inbetriebnahme der Luftgehalt innerhalb der Umpressungen zunimmt. Der Gesamt-Luftgehalt im Raum zwischen Kupfer und Eisen wird nämlich durch das Aufgehen nicht verändert: Der Luftanteil der Umpressung nimmt bei Aufgehen um den gleichen Betrag zu, wie er in der Nutauskleidung abnimmt.

d) Die Betriebstemperaturen. Die Höhe der zulässigen Temperaturen an Maschinenisolierungen im Betrieb wird durch Vorschriften festgelegt, wie z. B. VDE 0530; in diesen Vorschriften wird eine Einteilung der Isolierstoffe in verschiedene Wärmeklassen vorgenommen, die jeweils durch eine höchstzulässige Dauertemperatur gekennzeichnet sind. Man unterscheidet nach VDE 0530, § 32, z. Z. 7 Klassen mit den Bezeichnungen bzw. Temperaturgrenzen Y (90 °C), A (105 °C), E (120 °C), B (130 °C), F (155 °C), H (180 °C) und C ($>$180 °C). Bei dieser Stoffeinteilung wird bereits die Tatsache stillschweigend berücksichtigt, daß ein Isolierstoff einer niedrigen Wärmeklasse in Kombination mit einem Stoff einer höheren Klasse eine Art Aufwertung erfahren kann. Zum Beispiel gehört Papier allein in die Klasse Y, nach Imprägnierung mit geeigneten Lacken in die Klasse A, als Schellackpapier in Klasse E und schließlich zusammen mit Glimmer und Schellack in Klasse B.

In den amerikanischen Vorschriften z. B. AIEE-Standard Nr. 1 vom Juni 1957 wird bereits ausdrücklich darauf hingewiesen, daß in die einzelne Klasse jederzeit andere Stoffe eingereiht werden können, für die durch Erfahrung oder auf Grund anerkannter Prüfverfahren eine entsprechende Wärmedauerbeständigkeit erwiesen ist. Darüber hinaus sollen bereits klassifizierte Stoffe innerhalb von zusammengesetzten Isolationssystemen für weitere Temperaturbereiche einsetzbar sein, wenn Prüfungen eine entsprechende thermische Bewertung des Isolationssystems ergeben [99].

Durch die Angabe der höchstzulässigen Dauertemperatur der verschiedenen Wärmeklassen ist die Beanspruchungsgrenze für die Isolierungen an sich vollständig festgelegt. Die praktische Einhaltung dieser Grenze erfordert jedoch die Kenntnis des tatsächlich heißesten Punktes der Isolierung in der Maschine der meist einer unmittelbaren Messung gar nicht zugänglich ist.

In den Vorschriften über die Messung von Wicklungstemperaturen und die Festlegung von Erwärmungsgrenzen wird dies z. B. in VDE 0530, § 33 ⋯ 36, berücksichtigt. Ausgehend von einer maximalen Umgebungstemperatur von 40 °C wird beispielsweise für Klasse B-Isolierungen eine Erwärmung um maximal 80 °C zugelassen. Keine Temperaturmessung an der Wicklung darf demnach einen höheren Wert als 120 °C ergeben. Die Bestimmung der Übertemperatur der Wicklung basiert dabei auf der Errechnung der mittleren Übertemperatur aus der Widerstandszunahme während einer Erwärmungsprüfung und auf der Messung der Temperatur an der vermutlich heißesten zugänglichen Stelle mit einem Thermometer. Dabei soll der höchste der jeweils gemessenen Temperaturwerte berücksichtigt werden. Der Sicherheitsabstand von 10 °C zwischen den 120 °C, die sich aus max. Kühlmitteltemperatur von 40 °C, der Grenz-Übertemperatur von 80 °C und der höchstzulässigen Dauertemperatur von 130 °C ergeben, reicht erfahrungsgemäß bei Klasse B-Isolierungen aus, um den Temperaturunterschied zwischen der einer Messung nicht zugänglichen vermutlich heißesten Stelle und der tatsächlich gemessenen Temperatur zu berücksichtigen. Bei Klasse A-Isolierung wird ein solcher Sicherheitsabstand von 5 °C, bei Klasse F und Klasse H von 15 °C für ausreichend gehalten, solange die Nennspannung der Wicklungen 11 kV nicht überschreitet. Für Nennspannungen zwischen 11 und 15 kV soll die zulässige Grenzübertemperatur um je 1,5 °C je Kilovolt erniedrigt werden, um das die Nennspannung 11 kV überschreitet. Für Wicklungen über 15 kV gelten bisher keine verbindlichen Vorschriften.

Eine Untersuchung über Temperaturen und Lage von Heißpunkten in Ständerwicklungen von Turbogeneratoren hat kürzlich eine Reihe interessanter Einzelheiten zu diesem Problem behandelt. So wird z. B. auf die grundsätzlichen Unterschiede hingewiesen, die zwischen indirekt und direkt gekühlten Wicklungen bestehen [45]. Bei indirekt gekühlten Wicklungen liegt der sog. natürliche Heißpunkt im Oberstab nahe dessen Unterkante in Maschinenmitte und nimmt eine Temperatur bis etwa 10 °C über der mittleren, durch Widerstandszunahme meßbaren Kupfertemperatur an. Die Messung der Wicklungstemperatur mit den z. B. für die Betriebsüberwachung eingebauten Thermoelementen oder Widerstandsthermometern zwischen Ober- und Unterstab der Ständerwicklungen ergibt allerdings meist noch wesentlich niedrigere Meßwerte. Die Temperaturmeßelemente zwischen Ober- und Unterlage liegen nämlich innerhalb des zwischen Kupfer und Eisen entstehenden

Temperaturfeldes bereits weit vom Kupfer entfernt, so daß Anzeige-differenzen von 20 °C und mehr möglich sind. Eine rechnerische Korrektur

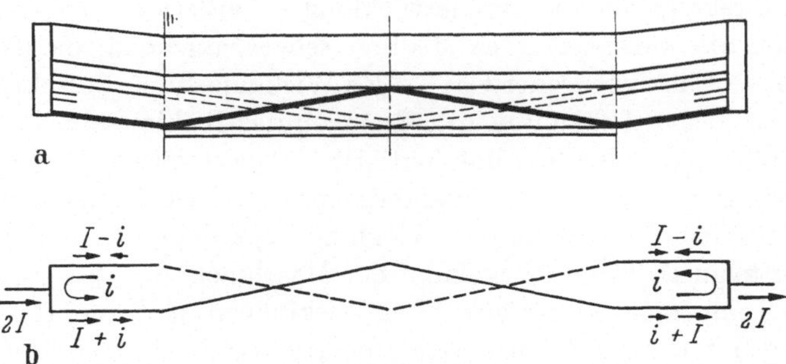

Abb. 19a u. b. Ausbildung von „Schlingströmen" [45]. a) Verlauf der Teilleiter im ROEBEL-Stab bei unverdrilltem Wickelkopf; b) Überlagerung von Durchgangsstrom J und Schlingstrom i bei vollständig isolierten Teilleitern

derartiger Meßanordnungen ist wohl möglich, wird aber bisher kaum praktisch angewendet.

Bei der Betriebsführung von Maschinen müssen diese Anzeige-differenzen zur richtigen Be-wertung der Temperaturanzeige von Nutthermometern berück-sichtigt werden.

Für die Hersteller ergibt sich die Aufgabe, eng lokalisierte Zu-satzverluste, die zu schwer erfaß-baren Heißpunktbildungen führen können, zu vermeiden. So können die Stirnseiten von Roebelstäben, deren Teilleiter nur im Nutteil isoliert sind, durch Wirbelstrom-bildung im Wickelkopfstreufeld bei Turbogeneratoren mit hohem Stromvolumen eine außerordent-lich hohe Erwärmung erfahren. Bei Stäben mit vollständig isolier-

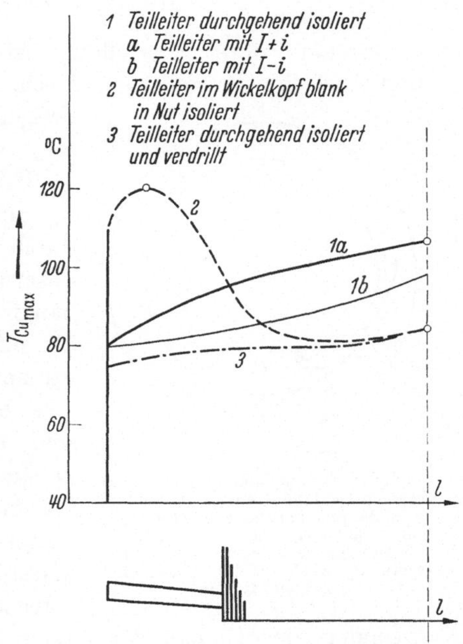

Abb. 20. Thermische Auswirkungen von Schling-strömen [45]

ten Teilleitern können zusätzliche Verluste auf der gesamten Stablänge durch sog. *Schlingströme* entstehen, wenn die Stäbe durch Lötzwingen verbunden werden, die dann ja alle Teilleiter eines jeden Stabes an beiden Enden kurzschließen (Abb. 19 u. 20). Abhilfe schafft, wenn nötig, der Verzicht auf die einfache Zwingenverbindung der Stäbe und der Übergang auf die Verdrillung der Teilleiter im Wickelkopf. Dabei werden isolierte Bündel von Teilleitern oder auch jeder einzelne Teilleiter mit entsprechenden Teilleitern des nächsten Stabes verbunden.

Bei direkt gekühlten Ständerwicklungen verliert die Isolierung ihre Funktion als wärmeleitendes Medium sehr weitgehend, da das Kühlmedium — Flüssigkeit oder Gas — das Wicklungskupfer direkt berührt. Da in den bisher bekannten Anordnungen das Kühlmedium das Wicklungskupfer axial durchströmt und sich dabei erwärmt, ergibt sich im Wicklungskupfer auch ein entsprechendes axiales Temperaturgefälle. Der natürliche Heißpunkt der Wicklung liegt daher an der Seite des Kühlmittelaustritts im Wickelkopf der Maschinen.

Die Temperatur direkt gekühlter Wicklungen wird am besten durch Messung der Kühlmittelaustrittstemperatur ermittelt [45]. Nutthermometer sind für diesen Zweck nicht geeignet.

C. Mechanische Beanspruchungen

Im Laufe ihrer Herstellung, beim Einbau von Wicklungselementen und auch im Betrieb der Maschinen ist die Isolierung verschiedenartigen mechanischen Beanspruchungen ausgesetzt.

Bei der Herstellung und beim Einbau in die Maschinen wird die Isolierung durch Biege-, Dreh- und Schlagkräfte beansprucht. Die Höhe der Beanspruchung hängt dabei einerseits von der Sorgfalt ab, mit der die Wicklungselemente z. B. transportiert werden; andererseits spielt es eine Rolle, welche Verformungen nötig sind, um Spulen in das Eisenpaket einzubauen. Während sich Stabwicklungen fast immer ohne Verformungen der Wicklungselemente einbauen lassen, macht bei Maschinen mit hoher Drehzahl und entsprechend kleinem Bohrungsdurchmesser

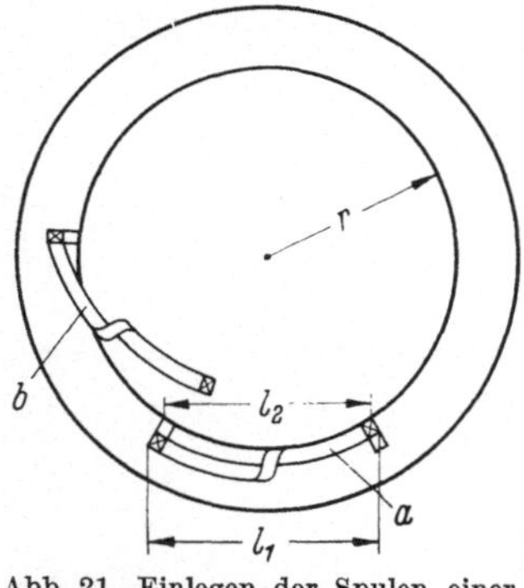

Abb. 21. Einlegen der Spulen einer Ständerwicklung. a eingelegte Spule; b Spule mit angehobener Oberlage zum Einlegen der Schlußspulen; r Ständerbohrungsradius; l_1 Spulenweite; l_2 Abstand der Nutaußenkanten: $l_2 < l_1$

besonders der Einbau der letzten Spulen oft große Schwierigkeiten. Da der Abstand der Unterkanten der Nutseiten bei Formspulen, die sog. Spulenweite l_1 (Abb. 21), größer ist als der Abstand der entsprechenden Nutoberkanten l_2, muß jede Spule beim Einbau zusammengepreßt werden. Dabei treten Verformungen in den meist flexibel isolierten Stirnseiten der Spulen auf; den Hauptteil der Verbiegung müssen jedoch die sog. Spulennasen aufnehmen, in deren Bereich daher auch die Windungsisolierung meist verstärkt wird. Bei den zuerst eingelegten Spulen werden sogar noch zusätzliche Verbiegungen dadurch nötig, daß die Oberlagenseiten der Spulen bei eingelegter Unterlage nochmals aus der Nut herausgehoben werden müssen, um das Einlegen der Unterlage der zuletzt eingelegten Spulen zu ermöglichen. Die starre Nutisolierung wird bei diesen verschiedenen Arbeitsgängen auf Biegung, Schlag und am Nutausgang auf Verdrehung beansprucht. Soweit sie Glimmer enthält, ist die Nutisolierung jedoch ein außerordentlich festes und wegen ihrer kastenförmigen Gestalt auch verbiegungs- und verdrehungsfestes Gebilde. Abb. 22 zeigt, wie entscheidend die Bruch-

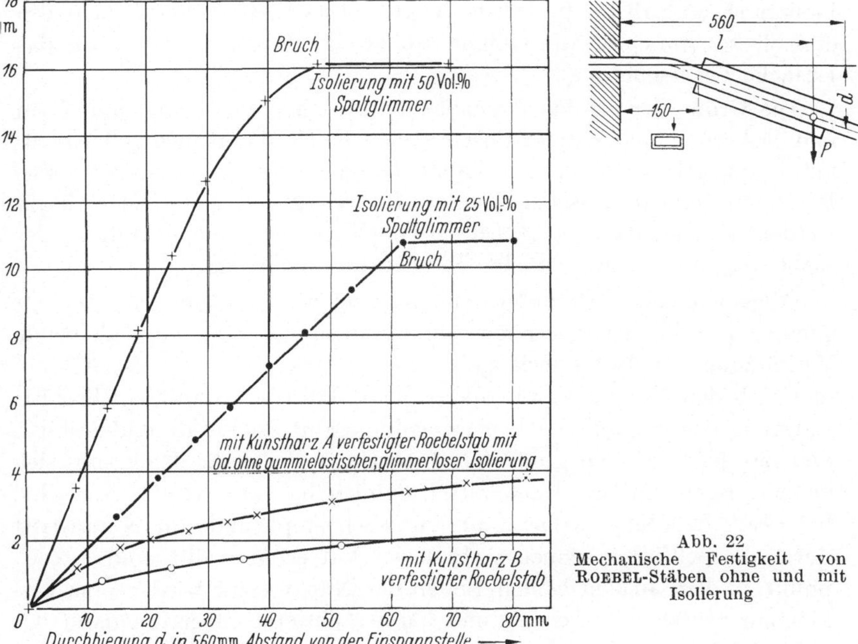

Abb. 22
Mechanische Festigkeit von ROEBEL-Stäben ohne und mit Isolierung

und Biegeeigenschaften von isolierten Wicklungselementen im Nutteil von der Glimmerisolierung und nicht vom Leiterverband bestimmt werden, und ferner, in welchem Maß der Glimmeranteil in der Isolierung die Werte der mechanischen Eigenschaften bestimmt.

Eine besondere, von den jeweiligen Betriebsbedingungen abhängige mechanische Beanspruchung der Isolierung entsteht durch die wechselnde Temperatur der Wicklungen bei Laständerungen der Maschinen. Da sich Wicklungskupfer, Isolierung und Ständereisen einerseits unterschiedlich stark erwärmen, und andererseits besonders zwischen dem linearen Temperaturausdehnungskoeffizienten der Isolierung und dem der metallischen Baustoffe große Unterschiede bestehen, kommt es in der Ständer- oder Läufernut zu sehr ungleichen Längenänderungen der drei eng beieinander liegenden Bauteile der Maschinen.

Der lineare Ausdehnungskoeffizient von Eisen liegt etwa bei $\beta = 12 \cdot 10^{-6} \, \text{grd}^{-1}$, der von Kupfer bei $\beta = 16,5 \cdot 10^{-6} \, \text{grd}^{-1}$, derjenige der Isolierung wird jedoch im wesentlichen durch deren Glimmeranteil bestimmt und liegt bei $\beta = 8,5 \cdot 10^{-6} \, \text{grd}^{-1}$. Bei einer mittleren Erwärmung des Kupfers z. B. um 80 °C und des Eisens der Maschine um 60 °C erwärmt sich die Isolierung in der Nut i. M. um 70 °C. Diese Temperaturänderungen entsprechen linearen Ausdehnungen in axialer Richtung um $\dfrac{\Delta l}{l} = 7,2 \cdot 10^{-4}$ beim Eisen, $\dfrac{\Delta l}{l} = 5,9 \cdot 10^{-4}$ bei der Isolierung und $13,1 \cdot 10^{-4}$ beim Kupfer. Das Kupfer dehnt sich also doppelt so stark wie die Glimmerisolierung, das Eisen etwa um das 1,2fache der Isolierung.

Die Größe der an den Grenzflächen zwischen Isolierung und Eisen und Isolierung und Kupfer übertragenen Kräfte kann nicht allgemeingültig angegeben werden. Sie hängt davon ab, welche Reibungs- bzw. Verklebungskräfte zwischen Kupfer, Isolierung und Nutwand wirksam werden, und ist daher z. B. bei thermoplastischen Bindemitteln in der Isolierung auch stark von der Temperatur abhängig.

Allgemein zeigt sich, daß thermoplastisch mit Schellack oder Asphalt gebundene Glimmerisolierungen eine Stauchung, d. h. eine bleibende Verkürzung der Isolationslänge erleiden. Ganz grob vereinfacht kann man sich den Vorgang etwa so vorstellen, daß bei der anfänglichen Erwärmung des Kupfers die Isolierung insgesamt noch kalt und fest ist, und das Kupfer ohne große Kraftübertragung auf die Isolierung sich dehnen kann, da das Bindemittel unmittelbar am Kupfer erweicht; bei der Abkühlung jedoch, die im Wickelkopf und am Nutaustritt durch die Belüftung schneller als in der Nut erfolgt, gibt es einen Zeitpunkt, in dem an den beiden Enden der Nut bereits wieder eine Verklebung zwischen Isolierung und Kupfer einsetzt, über die dann das abkühlende Kupfer stauchende Kräfte auf die gesamte Isolierung ausübt. Bei sehr langen Maschinen mit thermoplastisch gebundener Isolierung bilden diese Stauchungen u. U. eine Gefahr für die Wicklung (vgl. S. 91).

Bei Glimmerisolierungen mit ausgehärteten Kunstharzen liegen die Verhältnisse grundsätzlich anders. Die Isolierung wird bei hoher Temperatur ausgehärtet und nimmt bei dieser Temperatur erstmalig die Eigenschaften eines festen Körpers an; u. a. erhält die Isolierung auch einen definierten linearen Ausdehnungskoeffizienten, der etwa dem des Glimmers entspricht. Bei der Härtetemperatur besteht zwischen Isolierung und dem Kupfer des isolierten Wicklungselementes ein spannungsfreier Zustand. Kühlen sich jedoch Kupfer und Isolierung ab, so würde sich das Kupfer stärker verkürzen als die Isolierung, wenn zwischen beiden nicht eine feste Verklebung bestünde. Tatsächlich ergibt sich so das etwas ungewohnte Bild, daß die heiß ausgehärtete Isolierung bei Raumtemperatur unter einer konstanten axialen Druckspannung steht, die im Betrieb geringer wird und bei Übereinstimmung von Härte- und Betriebstemperatur sogar völlig verschwindet.

Alle bisherigen Veröffentlichungen [16, 30, 40, 66] haben gezeigt, daß kunstharzgebundene Glimmerisolierungen unter dem Einfluß von zyklischen Temperaturänderungen entweder überhaupt keine oder nur geringfügige — positive — bleibende Längenänderungen erfahren.

Periodisch mit der doppelten Frequenz des im Leiter fließenden Stromes schwingende Kräfte werden auf die in Nuten eingebetteten Wicklungsteile ausgeübt. In dem vom Strom selbst erzeugten magnetischen Nutenquerfeld erfährt nämlich der stromdurchflossene Leiter eine mechanische Kraft, die ihn, da Strom und Feld immer gleichsinnig

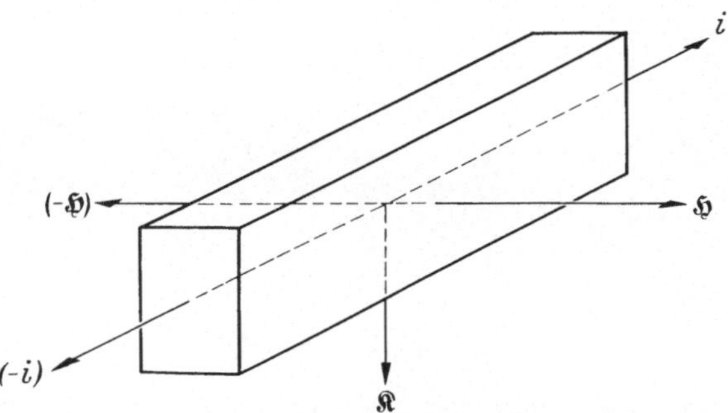

Abb. 23. Zur Kraftwirkung auf stromdurchflossene Leiter im Nutenquerfeld

wechseln, in jeder Halbwelle einmal gegen den Nutgrund drückt (Abb. 23). In den Nulldurchgängen des Stromes verschwinden diese Kräfte. Ihre Größe im normalen Betrieb ist von untergeordneter Bedeutung, im Kurzschlußfall können sie, da sie mit dem Strom quadratisch ansteigen, beträchtliche Werte annehmen.

Solange Wicklungselemente fest in die Nut eingepaßt sind und auch die Isolierung einen festen, luftfreien, nicht kompressiblen Körper bildet, stellen die Kräfte im Nutenquerfeld keine Gefahr für die Isolierung dar. Ist jedoch der Kupferleiter in die Isolierung nur lose eingebettet, oder ist gar der Teilleiterverband eines ROEBEL-Stabes gelockert, so kann die Isolierung von innen her durch periodische Schlagbeanspruchung zerschlagen werden (Abb. 24).

Ganz erheblichen konstruktiven Aufwand erfordert die Beherrschung der im Wickelkopf der Maschinen auftretenden Kräfte, die teils tangential, teils radial auf die Wicklungselemente wirken. Die Größe der Kräfte zwischen benachbarten, parallelen Leitern, wie sie in den üblichen Faßwicklungen vorliegen, lassen sich aus den Augenblickswerten der in den Leitern fließenden Ströme und den geometrischen Verhältnissen berechnen. Der Berechnung liegt die Formel zugrunde, nach der zwei stromdurchflossene parallele Leiter mit Kräften aufeinander wirken, die dem Produkt der in den beiden Leitern fließenden Ströme i_1 und i_2 direkt und dem Abstand a zwischen den Leitern umgekehrt proportional sind. Die Kraft je Zentimeter Leiterlänge beträgt unter Annahme querschnittsloser Leiter bei unendlicher Leiterlänge

$$p = 2{,}04\, i_1\, i_2\, \frac{1}{a}\, 10^{-8}\, \text{kg/cm}. \tag{19}$$

Bei Leitern mit rechteckigem Querschnitt kommt noch ein Korrekturfaktor dazu, der bei hochkant nebeneinander stehenden Leitern kleiner als Eins ist. Die Ermittlung der an einem bestimmten Leiter

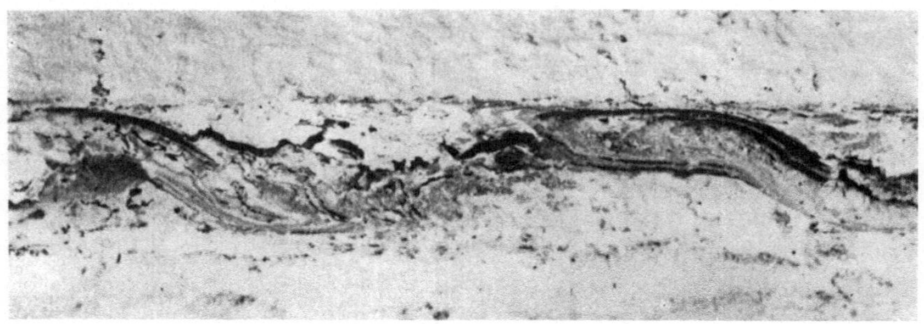

Abb. 24. Zerstörung einer Nutisolierung durch schwingende Teilleiter eines ROEBEL-Stabes

wirksam werdenden Kraft erfordert dann die Berechnung aller von benachbarten Leitern herrührenden Einzelkräfte nach Gl. (19) und ihre Addition mit entsprechenden Vorzeichen, da gleichgerichtete Ströme Anziehung und entgegengesetzte Ströme Abstoßung bewirken.

Im Wickelkopf von Faßspulenwicklungen sind Anordnungen vieler parallel zueinander liegender Leiter verwirklicht; zwischen diesen Leitern entstehen beispielsweise bei Kurzschlüssen ganz erhebliche Kräfte. So ist es ein typisches Bild bei durch Kurzschluß zerstörten Wicklungen, daß die benachbarten Leiter einer Phase jeweils eng zusammengedrückt werden, während am Phasensprung wegen der unterschiedlichen Stromrichtung die Abstände benachbarter Leiter stark vergrößert sind.

Besonders stark versteifen muß man die Wickelköpfe schnelllaufender Maschinen mit ihren sehr langen Wicklungsausladungen. Gegen die tangential in der Schichtungsebene angreifenden Kräfte werden die Stirnseiten durch eine oder mehrere Reihen eingeschnürter Abstandsstücke gesichert. Darüber hinaus auftretende radiale Kräfte werden durch Versteifungsringe und Stützen aufgefangen.

Bei alten Etagenwicklungen, bei denen die Spulenköpfe kurz nach Austritt aus der Nut rechtwinklig dicht am Ständereisen entlang abgebogen wurden, mußte im Hinblick auf die zwischen stromdurchflossenen Leitern und Eisen auftretenden Kräfte ebenfalls eine starke Versteifung vorgesehen werden.

Eine besondere Art mechanischer Beanspruchungen der Isolierung kann durch Fremdkörper aus magnetischen Material entstehen, die in die Wicklung gelangen, und dort im magnetischen Wechselfeld zu schwingenden Bewegungen veranlaßt werden. Auch lose Bleche des Ständerblechpaketes können zum Schwingen kommen und dabei die Isolierung beschädigen.

III. Isolierungen elektrischer Maschinen

A. Die Isolierstoffe

Aus der Vielzahl der gegenwärtig in der Elektrotechnik verfügbaren Isolierstoffe sind für einen bestimmten Anwendungszweck immer nur einige wenige wirklich brauchbar. Dies liegt in den sich meist sehr stark widersprechenden Forderungen begründet, die hinsichtlich der Betriebsbeanspruchungen, der Verarbeitbarkeit und nicht zuletzt der Preiswürdigkeit gestellt werden müssen. Während im Anfang des Maschinenbaues die insgesamt zur Auswahl stehende Zahl von natürlichen Isolierstoffen noch relativ gering war, sind in den letzten Jahrzehnten immer mehr halb- und vollsynthetische Stoffe dazugekommen, die man im Hinblick auf bestimmte erwünschte Eigenschaften entwickelt hat. Das Schlagwort vom *Isolierstoff nach Maß* kennzeichnet eine Entwicklung, in der die Spezialisierung einzelner Stoffe auf ganz bestimmte Funktionen und Beanspruchungen typisch ist.

In dem folgenden Kapitel werden die Isolierstoffe behandelt, die für die Isolierung elektrischer Maschinen von Bedeutung sind. Dabei kann und soll nicht erschöpfend über die einzelnen Stoffe berichtet werden, was speziellen Werken über Isolierstoffe vorbehalten bleiben muß. Vielmehr wird hier vor allem Wert gelegt auf eine Darstellung des Anwendungsbereiches der Isolierstoffe, ihrer wesentlichen Funktionen und Beanspruchungen sowie der Form und der Art ihrer Verarbeitung. Besonders bei der Behandlung von synthetischen Imprägnierharzen und von Lacken muß wegen der Breite des Stoffes eine starke Beschränkung auf die grundsätzlichen Fragen stattfinden.

Bei der Gliederung des Stoffes schien es zweckmäßig, den Glimmer wegen seiner hervorragenden Bedeutung für die Maschinenisolierung an den Anfang zu stellen. Die anschließende Behandlung des Asbestes entspricht nicht der Bedeutung dieses Stoffes, sondern erfolgt nur wegen seiner mit dem Glimmer gemeinsamen Herkunft aus dem Reich der Mineralien. Danach werden drei sehr vielseitige Stoffgruppen behandelt, nämlich die verschiedenen auf der Faserstruktur von Isolierstoffen aufgebauten Isolierstoffe, sodann die als Binde-, Füll- und Imprägniermittel Verwendung findenden Natur- und Kunstharze und die Gruppe der Lacke. Auf Silikonkautschuk und Kunststoff-Folien wird schließlich noch eingegangen, soweit es ihre Verwendung für Maschinenisolierung angebracht erscheinen ließ.

1. Der Glimmer

Glimmer ist der elektrisch tragende Bestandteil der Nutisolierung von Ständer- und auch Läuferwicklungen größerer elektrischer Maschinen. In zunehmendem Maße setzt sich mit der Ausbreitung der kontinuierlich umbandelten Isolierungen Glimmer auch als Hauptisolierung im Wickelkopf von Ständerwicklungen durch. Eine erhebliche Rolle spielten bis zur Einführung der Glasseideumspinnungen Glimmerzwischenlagen als Teilleiterisolierungen in ROEBEL-Stäben. In Vollspulen werden Glimmermaterialien in Form von Zwischenlagen oder Umbandelungen als Windungsisolierungen verwendet.

Aus der Kommutatorfertigung ist Glimmer als Isolierung zwischen den Kupferlamellen nicht wegzudenken, und auch als Hauptisolierung der Kommutatoren gegen die Eisenkonstruktion dienen Glimmerkappen.

Der Glimmer ist überall dort zu treffen, wo die höchsten Anforderungen an die Isolierung überhaupt gestellt werden, sei es durch die elektrische Beanspruchung selbst oder durch die zusätzlichen thermischen und mechanischen Belastungen.

Rohglimmer. Der Naturglimmer wird als gewachsener Kristall (Blockglimmer) bergmännisch gewonnen und zeichnet sich durch eine außerordentlich leichte Spaltbarkeit in einer Ebene aus. Zur Verwendung in Maschinen kommt im wesentlichen nur eine der verschiedenen Glimmersorten, der sog. Muskowit. Die Glimmerarten gehören chemisch in die umfangreiche Gruppe der Silikate; Muskowit stellt ein Kalium-Aluminium-Silikat dar und wird als Ruby- und Madrasglimmer vorwiegend in Indien gewonnen.

Zur technischen Weiterverwendung wird zunächst der gewonnene Blockglimmer von fremden Mineralien gereinigt und von Hand in der gewünschten Dicke gespalten. Für die Zwecke der Maschinenisolierung eignet sich der dünne, biegsame Spaltglimmer, der in Dicken von rd. 0,01 ··· 0,02 mm geliefert wird. Je nach der Fläche der dünnen Glimmerblättchen unterscheidet man unterschiedliche Glimmergrößen. Da die Blättchen als unregelmäßige Polygone anfallen (Abb. 25a u. b), hat man festgelegt, den Flächeninhalt des größten in das Polygon einbeschreibbaren Rechteckes zu bewerten.

Tab. 7 gibt die Bewertungsskalen für die Größe von Spaltglimmer nach verschiedenen Quellen [4, 70]. Die Größen 4 ··· 6 kommen vorwiegend im Maschinenbau zur Anwendung, darüber hinaus noch sog. Schuppenglimmer mit einer Durchschnittsfläche von 1 cm² und für bestimmte Zwecke auch noch kleinere Glimmerflocken. Bei den größeren Spaltglimmersorten unterscheidet man innerhalb einer Größenklasse

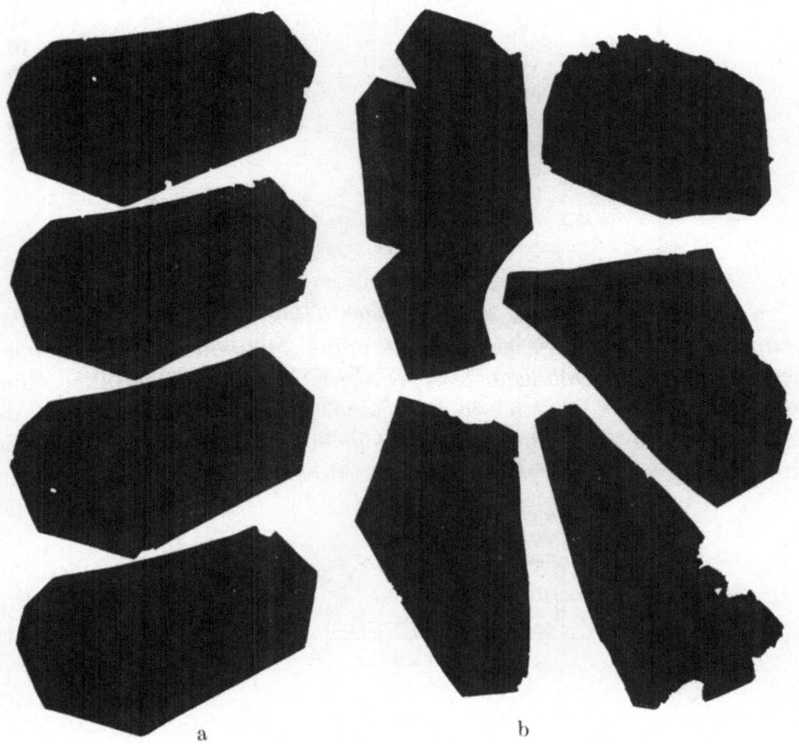

Abb. 25a u. b. Gestalt von Spaltglimmerblättchen, Maßstab 1 : 3
a) Buchglimmer, Spalt 4; b) loser Glimmer, Spalt 4

noch unterschiedliche Qualitäten. Der sog. Buchglimmer wird in einzelnen Paketen untereinander völlig gleicher Glimmerblättchen geliefert, die dadurch entstehen, daß die aus einem einzelnen Glimmerkristall gespaltenen Blättchen beim Versand beieinanderbleiben (Abb. 25a). Buchglimmer eignet sich wegen der gleichmäßigen Blättchenform besonders zur Herstellung handgelegter Glimmerfolien. Sogenannter loser Glimmer besteht aus Blättchen mit untereinander ungleicher Form, auch gibt es bei losem Glimmer Qualitäten mit unterschiedlich guten Schnittkanten (Abb. 25b). Zum Herstellen maschinell gestreuter Glimmerfolien wird grundsätzlich nur loser Glimmer verwendet.

Tabelle 7. *Bezeichnung verschiedener Spaltglimmergrößen*

Grad oder Größe	Fläche in cm²		Größe	Maße in cm	
	ASTM	ÖVE		lang	breit
			0000	20 ··· 30	15 ··· 30
Extraspezial	387 ··· 516	350	000	18 ··· 30	12 ··· 20
Spezial	310 ··· 387	250	00	12 ··· 20	10 ··· 12
A 1	232 ··· 310	—	0	12 ··· 19	8 ··· 11
1	155 ··· 232	160	1	10 ··· 18	7 ··· 10
2	97 ··· 155	100	2	8 ··· 15	7 ··· 9
3	64,5 ··· 97	63	3	8 ··· 12	6 ··· 7
4	39,6 ··· 64,5	40	4	5 ··· 10	4 ··· 6
5	19,3 ··· 39,6	25	5	4 ··· 6	3 ··· 4
5,5	16 ··· 19,3	16			
6	6,5 ··· 16	10	6	2,5 ··· 3	2 ··· 3
7	6,5	4			
R		2,5			

a) Spaltglimmerfolien und -bänder (Rollenmaterial). Die meistbenutzten Glimmerzwischenprodukte sind Mikafolien und Glimmergewebe. Auf breitbahnigem Trägermaterial bildet handgelegter Glimmer der Größen 4 oder 5 oder maschinell gestreuter Spaltglimmer der Größe $5^1/_2 \cdots 6$ eine durchgehende Schicht und wird durch ein Bindemittel am Trägermaterial festgehalten. Breitbahniges Material, das zur

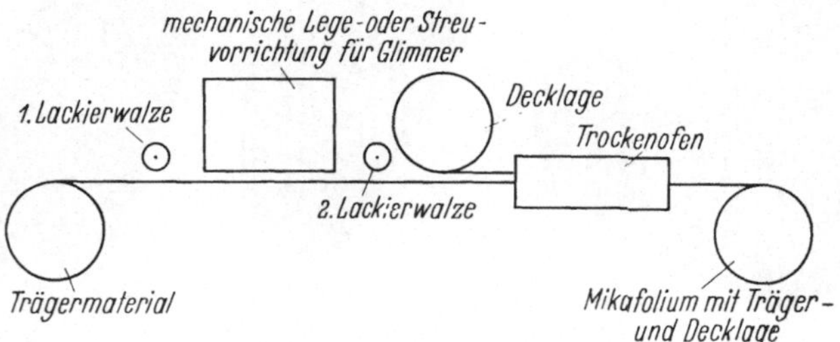

Abb. 26. Herstellung von Mikafolium oder Glimmergewebe mit Decklage als Zwischenprodukt für Glimmerbänder

Herstellung von Glimmerbändern noch zerschnitten werden soll, erhält allgemein noch eine Decklage, damit der Spaltglimmer beim Aufwickeln der Bänder auf Spulen und Stäbe nicht herausfällt. Abb. 26 und 27 zeigen schematisch den Herstellungsgang solcher Mikafolien.

Nachfolgend sollen die wichtigsten breitbahnigen Glimmerprodukte kurz aufgeführt und durch Angaben über Träger- und Deckmaterial, Bindemittel, Glimmergröße und Verwendungszweck charakterisiert werden (Tab. 8).

Die vielen Möglichkeiten der Variation von Art und Dicke des Trägermaterials der Glimmergröße und -lagenzahl und von Art und

Anteil des Bindemittels in diesen Glimmerprodukten aufzuzählen, ist unmöglich. Wenn wirtschaftliche Gesichtspunkte vernachlässigt werden können, sind mit großflächigem Glimmer und dünnen Trägermaterialien hoher Reißfestigkeit Produkte mit außergewöhnlichen elektrischen und mechanischen Eigenschaften herstellbar. Sind technische Belange von geringerer Bedeutung, so kann mit kleinflächigem Glimmer und dickem Trägermaterial ein entsprechend billiges Produkt bevorzugt werden.

b) Glimmerpapierfolien und -bänder (Rollenmaterial). In jüngerer Zeit verwertet man schließlich auch noch Glimmerabfälle, die durch mechanische, thermische und chemische Aufschließungsverfahren in kleinste Glimmerschuppen zerlegt und durch ein der Papierherstellung analoges Verfahren zu sog. Glimmerpapieren — Samica, Romica, Mica-Mat, Isomica usw. — verarbeitet werden. Auf der Grundlage von Glimmerpapieren können ganz ähnliche Zwischenprodukte hergestellt werden wie mit Spaltglimmer. Das Glimmerpapier erhält zur mechanischen Verstärkung ein- oder beidseitig einen Belag aus dünnem

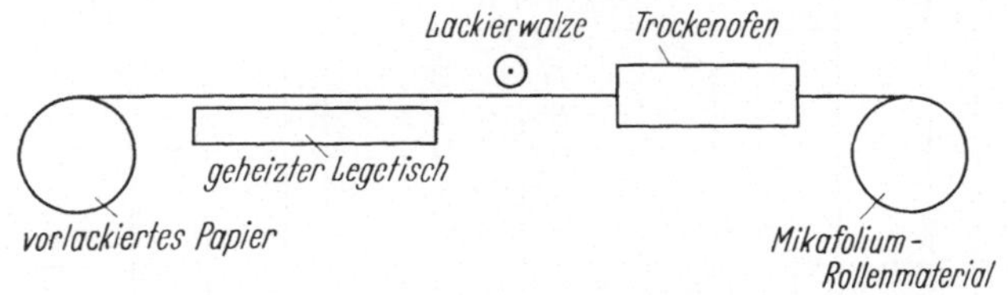

Abb. 27. Herstellung von Mikafolium im Handlegeverfahren (schematisch)

Papier oder feiner Glasseide. Es kann dann wie die bekannten Mikafolien eine Imprägnierung mit einem thermoplastisch verarbeitbaren Bindemittel erhalten und z. B. auf heißen Bügelmaschinen zu Nutisolierungen verarbeitet werden. Wird das mit Papier oder Glasseide kaschierte Glimmerpapier ohne oder nur mit kleinen Bindemittelmengen versetzt, so bleibt es porös und eignet sich zur Herstellung von trocken gewickelten Glimmerbandisolierungen, die im Vakuum mit härtbaren Kunstharzen durchtränkbar sind. Es ist nicht möglich, hier einen Überblick über die verschiedenen Arten von Glimmerpapierfolien und -bändern zu geben, die sich je nach Herstellungsart des Glimmerpapiers in der Feinheit der Glimmerzerkleinerung, in der Dicke des Glimmerpapiers, in Art und Dicke des Verstärkungsmaterials, in Art und Anteil des Bindemittels und vielen anderen Einzelheiten unterscheiden. Als Größe der zum Papier integrierten feinen Glimmerflocken geben die Hersteller Flockenflächen von z. B. 1 mm² (Micafil AG, Zürich) bis herunter zu $6 \cdot 10^{-1}$ mm² (General Electric, USA) an. Die verschiedenen Warenzeichen für diese Glimmerprodukte lassen bereits auf einfache Weise die Verwandtschaft der verschiedenen Produkte erkennen: Samica (Schweizerische Isolawerke, Breitenbach), Romica

Tabelle 8. *Wichtige Glimmerzwischenprodukte*

Material	Träger	Decklage	Glimmergröße	Bindemittel	Verwendungszweck Verarbeitung
Mikafolium	Papier 30 ··· 40 µ	—	4 ··· 5 1 ··· 2 lagig	Schellack, Epoxydharze etwa 35 ··· 50 Vol-%	Nutisolierungen, Bügel-verfahren U-Kästen ... Pressen in Formen
	Papier 30 ··· 40 µ	—	4 ··· 5 1 ··· 2 lagig	Asphalt etwa 35 ··· 50 Vol.-%	Nutisolierung ... Bügel-verfahren
	Papier	Papier	$5^1/_2$ ··· 6 1 ··· 2 lagig	Polyester- oder Epoxyd-harze 2 ··· 5%	Glimmerbänder für Nutisolierung
Glimmergewebe	Glasseide	Glasseide	4 ··· 6 1 ··· 2 lagig	Polyester- oder Epoxyd-harze; Ölharzlacke	Glimmerbänder für Nut- oder Leiter-isolierung
	Papier	Polyestervlies	4 ··· 6		
	Musselin (Baumwolle)	Papier	4 ··· 6		
Glimmerfeingewebe	Seide etwa 50 µ	Papier etwa 30 µ	4 ··· 6	Ölharzlacke	Glimmerbänder für Leiterisolierung

(Micafil AG, Zürich), Mica-Mat (General Electric, USA), Isomica (Mica Insulator Co.).

c) Mikanite (Plattenmaterial). Plattenförmige Glimmerprodukte werden als Mikanite bezeichnet. Sie bestehen aus Spaltglimmer oder Glimmerpapier mit hohem Glimmeranteil und relativ geringen Bindemittelmengen. Sie werden teils ohne, teils mit Decklagen aus Papier oder Gewebe versehen (DIN 40612), Tab. 9.

Tabelle 9. *Eigenschaften von Mikaniten*

Glimmergehalt	Kommutatormikanit Formmikanit Biegemikanit	$\geq 96\%$ $\geq 75\%$ $\geq 75\%$
Spez. Gewicht	Kommutatormikanit Formmikanit Biegemikanit (Glimmerpapier- mikanite)	$2,6$ g/cm³ $2,1$ g/cm³ $2,3 \cdots 2,5$ g/cm³ $1,7 \cdots 2,2$ g/cm³
Zusammendrück- barkeit	Kommutatormikanit (Spaltglimmer) (Glimmerpapier)	$2 \cdots 5\%$ 8%
Elektrische Prüfung VDE 0332/9. 38	Kommutatormikanit Formmikanit Biegemikanit	Stückprüfung $\left.\begin{matrix}7\\9\\9\end{matrix}\right\}$ kV/mm Typenprüfung $\left.\begin{matrix}12\\15\\10\end{matrix}\right\}$ kV/mm
Verwendung	Formmikanit Biegemikanit	Kommutatorringe, Isolierung von Rohren, Leiter beliebiger Querschnitte Nutenauskleidungen
Verwendung- findende Stärken [mm]	Kommutatormikanit Formmikanit Biegemikanit	$\geq 0,3$ mm $\geq 0,1$ mm $\geq 0,15$ mm

Kommutatormikanit. Für rotierende Maschinen spielt Mikanit als Lamellenisolierung zwischen den Kupferlamellen der Kommutatoren eine wichtige Rolle. Bei einer gegenüber der Kommutatorlauffläche durch Auskratzen zurückgesetzten Lamellenisolierung kommt Kommutatormikanit auf der Basis von Muskowit, bei nicht zurückgesetzter Isolierung der weichere Phlogophit (Amberglimmer), der gleichzeitig mit dem Kupfer abgetragen wird, zur Verwendung.

Kommutatormikanit wird mit einem Glimmeranteil von mindestens 96% in Platten von 0,3 mm bis zu etwa 2 mm Stärke durch Pressen von handgelegtem oder gestreutem Spaltglimmer und Bindemittel mit hohem Druck unter Anwendung hoher Temperaturen, bei denen das

Bindemittel aushärtet, hergestellt. Zur genauen Einhaltung der gewünschten Stärken werden die einzelnen Mikanitplatten beidseitig auf Maß geschliffen, so daß bei Messung von mindestens 20 unter einem Druck von 200 kg/cm² übereinanderliegenden Platten die mittlere Abweichung vom Nennmaß nicht mehr als +0,02 mm beträgt, während Minustoleranzen grundsätzlich nicht zulässig sind [12].

Mit Glimmerpapieren lassen sich ebenfalls Kommutatormikanite herstellen, die sich von den Spaltglimmermikaniten durch eine stärkere Zusammendrückbarkeit von 8 gegenüber 5 ··· 6% unterscheiden.

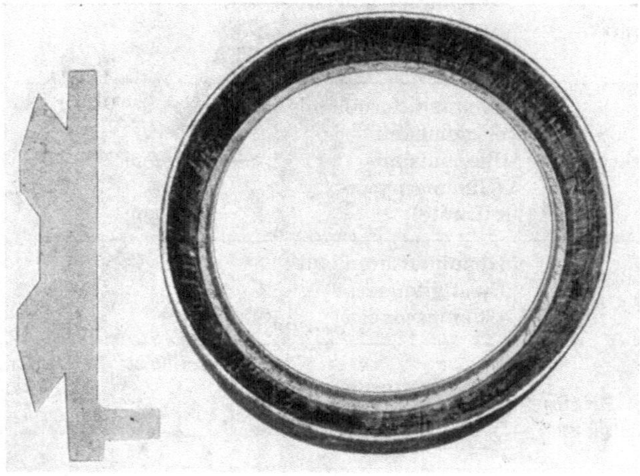

Abb. 28. Mikanitsegment und Mikanit-Kommutatorkappe

Die Herstellung der einzelnen Mikanitsegmente erfolgt durch Stanzen (Abb. 28).

Formmikanit. Zur Herstellung von Formteilen in Heißpressen wird Mikanit mit 25% Bindemittel verwendet, das bei der Verformung wieder plastisch wird. Vor allem werden Kommutatorkappen hergestellt, die als Isolierung zwischen Kommutatorlamellen und den eisernen Spannringen dienen. So komplizierte Gebilde wie Kommutatorkappen u. ä. können nicht aus dem Plattenmaterial direkt gepreßt werden. Vielmehr werden sie aus vielen sich überlappenden Streifen des Materials vor dem Pressen zusammengesetzt und dann zu einem Ganzen gepreßt (Abb. 28).

Biegemikanit. Mit dem gleichen Bindemittelanteil von 25% wie Formmikanit wird der auch im kalten Zustand verformbare Biegemikanit als plattenförmiges Material hergestellt. Er wird zur Isolierung von Versteifungsringen und kompliziert geformten Teilen, als Zwischenlage in mehrlagigen Läuferwicklungen u. dgl. benutzt. Seine Formbarkeit erhält er durch besondere, nicht härtende Zusätze zu dem meist als Bindemittel in Mikaniten verwendeten Schellack.

Verstärkt durch Decklagen aus Papier oder Gewebe entsteht aus Biegemikanit das sog. Mikanitpapier oder Mikanitgewebe, die beide für die gleichen Zwecke wie der unverstärkte Biegemikanit Anwendung finden, sich jedoch leichter verarbeiten lassen, da das Abspalten einzelner Glimmerblättchen vermieden wird.

2. Asbest

Asbest findet in Wicklungen elektrischer Maschinen dort Verwendung, wo seine hohe thermische Beständigkeit zur Geltung kommt, ohne daß elektrisch hohe Anforderungen gestellt werden. Als Teilleiterisolierung in ROEBEL-Stäben und als Windungsisolierung von Polwicklungen wird er eingesetzt. Asbest stellt in diesen Fällen ein hochtemperaturfestes, thermisch und mechanisch hochbeanspruchtes Medium dar, das seine elektrischen Funktionen als einfacher Abstandshalter zwischen benachbarten Leitern ausübt.

Die Gewinnung des Asbestes erfolgt wie beim Glimmer bergmännisch, da er als Mineral in vielen Teilen der Welt (Kanada, Rußland, Südafrika) gefunden wird. Chemisch sind die verschiedenen Asbestarten fadenförmig kristallisierende Silikate. An erster Stelle in der Anwendung steht der besonders langfaserige Serpentinasbest — ein wasserhaltiges

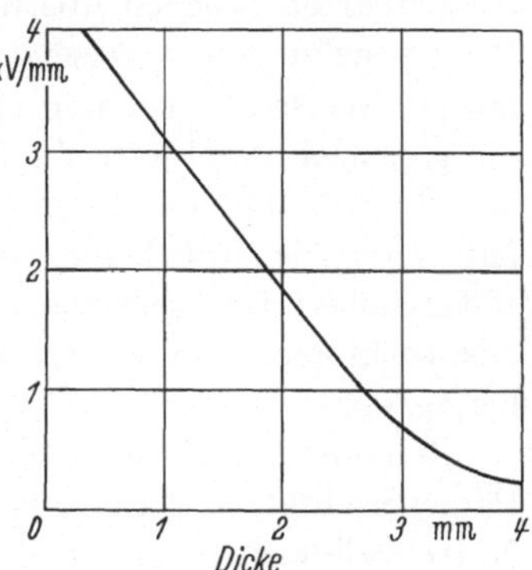

Abb. 29. Spannungsfestigkeit von nicht lackiertem Trockenasbest

Magnesiumsilikat. Die besten Asbestfasern werden von Hand aus dem Gestein gewonnen und sind sehr gut verspinnbar. Vor der Einführung der Glasseide kamen daher z. B. auch asbestumsponnene Kupferleiter zur Anwendung. Die kürzeren Fasern sind maschinell gewonnen und werden zu groben Garnen oder zu Pappen und Papieren verarbeitet. Asbestbänder werden bisweilen als Glimmschutz in der Nut und am Nutaustritt von Ständerwicklungen für höhere Spannungen verwendet, werden aber in jüngerer Zeit allgemein durch die weniger auftragenden Glimmschutzleitlacke verdrängt. Endlich spielt feingemahlener Asbest eine Rolle als Füllmaterial in Isolierlacken für die innere Blechpaketisolierung.

Asbestprodukte sind elektrisch von geringer Qualität. Abb. 29 zeigt die Durchschlagsfestigkeit von rohen Asbestpapieren, abhängig von der Dicke der Papiere, die auch durch Imprägnierung nicht wesentlich verbessert wird. Auch der Isolationswiderstand von Asbestmaterial ist gering, da Asbest hygroskopisch ist. Die Feuchtigkeitsaufnahme kann jedoch durch Lackimprägnierung verringert werden.

Bei der Verarbeitung von Asbestpapieren als Zwischenlagen für Windungs- oder Teilleiterisolierung erfolgt stets eine Imprägnierung mit den zur Spulen- oder Stabverfestigung benutzten Kunstharzlacken.

3. Papier (Zellulosepapier)

Papier wird in Maschinenwicklungen vorwiegend als Trägermaterial für Spaltglimmer oder als Verstärkung von Glimmerpapieren verwendet. Elektrische Funktionen werden durch Papierumbandelungen erfüllt, die als imprägnierte Windungsisolierung der Wärmeklasse A dienen. Zum Bekleben der Ständerbleche werden dünne Seidenpapiere verwendet, die hier die rein mechanische Funktion der Abstandshaltung zwischen benachbarten Blechen übernehmen und keinen besonderen elektrischen Beanspruchungen ausgesetzt sind. Schließlich dient Hartpapier in vielfältiger Weise als mechanisch hochbelastbare Isolierung an Stellen, wo die gleichzeitige elektrische Beanspruchung gering ist. Spannbolzen für die Wickelkopfversteifung werden z.B. durch übergeschobene Hartpapierrohre isoliert, Isolierrahmen für schwere Polwicklungen, die gleichzeitig hohen Druckbeanspruchungen und mäßigen Gleichspannungsbeanspruchungen gewachsen sein müssen, werden oft aus Hartpapier hergestellt.

Rohstoff für die meisten elektrotechnisch verwendeten Papiere und Papierprodukte ist die aus nordischen Nadelhölzern gewonnene sog. Natronzellulose. Stark zerkleinertes Holz wird mit Natronlauge bei $170 \cdots 180\,°C$ und hohem Druck mehrere Stunden lang gekocht, wobei die Holzsubstanz Lignin, die etwa $20 \cdots 25\%$ des Holzgewichtes ausmacht, und die sog. Hemizellulosen sowie Harze, Eiweiß u. dgl., ebenfalls etwa $20 \cdots 25\%$ des Holzgewichtes, entfernt werden. Zurück bleibt reine faserige α-Zellulose und ein gewisser Anteil von Hemizellulose; die gewonnene Zellulose wird gewaschen und in sog. Holländern weitergemahlen. Der Mahlungsvorgang ist entscheidend für die spätere Papierqualität. Die Fasern werden hierbei vor allem in Längsrichtung durch Quetschung unter den Messern der schweren Holländerwalze aufgespalten, wobei die Quellung der Fasern im Wasser, in dem die Fasern aufgeschlämmt sind, eine wesentliche Rolle spielt. Je nach Dicke des gewünschten Papiers werden bestimmte Mahlungsgrade eingehalten. Die eigentliche Papierherstellung erfolgt auf großen Maschinen, in denen ein feines Sieb mit konstanter Geschwindigkeit vorwärtsbewegt und mit dem stark bis auf rd $1:1000$ verdünnten Zellulosefaserbrei (Pulpe) übergossen wird. Die Fasern verfilzen sich nach Ablaufen des Wassers zu einem fest zusammenhängenden Papierblatt, das kontinuierlich vom Sieb abgehoben, getrocknet und auf Rollen gewickelt wird.

Isolierpapiere für die Mikafoliumherstellung werden ohne weitere Behandlung, so wie sie von der Papiermaschine kommen, als sog. maschinenglatte Papiere verwendet. Diese Papiere werden durch ihr Gewicht je Quadratmeter gekennzeichnet. Verwendet werden hauptsächlich Papiere mit $30 \cdots 60$ g/cm², was wegen des scheinbaren spez. Gewichtes maschinenglatter Papiere von rd. 0,9 g/cm³, des sog. Raumgewichtes, ungefähr zahlenmäßig gleich ihrer Dicke in μ ist.

Klasse A-Windungsisolierung wird als ein- oder mehrlagige Bewicklung mit Papierbändern, die durch eine Baumwollbespinnung geschützt werden, ausgeführt. Die Bewicklung bzw. Bespinnung erfolgt maschinell mit den aus der Kabelherstellung bekannten Maschinen. Die zur Umspinnung der Drähte verwendeten Papiere sind meist maschinenglatte Natronzellulosepapiere mit $30 \cdots 80$ g/m².

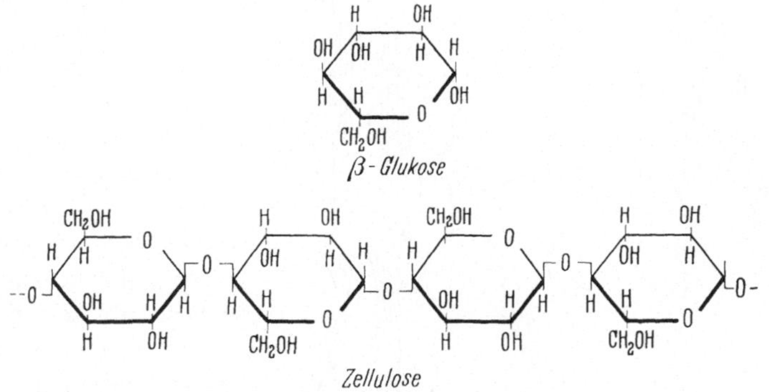

Abb. 30. Das Zellulosemolekül und sein Grundbaustein, das Glukosemolekül

Für Glimmerbandmaterial werden Papierdecklagen aus besonderen Seidenpapieren (Japan-Seidenpapier, Manila-Papier) bevorzugt, deren Faserrohstoff aus dem Bast bestimmter Pflanzen gewonnen wird. Diese Papiere haben bei geringem Raumgewicht eine ausgesprochene Faserorientierung in Bandrichtung, so daß in Längsrichtung eine hohe Reißfestigkeit erreicht wird. In Querrichtung haben sie eine verschwindend geringe Reißfestigkeit. Ihre Durchlässigkeit für Imprägniermittel ist wegen des geringen Raumgewichtes von nur $0{,}4 \cdots 0{,}5$ g/cm³ besonders hoch.

Für die Isolierung von Ständerblechen werden keine hochwertigen Isolierpapiere verwendet, sondern dünne Seidenpapiere mit geringem Raumgewicht.

Die Verarbeitung und Anwendung von Papieren muß vor allem zwei Eigenschaften der Papiere berücksichtigen, nämlich die Neigung, Wasser aufzunehmen und die Empfindlichkeit gegenüber hohen Temperaturen.

Für die Feuchtigkeitsaufnahme ist die chemische und physikalische Struktur der Zellulose verantwortlich. Abb. 30 zeigt den chemischen

Grundbaustein des Papiers, das Zellulosemolekül, sowie das Glukose-(Traubenzucker-) Molekül, aus dem man sich wiederum das Zellulosemolekül aufgebaut denken kann, wenn man je Bindung die Abspaltung eines H_2O-Moleküls annimmt. Ein Zellulosemolekül ist ein langgestrecktes fadenförmiges Gebilde aus größenordnungsmäßig 1000 Glukosebausteinen. Je Glukosebaustein besitzt das Molekül drei bewegliche OH-Gruppen, die ein erhebliches Dipolmoment besitzen und die der Papierfaser die relativ hohe DK von etwa 5,6 verleihen. Diese OH-Gruppen sind auch zu einem guten Teil für die Hygroskopizität der Zellulose verantwortlich. Zwischen OH-Dipolen der Zellulose und den H_2O-Dipolen werden starke elektrische Bindungskräfte wirksam. Infolge einer übermolekularen Micellstruktur werden nicht alle OH-Gruppen bei der Wasseranlagerung aktiv. Abb. 31 a—g zeigt die Entstehung eines micellaren Netzes aus einzelnen Fadenmolekülen. Mehrere Zellulosemolekülketten legen sich nebeneinander und bilden Bereiche mit kristalliner Struktur, die sog. Micelle, die durch nichtgeordnete *amorphe* Bereiche voneinander getrennt werden. Da in ein Micell kein Wasser eindringt und der gesamte Anteil an geordneter *kristalliner* Substanz in der

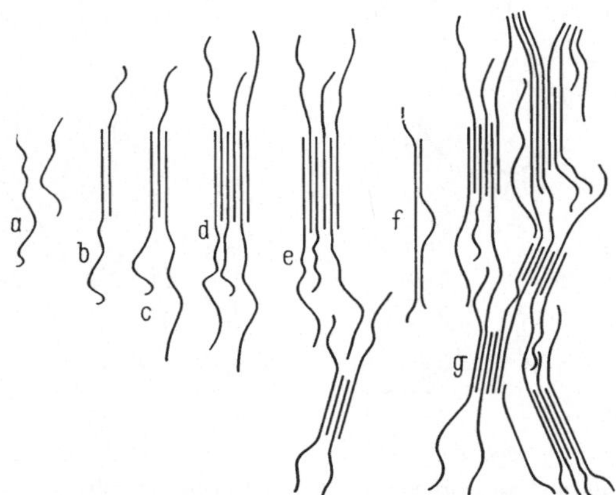

Abb. 31 a—g. Übermolekulare Struktur der Zellulose (nach R. PUMMERER). a) bis e) Entstehung eines micellaren Netzes aus Fadenmolekülen; f) Kristallisationshemmung; g) Ausschnitt aus micellarem System

Größenordnung von etwa 60% liegt, kommt für die Wasseraufnahme nur etwa 40% der Papiersubstanz in Frage. Bei Anlagerung je eines H_2O-Moleküls pro zugänglicher OH-Gruppe bedeutet dies einen Wassergehalt infolge Dipolanlagerung von rd. 14%. Das sind aber bei hoher Luftfeuchte schon durchaus mögliche Werte. Zu ganz ähnlichen Zahlen hinsichtlich des Wassergehaltes kommt man, wenn man von der Vorstellung einer bestimmten inneren Oberfläche der Micelle ausgeht und annimmt, sie sei mit einer einmolekularen Wasserhaut bedeckt.

Abb. 32 zeigt die Abhängigkeit des Wassergehaltes von Kabelpapier von der relativen Feuchte und Abb. 33 und 34 den Zusammenhang zwischen dielektrischem Verlustfaktor bzw. Isolationswiderstand und Papierfeuchte. Isolierpapiere werden daher im Laufe der Fertigung meist einer Trocknung unterworfen, die je nach erforderlichem Trocknungsgrad an Luft oder im Vakuum erfolgen kann. Abb. 35 a u. b zeigt die

Trocknung von Papier an Luft und im Vakuum, gekennzeichnet durch die unterschiedliche Abnahme des Verlustfaktors bei verschiedenen Trocknungstemperaturen.

Die Trocknung an Luft verläuft sehr viel langsamer als im Vakuum und führt auch bei hohen Trockentemperaturen nicht zu den physikalisch erreichbaren Minimalwerten des $\tan\delta$. Bei Temperaturen über 80 °C sind die minimal erreichbaren $\tan\delta$-Werte allerdings nur noch wenig höher, und eine Erhöhung der Trocken-

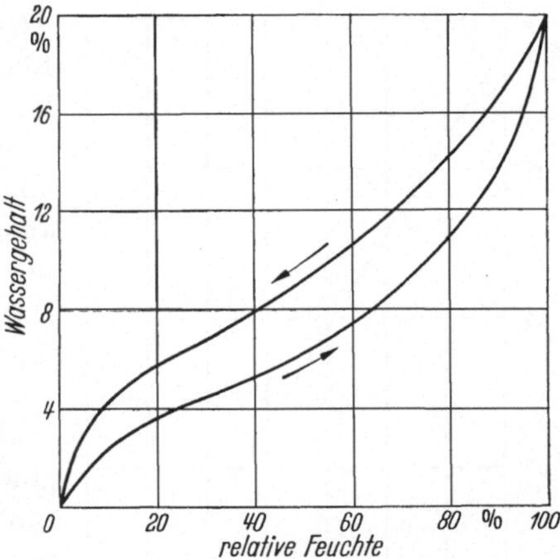

Abb. 32. Wassergehalt von Kabelpapier und relative Feuchte [107]

temperatur wirkt sich vor allem in der Trocknungsgeschwindigkeit aus.

Bei Vakuumtrocknung sind die Trocknungszeiten größenmäßig auf ein Zehntel und weniger verkürzt, und sie verringern sich auch mit steigender Temperatur noch wesentlich. Eine Mindesttemperatur von rd. 80 °C muß jedoch auch bei Vakuumtrocknung angewandt werden, wenn man die letzten, den Verlustfaktor beeinflussenden Wassermengen austreiben will.

Die an Luft betriebenen Maschinenisolierungen nehmen allgemein im Betrieb gewisse Mengen Feuchtigkeit auf, so daß eine Vakuumtrocknung von papierhaltigen Isolierstoffen nur zum Zwecke einer Verringerung des Verlustfaktors nicht nötig ist. Trotzdem wird sie im Zuge bestimmter Fertigungsschritte bisweilen angewandt, wie z.B. vor der Vakuumimprägnierung der Spulenwindungsisolierung mit Asphalt oder vor der Imprägnierung der Hauptisolierung mit Kunstharzen. Die Vortrocknung von länger gelagertem Mikafolium, das auf heißen Bügelmaschinen

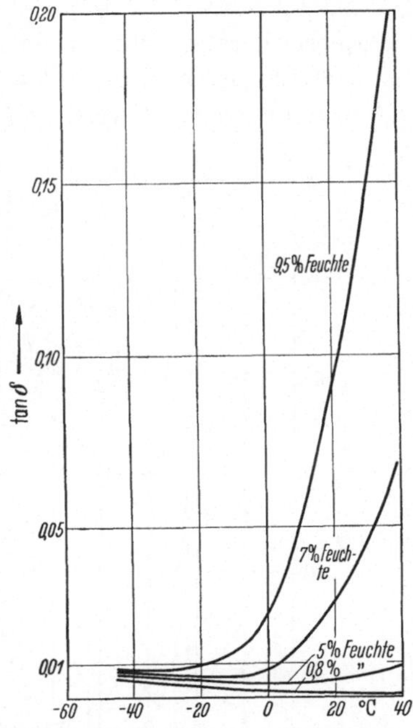

Abb. 33. Verlustfaktor von Kabelpapier abhängig von Feuchte und Temperatur (nach VEITH [107])

verarbeitet werden soll, bei mäßigen Temperaturen im Vakuum kurz vor der Verarbeitung kann vorteilhaft sein, da das getrocknete Mikafolium

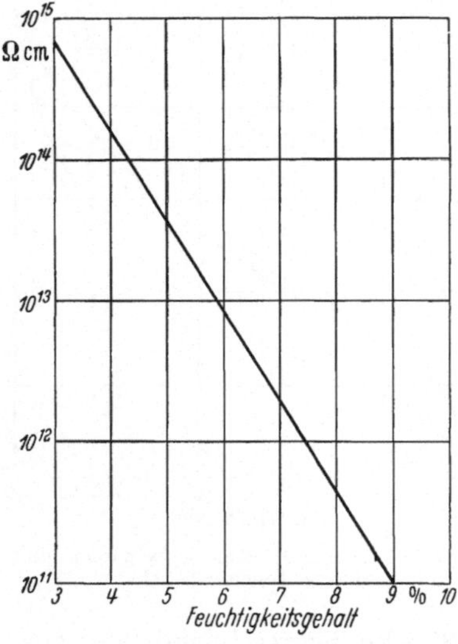

Abb. 34. Spezifischer Isolationswiderstand von Kabelpapier, abhängig von der Feuchte bei 20 °C (nach VEITH [107])

schneller erwärmt wird und beim Bügeln unnötige Dampfbildung in der Isolierung vermieden wird.

Papier erleidet bei Einwirkung hoher Temperaturen chemische Veränderungen, und zwar finden einerseits in Anwesenheit von Luftsauerstoff Oxydationsvorgänge, andererseits auch unter Luftabschluß thermische Zersetzungsvorgänge statt. Reine Papierisolierungen gehören, auch mit Imprägnierung, daher in die Wärmeklasse A mit höchstzulässigen Dauertemperaturen von 105 °C. Der Grad der Oxydation von Papieren hängt außer von der Temperatur jeweils von der Sauerstoffdarbietung ab, die je nach Art der Imprägnierung und dem Grad des damit verbundenen Luftabschlusses der

Papierisolierung sehr unterschiedlich sein kann. Die rein thermische Zersetzung ist in ihrer Abhängigkeit von der Temperatur von mehreren Autoren untersucht worden [41, 85, 108]. Die frei werdende Gasmenge je

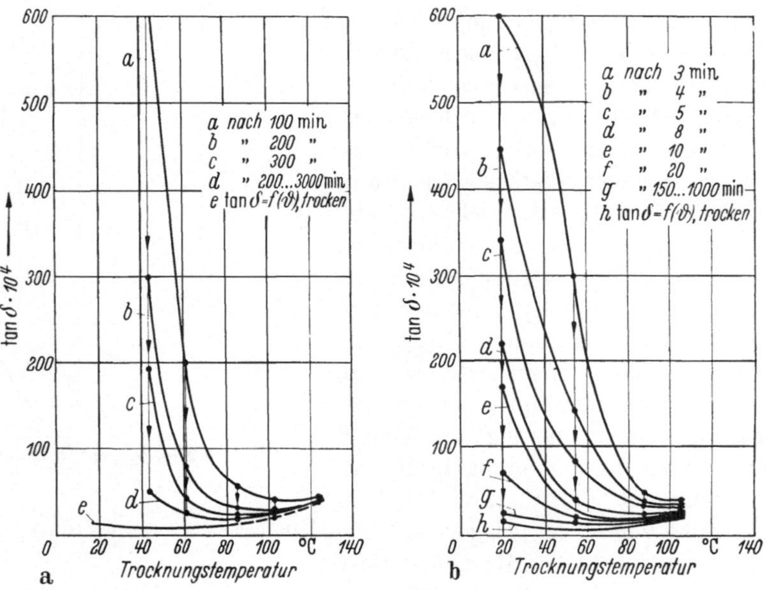

Abb. 35a u. b. Abnahme des Verlustfaktors von Papier bei der Trocknung
a) Trocknung an Luft, 760 Torr; b) Trocknung im Vakuum, 2×10^{-2} Torr

Gramm Papier je Stunde der Temperatureinwirkung steigt nach einem Exponentialgesetz mit der Temperatur an (Abb. 36). Die Verarbeitungszeit für papierhaltige Isolierungen bei Anwendung hoher Temperaturen wird daher auf das notwendige Minimum beschränkt, wenn auch z. B. hinsichtlich der Höhe der Temperaturen beim Härten kunstharzimprägnierter Isolierungen, beim Bügeln von Mikafolium und schließlich beim Pressen und Härten von Hartpapieren keine allzu engen Maßstäbe angelegt zu werden brauchen.

Feuchtigkeitsempfindlichkeit und thermische Zersetzbarkeit sind Stoffeigenschaften der Zellulose, die je nach Aufschließungsverfahren und Herkunft der gewachsenen Fasern noch gewisse Unterschiede zeigen. Die mechanischen und elektrischen Eigenschaften der Papiere sind jedoch abhängig von der Herstellung der Papiere, dem Mahlungsgrad des Papierstoffes, der Dichte der Papiere, der Faserorientierung usw. und können nicht allgemein angegeben werden.

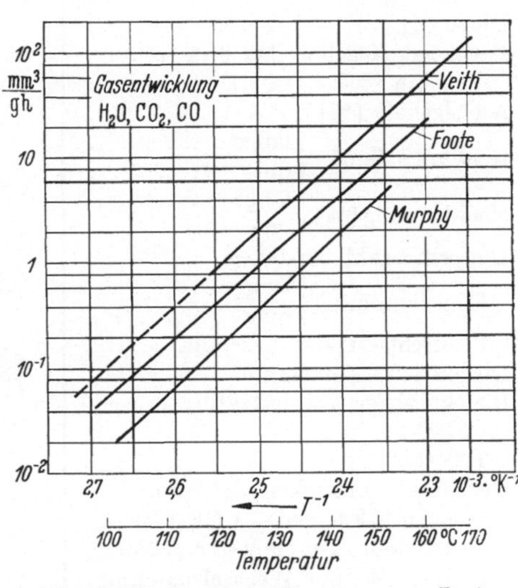

Abb. 36. Die thermische Zersetzung von Papier

Tab. 10 zeigt Eigenschaften der Natronzellulose und daraus hergestellter Papiere an zwei Beispielen.

Zur Herstellung von Hartpapieren [4, 10] werden vorwiegend Natronzellulosepapiere benutzt. Diese Papiere werden auf Lackiermaschinen ein- oder beidseitig mit dem zur Verwendung kommenden Bindemittel lackiert. Eine anschließende Trocknung in einem Durchlaufofen entfernt bei Temperaturen von 100 ··· 140 °C die Lösungsmittelreste und sorgt für eine Vorkondensation der Harze.

Zur Verwendung kommen für Hartpapiere hauptsächlich Kresol-Formaldehydharze, die in alkoholischer Lösung aufgetragen werden; u. U. wird auch Schellack als Bindemittel genommen.

Aus den vorlackierten Papieren werden unter hohem Druck, bei gleichzeitig hoher Temperatur (140 ··· 170 °C) entweder Platten beliebiger Dicke (ab 0,2 mm) oder Formstücke in hydraulischen Pressen hergestellt oder Rohre mit den verschiedensten Durchmessern und Wandstärken gewickelt. Durch die — bei Rohren nach dem Wickeln erfolgende — Aushärtung des Bindemittels entsteht ein kompakter Isolierstoff, der gestanzt, gesägt, geschliffen, gefräst, gedreht und gebohrt werden und zur Verbindung mit Armaturen auch mit Gewinden versehen werden kann.

Tabelle 10. *Eigenschaften von Natronzellulose und daraus hergestellter Isolierpapiere* (vgl. auch [4])

	Zellulose (Faser)	20 μ-Papier	100 μ-Papier
Spez. Gewicht [g/cm³]	1,5	—	—
Raumgewicht bei 65% rel. Feuchte [g/cm³]	—	0,83	0,75 ··· 0,80
Gewicht [g/m²]	—	16,8	90 ··· 95
Dicke [μ]	—	21	115 ··· 125
Feuchtigkeitsgehalt bei 65% rel. Feuchte [%]	—	9	8,8
Aschegehalt [%]	—	0,55	0,6
Reißlänge (km] längs		12	9 ··· 10,5
quer		5,3	4 ··· 5,5
Reißdehnung [%] längs	—	2,5	3 ··· 4,5
quer		2,5	8,5 ··· 12
Doppelfalzzahl bei 500 g Zugspannung längs	—	7000	4000 ··· 8000
quer		3000	4000 ··· 7000
Luftdurchlässigkeit [cm³/min] . . .	—	0,2	11
Dielektrizitätskonstante	5,6	2,5	2,4
Dielektrischer Verlustfaktor, trocken 20 °C	—	$20 \cdot 10^{-4}$	$20 \cdot 10^{-4}$
120 °C	—	$120 \cdot 10^{-4}$	$125 \cdot 10^{-4}$
Durchschlagsfestigkeit, kV/mm, trocken, 3 Lagen, VDE-Platten-elektroden, Durchmesser 25 mm; 50 Hz, 20 °C, Wechselspannung/ Gleichspannung	—	18/35	10/15

Für die verschiedenen Qualitäten von Hartpapieren und Hartgeweben, die an späterer Stelle behandelt werden, gibt es ein genormtes
Kennzifferschema (DIN 7735/Okt. 1953). Nach VDE 0318 werden vier
Hartpapierqualitäten, I ··· IV, unterschieden, von denen für rotierende
elektrische Maschinen die Qualität II benutzt wird, die nach DIN 7735
die Typenbezeichnung 2061 besitzt. In der Norm ist festgelegt, daß die
1. Kennziffer die Stoffart, die 2. Kennziffer das Imprägnierharz,
die 3. Kennziffer die Art des Faserstoffes, die 4. Kennziffer (bei Hartpapieren) den Harzgehalt kennzeichnet.

Für Hartpapiere lautet die 1. Kennziffer immer

2 . . . . . . Schichtpreßstoff,

als zweite Kennziffer kommen in Frage:

0 . . . . . . Phenolharz,
1 . . . . . . Harnstoffharz,
9 . . . . . . Naturharz.

In der dritten Ziffer gibt es für Hartpapier wiederum nur eine Möglichkeit:

6 . . . . . . Zellulosepapier.

Die vierten Ziffern der Kennzeichnung des Harzgehaltes gibt das nachfolgende Schema:

Plattenmaterial	Rundrohre	Formstücke	Harzgehalt
0	5	—	klein
1	6	8	normal
2	7	9	groß

Endlich kennzeichnet man besondere Eigenschaften durch eine fünfte Kennziffer:

1 geringe Schwindung,
3 mechanisch hochwertig,
5 elektrisch hochwertig,
6 geringe Wasseraufnahme,
8 tropenfest.

Das übliche für Konstruktionszwecke verwendete Hartpapier 2061 ist demnach ein Phenolharzhartpapier mit normalem Harzgehalt. Ein spezielles tropenfestes Hartpapier für Nutverschlußkeile hat die Bezeichnung 2062.8, die einen großen Harzgehalt — 4. Kennziffer — angibt. Die Tropenfestigkeit — 5. Kennziffer (.8) — wird durch den hohen Bindemittelanteil gewährleistet, der die Feuchtigkeitsaufnahme der Zellulose erschwert.

Tabelle 11. *Eigenschaften von Hartpapieren*

Typ	Rohwichte g/cm³	Druck-festigkeit kg/cm²	Wärme-beständigkeit (siehe VDE 0318) °C	Wasseraufnahme Stäbe 120 × 15 × 4 mm nach 4 Tagen %
2061	1,3 ··· 1,4	1500	130 (4 Std. Prüfung)	9,5
2062.8	1,3 ··· 1,4	1000	150 (10 min Prüfung)	1,2

4. Baumwolle, Seide

Baumwolle kommt in Form dünner Gewebe als Trägermaterial für Glimmer zur Verwendung; in Form von Umspinnungen wird sie zusammen mit Papierband als asphaltierte Klasse A-Windungsisolierung eingesetzt, und eine besonders umfangreiche Anwendung finden Baumwoll-Lackgewebe-Bänder für die Wickelkopfisolierung herkömmlich mit Mikafolium-Nutisolierung versehener Maschinen. Für die Herstellung von Hartgeweben werden Baumwollgewebe in großem Umfang eingesetzt. Lack- oder asphaltimprägnierte Baumwolle erfüllt Funktionen als Träger des elektrischen Feldes, sofern die Betriebsbeanspruchungen niedrig sind oder als Prüfspannungen nur kurzzeitig auftreten. Hinsichtlich der thermischen Beanspruchbarkeit ist unbehandelte Baumwolle nur der Wärmeklasse Y (90 °C) zuzuordnen. Mit Öllacken, Asphaltmassen oder geeigneten Kunstharzen als Imprägnier- und Bindemittel wird Baumwolle in die Wärmeklasse A (105 °C) eingereiht.

Rohstoff für die Baumwollgewebe sind die Samenhaare der Baumwollpflanze, die in verschiedenen Gebieten der Erde in großem Umfang kultiviert wird. Die Baumwollfaser enthält einen hohen Zelluloseanteil, der durch Bleichung bis über 99% gebracht werden kann. Die einzelnen Baumwollfasern erreichen Längen von etwa 25 mm und haben den

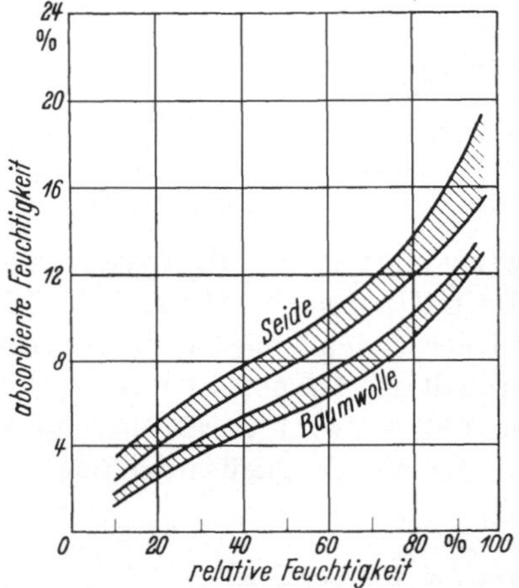

Abb. 37. Feuchtigkeitsaufnahme von Seide und Baumwolle [4]

Querschnitt eines plattgedrückten Schlauches mit einer größten Breite von rd. 10 ··· 30 μ.

Durch einen Spinnvorgang werden aus den Fasern lange Fäden erzeugt, die entweder durch Verzwirnen und Weben zu Bändern und Tüchern verarbeitet oder direkt für die Umspinnung von Leitern herangezogen werden.

Naturseide läßt sich zu besonders feinen, reißfesten Geweben verarbeiten und wird daher z. B. als Trägermaterial für Glimmer benutzt, wenn — wie z. B. bei Windungsisolierungen — geringe Isolationsaufträge erreicht werden sollen. Sie erfüllt ausschließlich mechanische Funktionen und wird thermisch wie die Baumwolle in Klasse Y bzw. imprägniert in Klasse A eingereiht. Die Naturseide ist als Spinnfaden der Raupe des Seidenspinners ein rein tierisches Produkt aus eiweißartigen Verbindungen. Der Kokonfaden hat eine Dicke von rd. 10 ··· 15 μ und erreicht Längen von mehreren Kilometern. Der fadenerzeugende Spinnvorgang entfällt daher bei der Naturseide, und ermöglicht so die Herstellung sehr feiner Garne und Gewebe.

Charakteristisch für Baumwolle und Seide als Isolierstoff ist die hohe Feuchtigkeitsaufnahme der Fasern (Abb. 37), die wegen ihrer großen Bedeutung für die elektrischen Eigenschaften einen Einsatz in Isolierungen nur in imprägnierter Form zuläßt. Die Vorzüge dieser Faserstoffe liegen in ihrer hohen mechanischen Festigkeit, die eine leichte Verarbeitung möglich macht (Tab. 12).

Tabelle 12. *Eigenschaften von Baumwolle und Seide*

	Baumwolle	Seide
Spez. Gewicht [g/cm³] . .	1,3 ··· 1,5	1,37
Reißlänge [km]	15 ··· 32	24 ··· 36
Reißdehnung [%]	6 ··· 10	12 ··· 25
Zugfestigkeit [kg/mm²] . .	26 ··· 48	32 ··· 49

5. Glasseide

Glasseide findet teils wegen ihrer hohen Wärmebeständigkeit, teils wegen ihrer in bestimmten Verarbeitungsformen hohen mechanischen Festigkeitswerte vielfältige Verwendung in Maschinenisolierungen. Dünnes Glasgewebe wird als Trägermaterial für Spaltglimmer und Glimmerpapiere verwendet, wenn technische Vorteile die höheren Kosten rechtfertigen. Als mechanisch hochwertiger Oberflächenschutz für vakuumimprägnierte Glimmerbandisolierungen wird gröberes Glasseidegewebe bereits seit langem benutzt. Für die Wickelkopfisolierung der Wärmeklasse B herkömmlich mit Schellack- oder Asphaltmikafolium in der Ständernut isolierter Wicklungen finden Lackglasgewebebänder Anwendung. Zur Herstellung hochwertiger Hartgewebe wird Glasseidegewebe ähnlich wie Papier oder Baumwollgewebe herangezogen. Endlich wird sie als lackverfestigte Umspinnung für die Teilleiterisolierung von ROEBEL- und anderen Gitterstäben und für die Windungsisolierung von Formspulen eingesetzt. Mit synthetischem Kautschuk gegen die versprödende Wirkung der Lackierung geschützte Glasgewebeschläuche und -bänder sind hervorragend für die Verschnürung schwerer Wickelkopfversteifungen geeignet. Endlich wird unversponnene Glasseide als Stapelglasfaser oder in Form sog. Rovings, das sind Stränge aus unversponnenen Glasseide-Elementarfäden, zur Verstärkung von Polyester-Glasformteilen benutzt.

Die Glasseide erfüllt vorwiegend also mechanische Funktionen als Trägermaterial für Glimmer, als Lackträger in Lackgeweben und als mechanische Stütze in Formteilen. Sehr geschätzt ist Glasseide jedoch auch wegen ihrer guten Wärmeleitfähigkeit, die sich in geschichteten, luftfreien Isolierungen vorteilhaft auswirkt.

Voll zur Geltung kommen die Vorteile des anorganischen Isolierstoffes Glas allerdings erst, wenn seine hohe thermische Beständigkeit ausgenutzt wird. Mit Glasseide als Trägermaterial sind z. B. Glimmerisolierungen der Wärmeklasse F und H herstellbar, je nach Art des organischen Bindemittels. Auch mit Siliconkautschuk imprägnierte Glasbänder verdienen in diesem Zusammenhang erwähnt zu werden.

Glasseide für elektrotechnische Zwecke wird aus speziellen Gläsern hergestellt, die zur Erreichung höchster Unempfindlichkeit gegen Wasser alkalifrei sind. Normale alkalihaltige Gläser sind an der Oberfläche hygroskopisch.

Für die dünnen Glasgewebe wird Glasseide aus feinen Düsen in einem Ziehverfahren aus Glasschmelze gezogen. Es entstehen in diesem Verfahren kontinuierliche Glasfäden von rd. 5 μ Dicke, die sich durch außerordentlich hohe spezifische mechanische Eigenschaftswerte auszeichnen. Die für massives Glas so charakteristische Sprödigkeit verliert sich bei den dünnsten Fäden weitgehend und macht die Verarbeitung zu Geweben möglich. Abb. 38 bis 40 zeigen die Zugfestigkeit, die Bruchdehnung und den kleinsten Schlingendurchmesser von Einzelglasfasern,

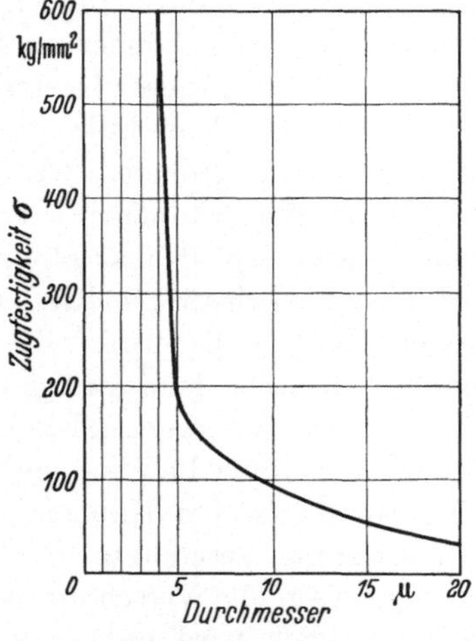

Abb. 38. Zugfestigkeit des elementaren Glas-
fadens, abhängig vom Durchmesser [53]

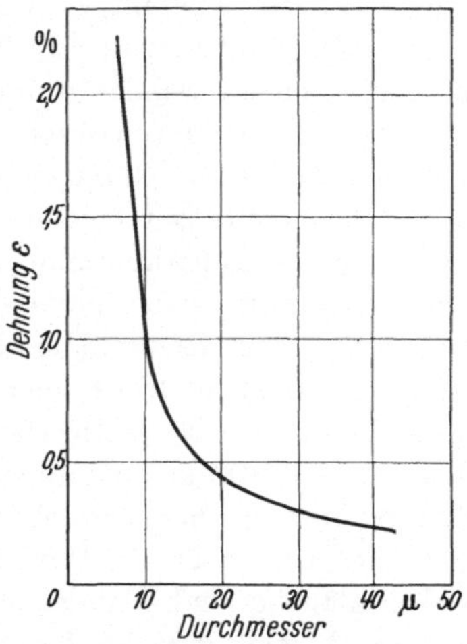

Abb. 39. Bruchdehnung des elementaren Glas-
fadens, abhängig vom Durchmesser [53]

abhängig vom Faserdurchmesser. Nach einem Düsenblasverfahren oder einem Stabziehverfahren hergestellte Glasfaser ist weniger fein, kann aber auch zu Textilien verarbeitet werden, sofern der Elementarfadendurchmesser 13 μ nicht überschreitet.

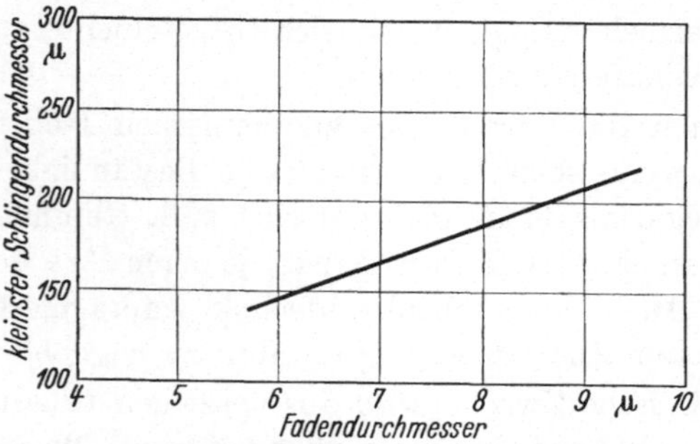

Für die in der Elektrotechnik verwendeten Glasseidegewebe werden Elementarfäden zwischen 4 und 9 μ Dicke benutzt. Die Elementarfäden werden zu jeweils 100 ··· 200 Stück zu einem Spinnfaden zusammengefaßt. Dabei erhalten die Fasern zur Erhöhung der an sich geringen Scheuerfestigkeit einen Überzug aus organischer Schlichte. Die Schlichte enthält u. U. Mineralöle, Stärke oder besteht auch aus Kunstharz. Sie darf die elektrischen und mechanischen Eigenschaften der Glasseide nicht beeinflussen. Die weitere Verarbeitbarkeit der Spinnfäden wird durch die Schlichte verbessert.

Abb. 40. Kleinster Schlingendurchmesser für Glasfäden,
abhängig von der Fadenstärke [53]

Die gesponnene Glasseide wird wie normales, organisches Textilmaterial zu breiten Geweben, Bändern, Schläuchen und Schnüren verarbeitet. Auch die Weiterverarbeitung unterscheidet sich nicht von derjenigen normaler Textilien. Breites Glasseidegewcbe wird ebenso wie schmales Gewebeband in Rollenform geliefert und kann so auf Mikafoliummaschinen oder beim Bewickeln von Leitern in bekannter Weise zur Anwendung gelangen.

Tabelle 13. *Eigenschaften von Glasseide für elektrotechnische Anwendung*

Dielektrizitätskonstante des Glases, 50 Hz		6,4
Verlustfaktor des Glases, 50 Hz		0,04
Spez. Widerstand	$\Omega \cdot cm$	$3 \cdot 10^{13}$
Spez. Gewicht	g/cm^3	2,54
Füllgewicht (Gewebe)	g/cm^3	$1,2 \cdots 1,3$
Erweichungspunkt	°C	676
Spez. Wärme	Ws/g °C	0,8
Wärmeleitzahl des Glases	W/m °C	0,99
Wärmeleitzahl (Gewebe)	W/m °C	0,5
Linearer Ausdehnungskoeffizient		$4,9 \cdot 10^{-6}$
Zugfestigkeit, Elementarfaden	kg/mm^2	$\begin{cases} 5\,\mu & 200 \\ 7\,\mu & 130 \\ 9\,\mu & 100 \end{cases}$
Zugfestigkeit, Garn aus Elementarfäden 5, 7 und 9 μ	kg/mm^2	$\begin{cases} 5\,\mu & 120 \\ 7\,\mu & 112 \\ 9\,\mu & 80 \end{cases}$
Bruchdehnung, Elementarfäden $5 \cdots 7\,\mu$	%	$1,5 \cdots 2$

6. Die Kunstharze

Die wichtigsten synthetischen, als Binde-, Füll- und Imprägniermittel verwendeten Harze sollen im folgenden Abschnitt behandelt werden. Hierher gehören die seit rd. 50 Jahren bekannten Phenolharze, die Harnstoff- und Melaminharze und die beiden relativ jungen, aber vielgestaltigen Gruppen der Polyester- und Epoxydharze.

a) Phenolharze. Unter dieser Bezeichnung wird eine chemisch nicht ganz einheitliche Gruppe von Kunstharzen verstanden, die im Maschinenbau schon frühzeitig als aushärtendes, wärmebeständiges Bindemittel zum Einsatz kamen. Gegenwärtig werden die meist vereinfachend mit dem bekanntesten Handelsnamen für diese Produkte, *Bakelit*, bezeichneten Harze zur Verklebung des Teilleiterverbandes von ROEBEL-Stäben, zur Verfestigung von Polspulen aller Größen und endlich bei der Hartpapierherstellung herangezogen.

Die Herstellung der Harze erfolgt in besonderen Kesseln, in denen in wäßriger Lösung Phenol, C_6H_5OH, oder Kresol, $C_6H_4CH_3OH$ bzw. Gemische aus diesen Stoffen mit Formaldehyd, CH_3COH, reagieren. Entscheidend für die spätere Verwendbarkeit des entstehenden Harzes ist der verwendete Katalysator. Zur Erzielung härtbarer Harze wird ein alkalischer Katalysator, z. B. Ammoniak verwendet. Nach erfolgter Reaktion, die unter Wasserabscheidung stattfindet und als Kondensation bezeichnet wird, trennt man das teigige Harz von den Wassermengen im Reaktionsgefäß. Als alkoholische Lösung kann dieses Harz zur weiteren Verwendung kommen oder es wird als trockene, in Alkohol wieder lösliche Substanz weiterverwendet.

Für die erwähnten Anwendungen im Maschinenbau sind allgemein alkoholische Lösungen üblich. Die Teilleiter von ROEBEL-Stäben werden mit dem Lack überflutet oder übergossen und an Luft getrocknet, so daß das Lösungsmittel abdampft. Anschließend werden die Stäbe in geheizten Pressen auf Maß gepreßt und das Harz ausgehärtet. Die Verfestigung von Polspulen mit Phenolharz kann durch Vorlackieren des Spulenkupfers und durch Verwendung lackierter Windungsisolierung (Phenolharzasbest oder Phenolharzpapier) und anschließende Aushärtung unter hohem Preßdruck erfolgen. Die Hartpapierherstellung aus vorlackiertem Papier wurde bereits auf S. 51 erwähnt.

Elektrisch sind so ausgehärtete Phenolharzisolierungen, abgesehen von Hartpapieren, die unter sehr hohem Druck gehärtet werden, nicht sehr hochwertig, da bei der Aushärtung des Harzes Wasserdämpfe und u. U. auch Lösungsmittelreste frei werden, die zu Blasenbildung führen. Bei vollständiger Aushärtung ist die Verklebung jedoch chemisch und thermisch sehr beständig. Die Beendigung der Aushärtung läßt sich einfach aus der Tatsache erkennen, daß das Harz weder schmelzbar noch löslich ist. Im Verlauf der Härtung unterscheidet man drei Stufen: Den Resol- oder A-Zustand; das Harz ist in Spiritus löslich und ist schmelzbar; den Resitol- oder B-Zustand; das Harz ist durch Wärmeeinwirkung innerlich vernetzt; es ist nicht mehr löslich, kann jedoch noch geschmolzen bzw. in plastischen Zustand gebracht werden; den Resit- oder C-Zustand, in dem das Harz seine endgültige Form gefunden hat und nicht mehr gelöst oder geschmolzen werden kann.

Zur Erzielung optimaler Eigenschaften der ausgehärteten Phenolharze muß durch genügend lange Härtung bei ausreichend hoher Temperatur sichergestellt werden, daß die in den Handel gelangende Modifikation A des Harzes vollständig in den C-Zustand übergeführt wird. Da bei genügend langer Zeit der A-Zustand auch schon bei niedrigen Temperaturen in den B-Zustand übergeht, ist die Lagerfähigkeit von verarbeitungsfertigen Phenolharzen begrenzt.

Harnstoff- und Melaminharze. In vieler Hinsicht ähneln Harnstoff- und Melaminharze den Phenolharzen [4, 7, 9]. Ihr Anwendungsbereich im Maschinenbau ist allerdings auf wenige Sonderfälle beschränkt, nämlich auf Hartpapier- oder Hartgewebeteile, bei denen eine besonders geringe Feuchtigkeitsempfindlichkeit und gegebenenfalls eine hohe

Kriechstromfestigkeit erwünscht ist, und die größere Sprödigkeit dieser Stoffe nicht stört.

Die Harze entstehen durch Kondensationsreaktion von Harnstoff bzw. Melamin mit Formaldehyd. Die Härtung erfolgt durch Wärmewirkung in einer Polykondensationsreaktion. Auch die Verarbeitung zu Hartpapier oder Hartgeweben geht ganz ähnlich wie bei Phenolharzen vor sich, so daß auf weitere Einzelheiten verzichtet werden kann.

b) Die Polyesterharze. Für die Imprägnierung der Hauptisolierung von Maschinenwicklungen werden heißhärtende, ungesättigte Polyesterharze in großem Umfang verwendet (vgl. Abschn. III, B S. 99). Kalthärtende Polyesterharze kommen mit Glasfaserverstärkung als nichtleitende Bauteile in Maschinen zur Anwendung. Luftführungen und

$$-S-A-S-A-S-A-$$

$$
\begin{array}{c}
-S-A-S-A-S-A-S- \\
| \\
S \\
| \\
-S-A-S-A-S- \\
| \\
S \\
| \\
S-A-S-A-S-A-S \\
|
\end{array}
$$

a　　　　　　　　　　b

Abb. 41a u. b. Vernetzung von mehrbasischen organischen Säuren und mehrwertigen Alkoholen zu Polyestern
a) linear; b) räumlich

Abdeckungen können auf diese Weise z. B. sehr nahe an spannungsführende Wicklungen herangebracht und auch relativ leicht in eine konstruktiv günstige Form gebracht werden.

Bei der Isolierung von Wicklungen besteht die primäre Aufgabe der Imprägnierharze in der Verklebung des Glimmers. Mit der Verdrängung der Luft erfüllt jedoch das Harz noch die Funktion des Füllmittels, das die Wärmeleitfähigkeit verbessert und die elektrische Beanspruchung in der geschichteten Isolierung vergleichmäßigt. Das Harz ist gleichzeitig thermischen, mechanischen und elektrischen Beanspruchungen ausgesetzt; dabei ist für den Dauerbetrieb der Isolierungen von Bedeutung, daß die guten mechanischen und elektrischen Eigenschaften der Harze sich durch die thermische Beanspruchung im Betrieb nicht unzulässig verändern.

Unter Estern versteht man in der organischen Chemie Stoffe, die in einer Kondensationreaktion von organischen Säuren mit Alkoholen unter Wasserabspaltung entstehen. Polyester bilden sich, wenn das aus Säurerest S und Alkoholrest A gebildete Estermolekül mindestens zwei reaktionsfähige Gruppen besitzt. Über diese Gruppen schließen sich dann viele Estermoleküle zu langen Molekülketten zusammen (Abb. 41a).

Ungesättigte Polyester besitzen mehr als zwei reaktionsfähige Gruppen je Molekül, so daß sich von einem Makromolekül zum anderen Querverbindungen bilden können, die eine dreidimensionale Vernetzung des Polyesters ermöglichen (Abb. 41b). In der Praxis löst man die ungesättigten Polyester in polymerisationsfähigen Lösungsmitteln, meist Styrol, auf und polymerisiert sie mit diesem zusammen. Während Polystyrol allein nur aus linearen, miteinander verknäuelten Makromolekülen besteht und thermoplastischen Charakter besitzt, findet zusammen mit ungesättigten Polyestern eine dreidimensionale Vernetzung statt; die entstehenden ausgehärteten Harze sind weder löslich noch schmelzbar.

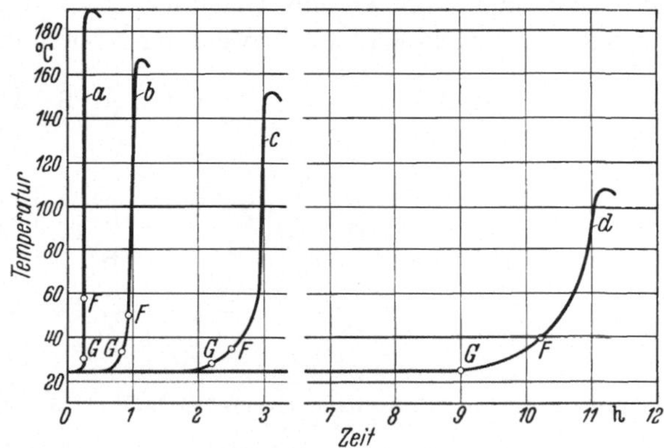

Abb. 42. Temperaturverlauf beim Kalthärten von Polyesterharz [62]; 100 g-Probe; G Gelierpunkt; F Verfestigungspunkt

	Härter	Beschleuniger
a	4 g	2 g
b	2 g	1 g
c	1 g	0,5 g
d	0,6 g	0,3 g

Die technische Verarbeitung der styrolisierten Polyesterharze geht meist von relativ hochkonzentrierten Lösungen des Polyesters in Styrol aus. Durch weitere Zugabe von Styrol lassen sich auch bei niedrigen Temperaturen sehr dünnflüssige, für Imprägnierungen gut geeignete Gemische herstellen, wobei je nach gewähltem Mischungsverhältnis von Polyester und Styrol auch die Eigenschaften des gehärteten Endproduktes noch beeinflußbar sind. Zur Einleitung der Polymerisation des Styrols werden dem Tränkharz einerseits Katalysatoren zugesetzt, und zwar meist Peroxyde, deren Wirksamkeit durch Zusätze, sog. *Beschleuniger*, noch verstärkt werden kann. Andererseits erfordert der wirtschaftliche Einsatz der Harze eine möglichst lange Lagerfähigkeit, so daß z. T. außerdem Stabilisatoren beigemischt werden, die den Beginn der Polymerisation bei der Verarbeitungstemperatur verhindern, jedoch bei erhöhter Temperatur nicht mehr wirksam sind. Die Steuerung der Polymerisation der Polyesterharze durch kleine und kleinste Katalysator- und Stabilisatormengen erfordert sehr saubere Fertigungsbedingungen, da u. U. bereits kleine Verunreinigungen störend wirken können.

Der Einfluß der Katalysator- und Beschleunigerzugaben wird aus Abb. 42 deutlich, die den Härtungsverlauf an einem kalthärtenden Polyesterharz an Hand des Temperaturverlaufes an einer 100 g-Probe zeigt. Der Reaktionsbeginn ist, da mit der Aushärtung des Harzes die Reaktionswärme des exothermen Polymerisations- und Vernetzungsvorganges frei wird, an einer plötzlich steil ansteigenden Temperatur erkennbar. Eine Verringerung der nur in wenigen Prozenten des Gesamtgewichtes zugegebenen Katalysator- und Beschleunigermengen führt zu einem langsameren Ablauf des Härtevorganges. Da die Eigenerwärmung des Harzes die Reaktionsgeschwindigkeit vergrößert, ist die gesamte Reaktionszeit abhängig von der Wärmeabfuhr, d.h. auch von der geometrischen Gestalt des zu härtenden Gegenstandes und von seinem Gesamtvolumen. Bei der Vorratshaltung bereits katalysierter, kalthärtender Harze ist dies u. U. bereits zu beachten. Im Gegensatz zu den kalthärtenden Polyesterharzen, bei denen nur eine begrenzte Verarbeitungszeit nach erfolgter Katalysierung zur Verfügung steht, lassen sich heißhärtende Polyesterharze bei kühler Lagerung verarbeiten, ohne daß durch bereits einsetzende Polymerisation die Viskosität des Harzes zunimmt und die Verarbeitbarkeit sich verschlechtert. Abb. 43 zeigt die Abhängigkeit der gesamten Reaktionszeit eines heißhärtenden Polyesterharzes von der Härtetemperatur. Durch Variation der Katalysatorzugabe läßt sich auch bei den warmhärtenden Harzen der Reaktionsverlauf weitgehend beeinflussen; auch die sich durch die frei werdende Reaktionswärme einstellende, über die vorgesehene Härtetemperatur hinausreichende Eigenerwärmung des Härtegutes wird so beeinflußt (Abb. 44).

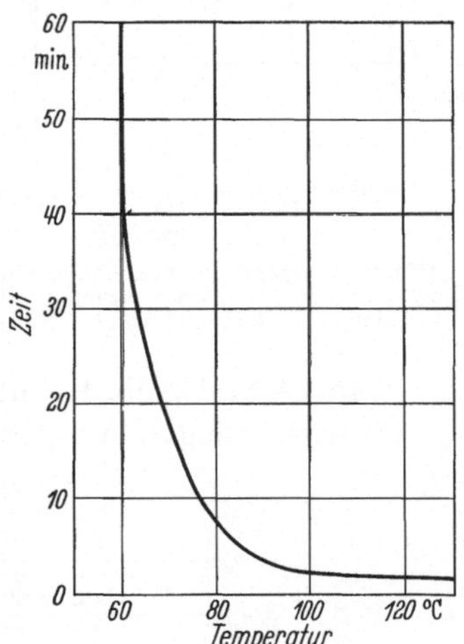

Abb. 43. Gesamtreaktionszeit beim Warmhärten von Polyesterharz [62]

Für die Imprägnierung von Hochspannungsisolierungen kommen nur die warmhärtenden Polyesterharze in Frage, deren lange Lagerfähigkeit einen wirtschaftlichen Imprägnierprozeß gestattet. Die Eigenschaften der verschiedenen Polyesterharze schwanken außerordentlich je nach Wahl der Ausgangsprodukte. Im Hinblick auf die erforderlichen thermischen, mechanischen und elektrischen Eigenschaften muß vor der Anwendung eine strenge Auswahl unter den angebotenen Harzen,

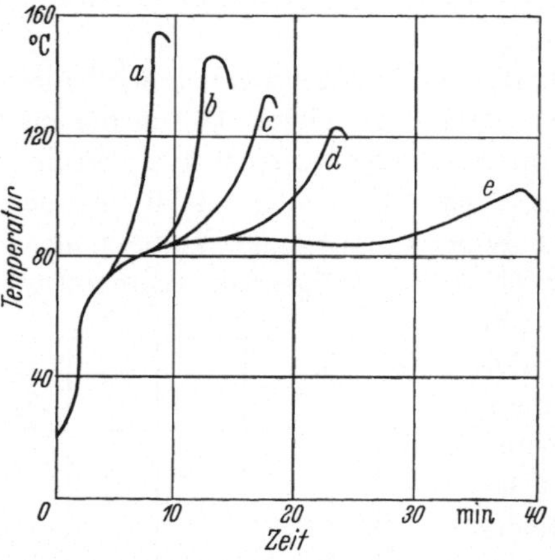

gegebenenfalls auch eigene Entwicklungsarbeit zur Modifizierung der Harze geleistet werden.

Diese Schwierigkeiten haben offenbar vielerorts dazu geführt, daß man wegen der angeblich ungenügenden thermischen Beständigkeit der Polyesterharze auf deren Anwendung verzichtet hat. Die nachfolgenden Beispiele zeigen aber, wie groß die Unterschiede zwischen den Harzen sind und daß man bei geeigneter Auswahl Polyesterharze für die Isolierung elektrischer Maschinen findet, die in jeder Hinsicht ausgezeichnete Eigenschaften aufweisen.

Abb. 44. Temperaturverlauf im Harz bei Warmhärtung [62]. Härtetemperatur 80 °C; Härtermengen: a 2%; b 1%; c 0,5%; d 0,2%; e 0,125%

Tab. 14 und Abb. 45 enthalten die Eigenschaften dreier Polyesterharze nach erfolgter Aushärtung. Während an den Anfangseigenschaften

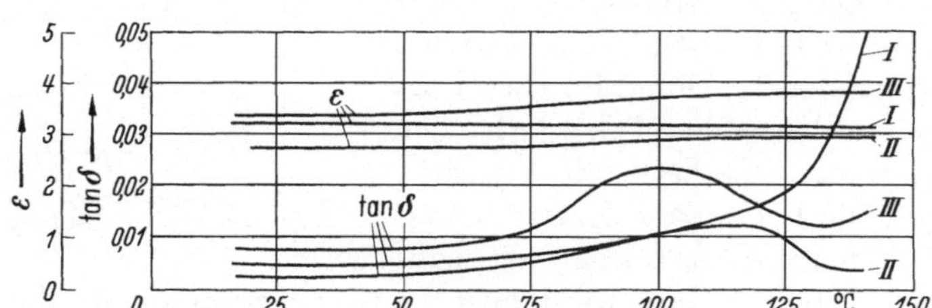

Abb. 45. Verlustfaktor und Dielektrizitätskonstante von Polyesterharzen

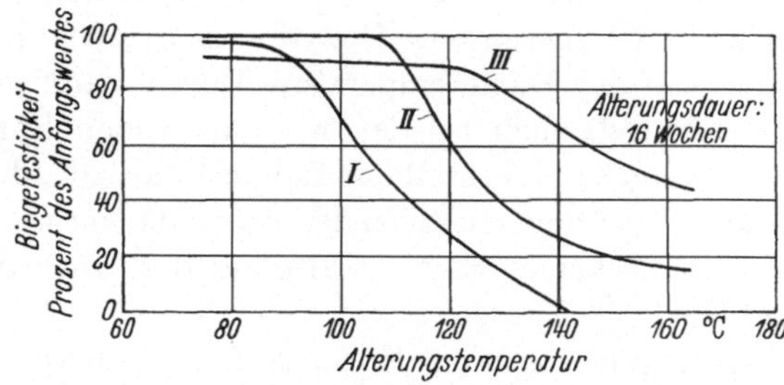

Abb. 46. Biegefestigkeit von Polyesterharzen nach 16 Wochen Wärmealterung

nichts auszusetzen ist, bestehen in der thermischen Alterung der drei Harze erhebliche Unterschiede (Abb. 46 u. 47). Das Harz *III* erweist sich besonders bei den hohen Temperaturen den anderen gegenüber als deutlich überlegen und kann praktisch Dauertemperaturen von 125 bis 130 °C ausgesetzt werden.

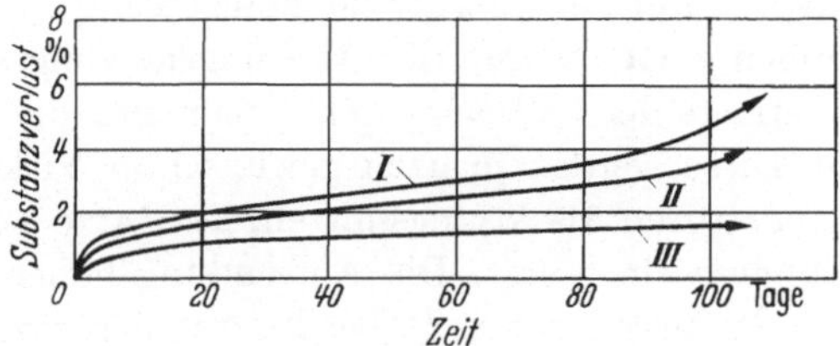

Abb. 47. Substanzverlust von Polyesterharzen bei Wärmealterung; 140 °C; Dynstatprobekörper

Tabelle 14. *Eigenschaften von Polyesterharzen*

		Harz *I*	Harz *II*	Harz *III*
$\tan \delta_{20}$		0,005	0,003	0,008
$\tan \delta_{130}$		0,024	0,006	0,012
ε_{20}		3,2	2,7	3,3
ε_{130}		3,1	2,9	3,8
Volumenschrumpfung	%	15	14	14
Biegefestigkeit*	kg/cm²	650	800	1100
Biegewinkel**	grd	13	9	18
Schlagzähigkeit***	cmkg/cm²	2,9	4,0	5
Reißfestigkeit (20°C/100°C)	kg/mm²	251/5,1	542/5,7	471/8,0
Reißdehnung (20°C/100°C)	%	6,7/146	2,8/55	3,1/14
Durchgangswiderstand (120°C) . .	$\Omega \cdot$ cm	$3 \cdot 10^{12}$	$5 \cdot 10^{14}$	10^{13}
Substanzverlust****, 14 Wochen 140°C	%	4,7	1,6	3,3
Dauerwärmebeständigkeit (mechanische Eigenschaften) . .	°C	100	120	130
Wasseraufnahme nach 14 Wochen Wasserlagerung	%	0,35	—	0,8

*, **, ***, **** gemessen an Dynstat-Probekörpern.
Zu * und ** Biegeversuch DIN 53542.
Zu *** Schlagbiegeversuch DIN 53543.

c) Die Epoxydharze. Epoxydharze werden als Imprägniermittel für Hochspannungsisolierungen, als Kleber in Mikafolien, für die Verfestigung von ROEBEL-Stäben und Polspulen und als Lackharze eingesetzt. Ihre primäre Funktion in Isolierungen ist wegen ihrer hohen Klebkraft die eines Bindemittels, jedoch halten sie auch den auftretenden thermischen und elektrischen Beanspruchungen stand, sofern die Auswahl des Harzes aus der Vielzahl der bereits auf dem Markt befindlichen Harztypen richtig getroffen wurde. Im Gegensatz zu den dünnflüssigen styrolisierten Polyesterharzen sind die Epoxydharze bei Raumtemperatur allgemein recht hochviskose Flüssigkeiten, was bei der Verarbeitung u. U. Schwierigkeiten besonders im Hinblick auf Vakuumimprägnierungen bieten kann. Es gibt wie bei den Polyesterharzen kalt- und warmhärtende Harztypen. Für den Einsatz bei hohen Temperaturen oberhalb etwa 80 °C kommen jedoch wegen der Alterungsneigung und der hohen dielektrischen Verluste der kalthärtenden Typen nur die heißhärtenden Harze in Frage. Diese werden je nach gewünschter Viskosität bei verschiedenen Temperaturen als lösungsmittelfreie Harze verarbeitet oder als gelöste Lackharze eingesetzt. Die Anwendung hoher Temperaturen zur Verringerung der Viskosität, z. B. bei Imprägnierprozessen, schränkt allerdings die Gebrauchsdauer der Harze ein.

Chemisch ist die Familie der Epoxydharze nicht einfach zu definieren, und durch die vielen Handelsnamen und technischen Bezeichnungen für die einzelnen Komponenten der verarbeitungsfertigen Harze wird die Übersicht nicht erleichtert.

Wesentliches und vor allem auch namengebendes Ausgangsprodukt für die Epoxydharze ist das Epichlorhydrin

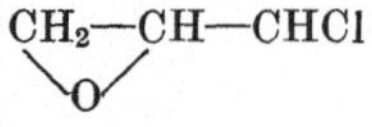
CH₂—CH—CHCl
O

und in dieser Verbindung die Epoxyd- oder Äthylenoxydgruppe

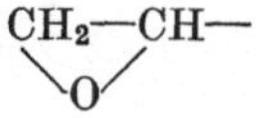
CH₂—CH—
O

Epichlorhydrin vermag mit vielen Verbindungen Kondensationsreaktionen einzugehen, z. B. mit Bisphenol unter Abspaltung von HCl

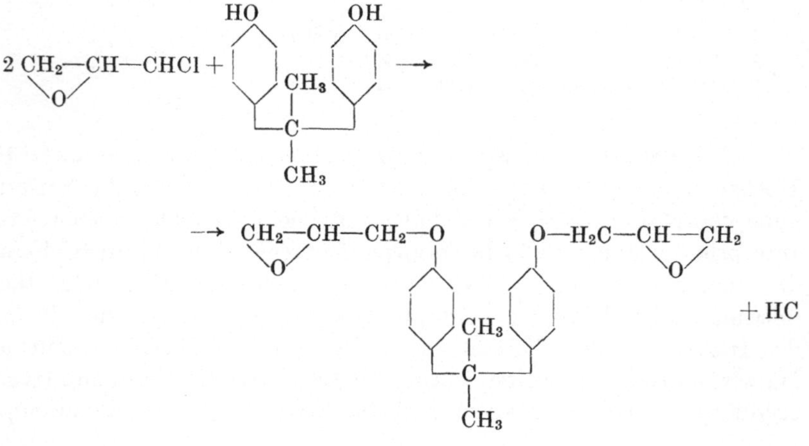
HO
OH
2 CH₂—CH—CHCl +
O
CH₃
C
CH₃
CH₂—CH—CH₂—O
O—H₂C—CH—CH₂
+ HC

Je nach Führung der Kondensationsreaktion entstehen auch höhermolekulare Verbindungen der allgemeinen Formel

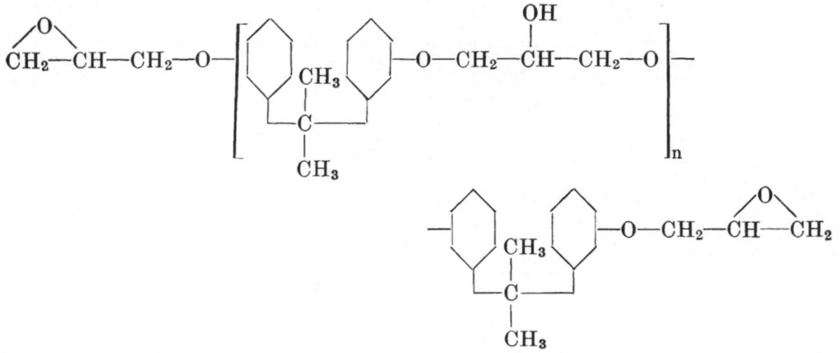

Je höher n wird, um so höher wird der Erweichungspunkt bzw. die Viskosität des Kondensationsproduktes [7, 86]. Für die Imprägnierharze von Maschinenisolierungen kommen niedrigkondensierte Epoxydharze zur Verwendung. Für Lackharze verwendet man dagegen die höherkondensierten Produkte, die üblicherweise als die eigentlichen Harze angesprochen werden. Für sich allein sind jedoch die Epoxydharze noch nicht härtbar. Vielmehr benötigt man sog. Härter, die in größenordnungsmäßig gleichen Mengen mit den Harzen vermischt werden und mit ihnen unter Bildung sog. Additionsverbindungen reagieren.

Diese Härter müssen, damit dreidimensionale Vernetzungs-, d. h. Härtungsvorgänge ablaufen können, mehr als zwei funktionelle Gruppen besitzen. Für kalthärtende Epoxydharze sind mehrfunktionelle Amine als Härter geeignet, jedoch sind damit ausgehärtete Epoxydharze allgemein nicht wärmebeständig genug, um in Klasse B-Isolierungen anwendbar zu sein.

Die thermisch z. T. sehr hochwertigen heißhärtenden Epoxydharze werden mit organischen Säuren, beispielsweise mit der im großen Maßstab verwendeten Phthalsäure, gehärtet. Zur Erniedrigung der Viskosität werden seit einiger Zeit sog. reaktive Verdünner geliefert, die unter Bildung von Polyadditionsverbindungen bei der Härtung in das Harz mit eingebaut werden.

Die Geschwindigkeit der Härtung ist u. a. abhängig von der Zusammensetzung des Härters. Bei Verwendung von Phthalsäureanhydrid z. B. ist die Gebrauchsdauer des Harzes, d. h. die Zeit, während der bei einer bestimmten Temperatur noch keine die Verarbeitbarkeit behindernde Viskositätserhöhung aufgetreten ist, abhängig vom Säuregehalt des Härters (Abb. 48).

Die dielektrischen und mechanischen Eigenschaften stehen hinsichtlich ihrer Temperaturabhängigkeit in einem engen Zusammenhang

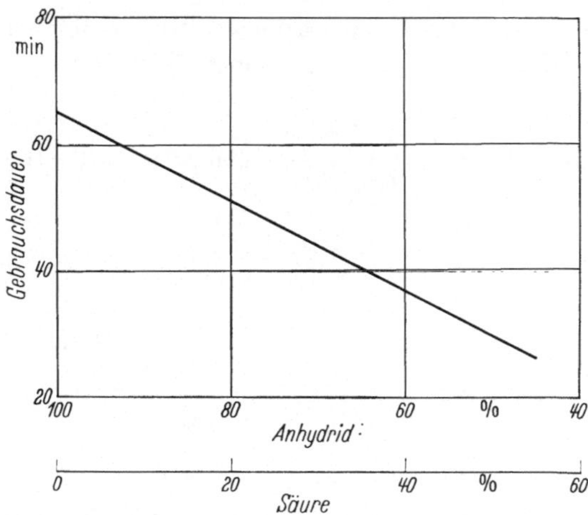

Abb. 48. Abhängigkeit der Gebrauchsdauer einer Harzhärterschmelze vom Säuregehalt des Phthalsäureanhydrids [86]

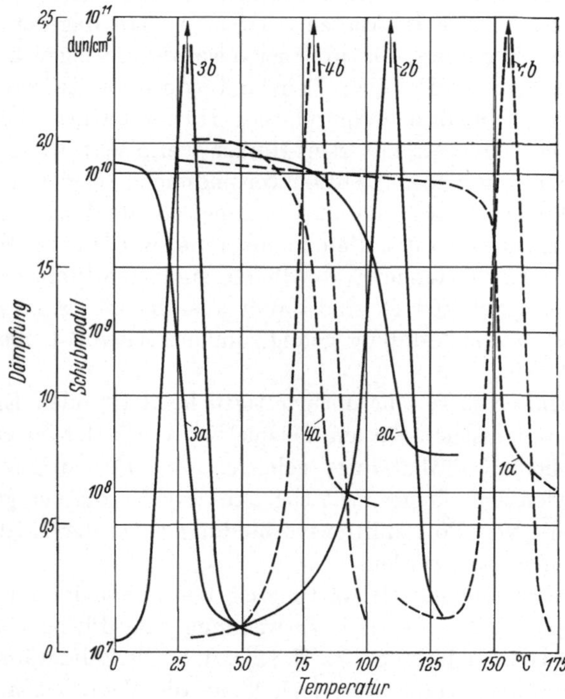

Abb. 49. Temperaturabhängigkeit des Schubmoduls *a* und der Dämpfung *b* verschiedener mit Phthalsäureanhydrid gehärteter Epoxydharze [86]

1 aus Bisphenolen hergestelltes Polyätherepoxydharz; *2* aus aliphatisch-aromatischen, hydroxylgruppenhaltigen Äthern hergestelltes Polyätherepoxydharz mit vorwiegend aromatischem Anteil; *3* entsprechend *2* mit vorwiegend aliphatischem Anteil; *4* aus mehrwertigen Alkoholen hergestelltes Polyätherepoxydharz und lassen gewisse Einblicke in die innere Struktur der Harze erkennen. Abb. 49 zeigt die Änderung des Schubmoduls und der Dämpfung von Torsionsschwingungen an Prüfstäben aus verschiedenen Epoxydharzen, die alle mit Phthalsäureanhydrid gehärtet wurden [86]. Die Dämpfung zeigt für jedes Harz ein charakteristisches Maximum, dessen Lage den Temperaturbereich der mechanischen Erweichung der Harze kennzeichnet.

Dielektrisch finden die Dämpfung ihre Entsprechung im dielektrischen Verlustfaktor, der Schubmodul in der Dielektrizitätskonstante,

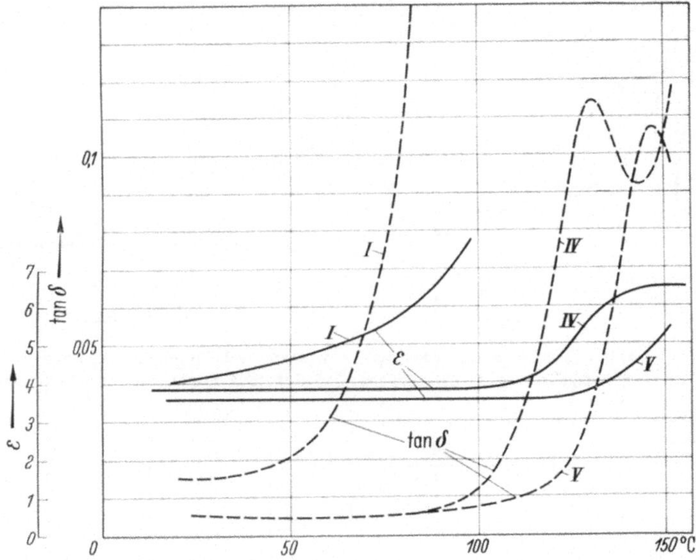

Abb. 50. Verlustfaktor und Dielektrizitätskonstante dreier Epoxydharze

I kalt mit Amin gehärtetes Bisphenolharz; *IV* heiß mit Tetrahydrophthalsäure und Phthalsäureanhydrid gehärtetes Bisphenolharz; *V* heiß mit Hexahydrophthalsäure und Phthalsäure gehärtetes Bisphenolharz (vgl. Tab. 15)

da diese beiden Größen bei den Epoxydharzen deutlich von den Dipolgruppen der Harzmoleküle beeinflußt werden. Abb. 50 zeigt Verlustfaktor und DK zweier heißgehärteter und eines kaltgehärteten Epoxydharzes, in deren Temperaturabhängigkeit sich die mit der Temperatur steigende Beweglichkeit der Dipole und Ionen im Harz als Erhöhung der DK und des Verlustfaktors bemerkbar machen. Während der Verlustfaktor bei Harz *IV* und *V* ein Maximum durchläuft und mit höherer Temperatur zunächst noch wieder abnimmt, da die Bewegung der Dipole immer weniger durch innere Reibungsvorgänge behindert wird, erreicht die DK mit der freien Beweglichkeit der Dipole im elektrischen Wechselfeld einen Sättigungswert.

Beim Harz *IV* (Abb. 50) erkennt man zusätzlich noch oberhalb des tanδ-Maximums der Dipole einen erneuten Anstieg des Verlustfaktors als Folge der bei der hohen Temperatur einsetzenden Leitfähigkeitsverluste im Harz, die bei Harz *I* für den Verlauf von tanδ und ε allein verantwortlich sind.

Das unterschiedliche Alterungsverhalten von amingehärteten und säuregehärteten Epoxydharzen kommt deutlich in den Abb. 51 und 52

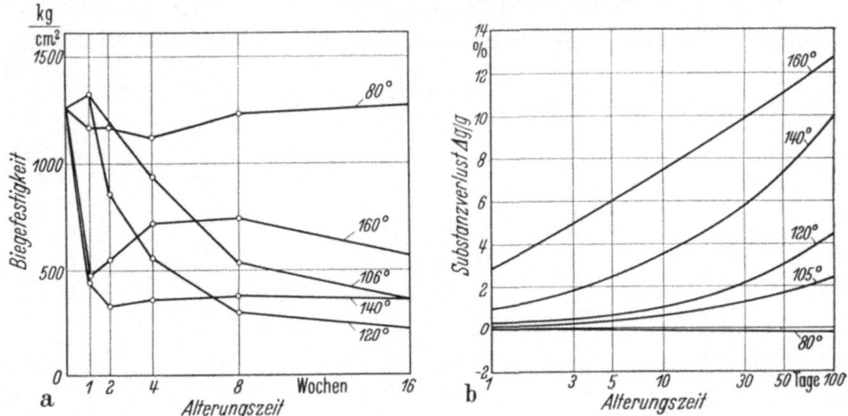

Abb. 51a u. b. Alterungsverhalten von amingehärtetem Epoxydharz
a) Biegefestigkeit von Dynstatproben; b) Substanzverlust von Dynstatproben

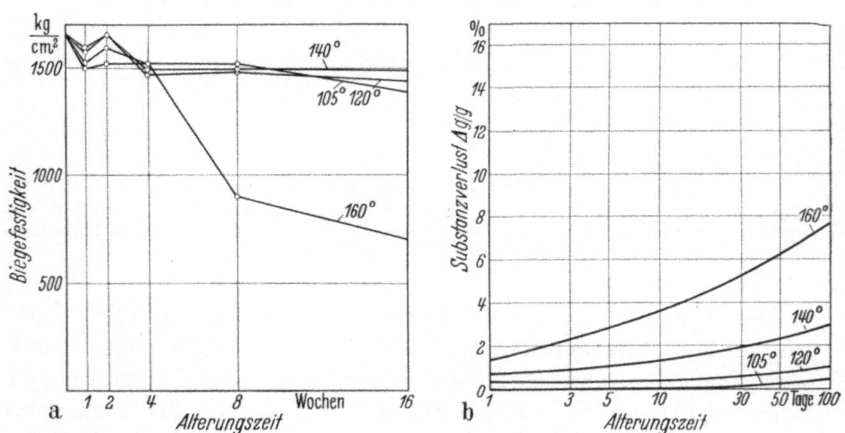

Abb. 52a u. b. Alterungsverhalten von säuregehärtetem Epoxydharz
a) Biegefestigkeit von Dynstatproben; b) Substanzverlust von Dynstatproben

zum Ausdruck. Während die meist kalt mit Aminen gehärteten Epoxydharze bis zu Temperaturen von 80 bis 100 °C einsetzbar sind, können einzelne heißgehärtete Harze Dauertemperaturen bis zu rd. 150 °C ertragen.

Da die Epoxydharze hinsichtlich ihrer technischen Verarbeitbarkeit, z. B. beim Imprägnieren infolge ihrer Viskosität gewisse Schwierigkeiten bereiten, erfolgte ihr Einsatz in elektrischen Maschinen erst relativ spät und auch dann noch unter Beschränkung auf die größten Maschinen [30], bei denen man den größeren wirtschaftlichen Aufwand eher als bei kleinen Einheiten rechtfertigen kann.

Tabelle 15. *Eigenschaften von Epoxydharzen*

		Harz *I*	Harz *II*	Harz *III*	Harz *IV*	Harz *V*
$\tan\delta$ (20 °C)		0,018	0,006	0,003	0,008	0,005
$\tan\delta$ (100 °C)		0,21	0,008	0,045	0,012	0,005
		(70 °C)				
ε (20 °C)		3,4	3,6	3,8	3,8	3,8
ε (100 °C)		6,8	3,7	4,8	3,9	3,8
		(70 °C)				
Biegefestigkeit* (20 °C) . .	kg/cm²	916	1300	1350	1400	1100
Biegewinkel** (20 °C) . .	grd	16	11	20	13	9
Reißfestigkeit (20/100 °C)	kg/mm²		565/237	964/257	919/216	842/232
Reißdehnung (20/100 °C)	%		3,3/15,4	4,9/4,8	7/40	5,7/40
Schlagzähigkeit*** (20 °C)	cmkg/cm²	11	6,5	12,3	7,8	4,8
Volumenschrumpfung . .	%	5,8	4,5	4,9	4,5	7
Durchgangswiderstand (120 °C)	$\Omega \cdot$ cm	10^9	10^{14}	10^{12}	10^{13}	10^{14}
		(100 °C)				
Dauerwärmebeständigkeit	°C	80	105	130	150	150
Verarbeitungszeit	Std.		1,5	0,5	1	2
			(140 °C)	(140 °C)	(140 °C)	(140 °C)
Wasseraufnahme nach 14 Wochen	%	2,4	1,2	1,0	0,8	0,8
Substanzverlust****, 14 Wochen 140 °C . . .	%	9,7	1,3	1,2	0,3	$-0,5$

*, **, ***, **** gemessen an Dynstat-Probekörpern.
Zu * und ** Biegeversuch DIN 53542.
Zu *** Schlagbiegeversuch DIN 53543.

d) Silikonkautschuk. Silikonkautschuk hat in elektrischen Maschinen als Hauptisolierung von Ständerwicklungen Anwendung gefunden. Die Funktionen des Silikonkautschuks sind dabei gleichzeitig elektrischer, mechanischer und thermischer Natur. Unter verringerten elektrischen Beanspruchungen werden Silikonkautschukbänder und -kleber bisweilen als Wickelkopfisolierung eingesetzt, wenn besonders hohe thermische oder chemische Beständigkeit verlangt wird.

Silikonkautschuk besteht aus linearen Makromolekülen des Methylsiloxans (Abb. 53), die durch organische Peroxyde miteinander vernetzt (vulkanisiert) worden sind. Seine Verarbeitung erfolgt in Form halbvulkanisierter Bänder und auch als streichfähige, vulkanisierbare Paste.

Zur Verbesserung der mechanischen Festigkeitswerte mischt man dem Kautschuk aktive Kieselsäure bei oder gibt ihm Glasseide als Trägermaterial. Um luftfreie Umbandelungen mit dem relativ starken Silikon-

Abb. 53. Molekülaufbau eines Methylsiloxans

kautschukband zu erreichen, hat man Bänder mit besonderen Querschnittsformen hergestellt. Die Dicke der Bänder wird gegen die Kanten hin verringert, so daß sich linsen- oder rautenförmige Querschnitte ergeben. Beim überlappten Wickeln der Bänder treten so die bei gleichförmiger Dicke unvermeidlichen Luftzwickel nicht auf (Abb. 54 a u. b).

Abb. 54a u. b. Querschnittsformen für Siliconkautschukbänder
a) Rechteckform mit Zwickelbildung beim überlappten Wickeln; b) Rauten- und Linsenform, keine Zwickelbildung

Die bedeutendste Eigenschaft des Silikonkautschuks ist seine hohe Wärmebeständigkeit, die ihn als Isolierstoff für die Wärmeklasse H (180 °C) geeignet macht. Die Durchschlagfestigkeit nimmt auch bei Temperaturen bis über 200 °C nur wenig ab (vgl. Abb. 102, S. 114).

Die thermische Lebensdauer von Silikonkautschuk ist im Bereich zwischen 150 und 200 °C zehn- bis einhundertmal größer als die von natürlichem oder synthetischem Kautschuk. Dazu kommt eine besonders gute Wärmeleitfähigkeit und eine gute Beständigkeit gegen chemische Einflüsse, gegen Glimmentladungen und gegen Wassereinwirkung.

Tabelle 16. *Eigenschaften von Silikonkautschuk*

Zugfestigkeit (20 °C)	kg/mm²	0,45 ⋯ 0,7
Zugfestigkeit (200 °C)	kg/mm²	0,5
Reißdehnung	%	200 ⋯ 300
Wärmeleitzahl	W/m °C	0,3
Durchschlagfestigkeit	$kV_{eff/mm}$	15
Dielektrischer Verlustfaktor (20 °C)		0,003 ⋯ 0,03

7. Naturstoffe als Bindemittel

a) Schellack. Der Naturstoff Schellack stand als Bindemittel für Glimmerisolierungen seit Beginn des Elektromaschinenbaues zur Verfügung. Die durch HAEFELY eingeführte Umbügelungstechnik ist so weit auf die speziellen Eigenschaften des Schellacks hinsichtlich der Erweichung, des Fließvermögens und der Klebefähigkeit abgestellt, daß Versuche, neue Stoffe an Stelle des Schellacks zu verwenden, oft unter

der Forderung leiden, ein in diesen Eigenschaften dem Schellack ähnliches Produkt zu schaffen. Außer in Mikafolien wird Schellack in speziellen Hartpapieren und in Mikaniten als Bindemittel verwendet. Andere als mechanische Funktionen werden dem Schellack nicht übertragen. Elektrisch ist er zwar bei niedrigen Temperaturen ein guter Isolator, bei Temperatursteigerung nimmt seine Leitfähigkeit jedoch so stark zu, daß er z. B. den bekannten hohen $\tan \delta$-Anstieg in Schellackmikafoliumumpressungen bis hinauf zu $\tan \delta \approx 0,5$ bewirkt. Bei hohen Temperaturen wird der Schellack in geschichteten Isolierungen durch seine hohe Leitfähigkeit elektrisch so weit entlastet, daß z. B. auch die Kapazität von Mikafoliumisolierungen mit der Temperatur

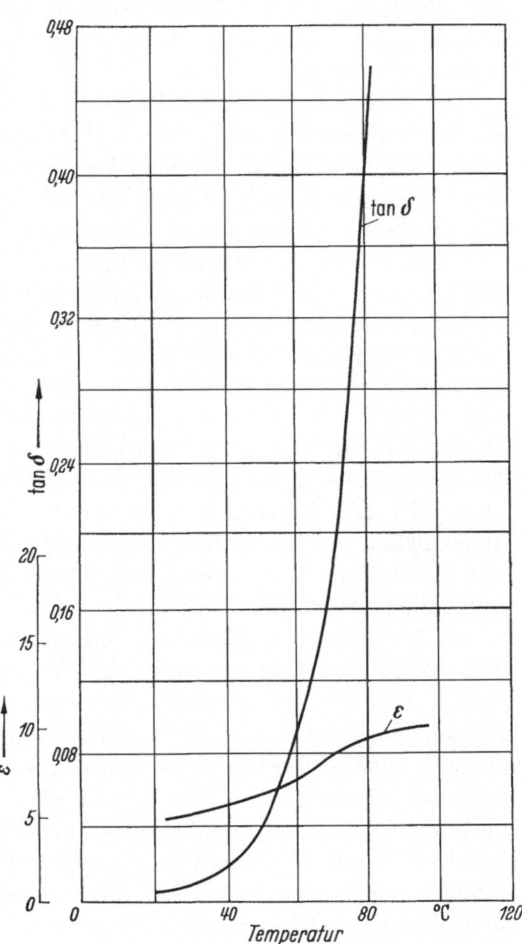

Abb. 55. Dielektrizitätskonstante und dielektrischer Verlustfaktor von Schellack

außerordentlich ansteigt und das bekannte Absinken des Verlustfaktors nach Erreichen eines Maximalwertes eintritt (vgl. Abb. 145). Dielektrischen Verlustfaktor und Dielektrizitätskonstante des reinen Schellacks abhängig von der Temperatur zeigt Abb. 55.

Schellack ist ein durch Larven von Schildläusen aus dem Saft bestimmter indischer Gummibäume erzeugtes tierisches Stoffwechselprodukt, dessen chemische Struktur bis heute nicht vollständig aufgeklärt werden konnte [7]. Sogenannter Stocklack wird an den von den Schildläusen befallenen Bäumen gefunden und anschließend gereinigt und umgeschmolzen. In Form kleiner Blättchen wird der Schellack in den Handel gebracht. Durch Mischen verschiedener Schellacksorten können in beschränktem Maße unterschiedliche Eigenschaften ausgeglichen werden.

Die Verarbeitung des Schellacks erfolgt als alkoholische Lösung oder als feingemahlenes Pulver, wenn z. B. beim Mikanit ein Entweichen von Lösungsmitteldämpfen während des Preßvorganges nicht möglich ist. Der Auftrag des Schellacks kann durch Streichen, Aufwalzen und Spritzen erfolgen. Wichtig für die Eigenschaften schellackverklebter Isolierungen ist die Art der Pressung der Isolierung. Läßt sich z. B. eine Heißpressung von Mikafolium nach dem Bügelvorgang wirtschaftlich vertreten, so kann man den Schellack in einem solchen Arbeitsgang innerhalb gewisser praktischer Grenzen härten. Die Härtung erfolgt bei hohen Temperaturen oberhalb 80 ··· 100 °C innerhalb einiger Stunden und bewirkt eine Erhöhung des Erweichungspunktes des Schellacks. Da bei dem Härtevorgang Wasser abgespalten wird, muß unter hohem Druck gearbeitet werden, damit ein Aufblähen der Isolierung verhindert wird. Mit der Härtung des Schellacks wird auch die Temperaturabhängigkeit des Verlustfaktors geringer. Diese Erscheinung wird z. B. zur Beurteilung des thermischen Alterungszustandes von Schellackmikafoliumisolierungen herangezogen (vgl. S. 159).

b) Asphaltmassen (Bitumen, Kompound). Asphalt, Bitumen oder Kompound sind Bezeichnungen für eine ganze Gruppe von sehr ähnlichen, aus höheren Kohlenwasserstoffen zusammengesetzten Isoliermassen. Asphalte sind durch Oxydation in oberflächennahen Erdschichten aus Mineralöl entstandene Stoffe, gemischt mit Wasser und mineralischen Bestandteilen. Die natürlichen oder auch industriell hergestellten Oxydationsprodukte des Mineralöles allein werden als Bitumen bezeichnet, und Kompoundmassen sind schließlich technisch bearbeitete Asphalte oder Bitumenmassen, denen durch Reinigung, Destillation und Mischung mit geeigneten Wachsen u. dgl. bestimmte erwünschte Eigenschaften verliehen werden. Trotzdem werden aber in der Praxis alle drei Bezeichnungen für die bereits modifizierten Bitumenprodukte verwendet.

Bitumenhaltige Massen werden in großem Umfang zur Isolierung von Ständerwicklungen herangezogen. Sie dienen zum Imprägnieren der Windungsisolierung von Spulenwicklungen, zum Imprägnieren der aus Glimmerbändern aufgebauten Hauptisolierung älteren Typs und als verlustarmes Bindemittel für Mikafoliumisolierungen, die nach dem HAEFELY-Verfahren aufgebracht werden. Schwarze Oberflächenlacke verdanken ihre Farbe meist Bitumenbeimischungen.

Das Imprägnieren von Hochspannungsisolierungen mit Bitumenmassen erfolgt im Vakuum. Die Masse liegt dabei als lösungsmittelfreie Schmelze vor, hat jedoch bei den anwendbaren Temperaturen immer noch eine so große Viskosität, daß besondere Erfahrungen nötig sind, um einwandfreies Durchtränken der Isolierung zu gewährleisten. Dickere Isolationsschichten müssen in mehreren Stufen nacheinander aufgebracht und imprägniert werden.

Bitumenmassen verleihen den Isolierungen hohe Beständigkeit gegen Glimmentladungen und bewirken einen guten Schutz gegen Feuchtigkeit. Mikafoliumisolierungen mit Bitumenbindemittel zeigen eine geringere Temperaturabhängigkeit des dielektrischen Verlustfaktors als Schellackmikafolium, jedoch ist die Klebekraft des Bitumens geringer als die von Schellack (Abb. 56).

Eine Aushärtung der Bitumenmassen bei hoher Temperatur ist praktisch nicht möglich. Sie behalten ihre thermoplastische Verformbarkeit unabhängig von Wärmeeinwirkung. Für

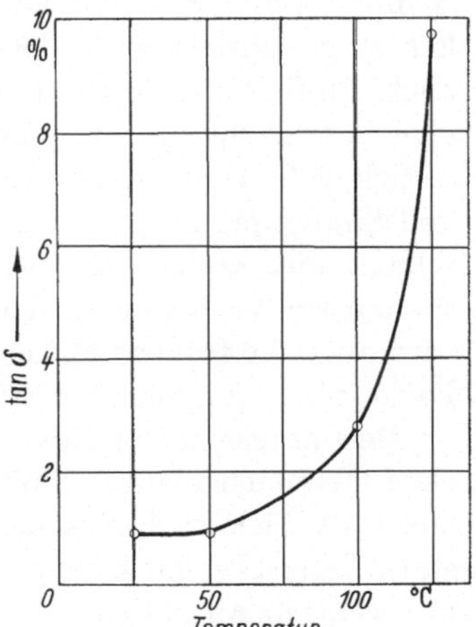

Abb. 56. Dielektrischer Verlustfaktor einer Asphaltimprägniermasse [66]

Isolierungen der Klasse B sind daher auch nur solche Massen zulässig, die einen Tropfpunkt (vgl. DIN 51801) von mindestens 130 °C besitzen.

Tabelle 17. *Eigenschaften von Bitumenmassen*

Dielektrizitätskonstante		3,5
Verlustfaktor, vgl. Abb. 56		∼0,03
Isolationswiderstand	$\Omega \cdot$ cm	$2 \cdot 10^{14}$
Spez. Gewicht	g/cm³	∼1
Tropfpunkt	°C	bis ∼140 °C
Wärmeleitzahl	W/m °C	0,15

8. Isolierlacke

Als Oberflächenschutz gegen Verschmutzung, aggressive Dämpfe und Gase sowie Feuchtigkeit erhalten alle Maschinenwicklungen mehrfache Lackierungen. Der Tropenschutz von Wicklungen beruht neben der speziellen Auswahl der festen Isolierstoffe zu einem großen Teil auf der Anwendung zusätzlicher, u. U. durch Beimengungen gegen Schimmelpilzbefall und Termitenfraß geschützter Lackierungen. Die vielfältig für Wickelköpfe, Wicklungsverbindungen, Ausführungen und Versteifungselemente in Ständer- und Läuferwicklungen benutzten handgewickelten Bandisolierungen sind auf der Basis lackierter Glas- oder Baumwollgewebebänder aufgebaut und werden während der Verarbeitung meist lagenweise mit Lack verklebt. Lacke werden zur Verklebung des Glimmers mit dem Trägermaterial in Mikafolium und anderen Glimmerprodukten verwendet. Die Glasseideumspinnung auf Kupferdrähten wird mit Lack verfestigt, um die weitere Verarbeitbarkeit zu gewährleisten. In speziellen Fällen finden im Großmaschinenbau auch Profildrähte Verwendung, die unter einer Glasseideumspinnung eine zusätzliche, vorher eingebrannte Lackschicht hoher Durchschlagfestigkeit besitzen. Läuferwicklungen kleinerer Maschinen werden u. U. vollständig mit Lack getränkt, so daß der damit erzielte Feuchtigkeitsschutz, die mechanische Verfestigung und die Ausfüllung von Luftspalten zur Verbesserung der Isolierung beitragen. In steigendem Maße wird auch die früher übliche Papierisolierung von Elektroblechen durch Lacke mit anorganischen Füllmitteln ersetzt.

Man unterscheidet daher nach den verschiedenen Anwendungsbereichen Oberflächenlacke, Klebelacke, Tränklacke, Drahtlacke und Blechlacke, die sich nach Zusammensetzung und Verarbeitungsbedingungen stark unterscheiden können. Allgemeines Kennzeichen der Lacke ist — mit wenigen Ausnahmen — ihre Zusammensetzung aus dem sog. Lackkörper und den Lösungsmitteln. Als Lackkörper dienen Natur- und Kunstharze, härtende Öle, Asphalte und zuweilen kautschukartige Stoffe, die an sich zähflüssig oder fest sind. Im gelösten Zustand lassen sie sich durch Streichen, Spritzen, Tauchen, Übergießen und Walzen in dünnen Schichten auftragen. Nach Verdampfen des Lösungsmittels bleibt der Lackkörper als dünner Film zurück, der dann durch chemische Reaktion, z. B. Oxydation durch den Luftsauerstoff oder durch Polymerisation, Polykondensation oder Polyaddition aushärtet. Für die Imprägnierung und Tränkung poröser Isolierungen oder ganzer Wicklungen werden dünnflüssige Lacke vielfach benutzt, jedoch ist natürlich keine vollständige Ausfüllung der Hohlräume möglich, da der Lösungsmittelanteil wieder verdampft. Durch mehrfache Imprägnierung und dazwischen erfolgende Entfernung des Lösungsmittels kann die Ausfüllung von Hohlräumen mit Lack verbessert werden.

Nach der Art des verwendeten Lackkörpers unterscheidet man mehrere Gruppen von Lacken.

Die einfachsten Lacke bestehen aus Lösungen natürlicher Harze oder Asphalte in geeigneten Lösungsmitteln. Schellack in alkoholischer Lösung und Asphaltlacke sind die wichtigsten Vertreter dieser Gruppe. Diese Lacke bilden nach Verdunsten des Lösungsmittels bereits feste Filme, die jedoch bei Erwärmung keine guten mechanischen Eigenschaften haben. Daher spielen die thermoplastischen Naturstoffe in ihrer Funktion als Klebelacke in Glimmerisolierungen eine Rolle, nicht aber dort, wo es auf die Bildung durchgehender, auch bei hohen Temperaturen fester Filme ankommt.

Bessere Lackfilme werden mit den sog. Öllacken erreicht, in denen trocknende Öle, Leinöl, Holzöl usw., zur Anwendung kommen. Nach Verdunsten des Lösungsmittels verbleibt zunächst das zähflüssige Öl als Film auf den lackierten Oberflächen und härtet dann unter der oxydierenden Wirkung des Luftsauerstoffes. Zu dicke Lackschichten behindern einmal die Verdunstung des Lösungsmittels und außerdem bei oxydativ härtenden Lacken das Eindiffundieren des Sauerstoffes in das Schichtinnere. Als Tränklacke sind daher oxydativ durch Luftsauerstoff härtende Öllacke praktisch nicht geeignet, da die einwandfreie Härtung im Innern von Wicklungen wegen des fehlenden Sauerstoffes nicht gewährleistet ist. Sie werden daher im wesentlichen als Oberflächenlacke verwendet, treten aber auch in dieser Anwendung immer mehr gegenüber den ölmodifizierten Kunstharzlacken und reinen Kunstharzlacken zurück.

Reine Kunstharzlacke auf der Basis von Phenolharzen (Bakelit) ergeben sehr feste Lackschichten mit guter chemischer und thermischer Beständigkeit. Bakelitlack wird z. B. als Bindemittel für ROEBEL-Stäbe und Polspulen und zur Herstellung von Hartpapier verwendet. Wegen seiner Neigung zur Blasenbildung während der bei erhöhter Temperatur erfolgenden Aushärtung und seiner Sprödigkeit im gehärteten Zustand eignet sich dieser reine Phenolharzlack wenig für Oberflächenlackierungen oder Imprägnierungen.

In Verbindung mit trocknenden Ölen ergeben Phenolharze, Harnstoffharze, Melaminharze und Alkydharze jedoch sehr gut härtende, im Temperaturbereich bis 120 °C mechanisch, chemisch und elektrisch gute Lacke. Sie werden teils an Luft, teils bei erhöhter Temperatur in Öfen gehärtet und finden je nach ihren speziellen Eigenschaften als Oberflächenlack, als Tränklack für Wicklungen und Gewebe und auch als Drahtlacke Verwendung.

Auch die Polyester- und Epoxydharze werden in jüngerer Zeit als Lackkörper herangezogen. Polyesterharze kommen, gelöst in reaktiven Lösungsmitteln, als sog. lösungsmittelfreie Lacke zur Anwendung. Bei der Härtung gehen dann das polymerisierende Lösungsmittel und das Harz eine Verbindung ein, und eine Verdampfung des Lösungsmittels ist nicht nur nicht erforderlich, sondern auch gar nicht erwünscht. Die Epoxydharze können für besonders kriechstromfeste Oberflächenlacke eingesetzt werden, sind aber wegen ihrer Zähflüssigkeit nicht lösungsmittelfrei.

Polyurethanlacke, auch als sog. DD-(Desmodur-Desmophen)-Lacke bekannt, werden zur Herstellung von Lackglasgeweben benutzt, da sie eine über die Wärmeklasse B hinausreichende Wärmedauerfestigkeit besitzen und so zusammen mit der Glasseide ein besonders hochwertiges Isoliermaterial ergeben. Auch für die Verfestigung von Glasseide-Umspinnungen auf Profilkupferdrähten wird DD-Lack vorteilhaft verwendet.

Silikonharze werden ebenfalls in gelöster Form als bis 180 °C temperaturfeste Lacke verarbeitet. In Großmaschinen spielen sie jedoch keine wesentliche Rolle, da dort derart hohe Temperaturen allgemein nicht vorkommen.

Die Anwendung dieser neueren Kunstharze als Lackstoff ist im Großmaschinenbau begrenzt, da bei den auftretenden Beanspruchungen im allgemeinen die herkömmlichen ölmodifizierten Kunstharzlacke technisch ausreichen und in wirtschaftlicher Hinsicht den teureren reinen Kunstharzlacken überlegen sind.

In der Praxis ist dem Verbraucher die genaue Zusammensetzung eines benutzten Lackes meist gar nicht bekannt. Diese Kenntnis erweist sich auch als unnötig und im Hinblick auf die Vielzahl der angebotenen Lacke als praktisch unmöglich. Man kennt im allgemeinen die Stoffgruppe, der der Lackkörper angehört, und muß sich im übrigen an Verarbeitungsvorschriften des Herstellers und Eignungsprüfungen der Lacke halten. Es sind zu diesem Zweck schon frühzeitig allgemein anerkannte Vorschriften und Leitsätze geschaffen worden, in denen für die Lieferung, Verarbeitung und für die spätere Betriebsbeanspruchung wichtige Eigenschaften definiert und Prüfvorschriften niedergelegt wurden (VDE 0361). Notwendig zur Beurteilung eines Lackes sind Angaben über die Trocknungsbedingungen in dünnen und dicken Schichten, über das mechanische und elektrische Verhalten bei Erwärmung, über das Wärmealterungsverhalten, die Beständigkeit gegen Öl und Chemikalien und über die elektrischen Eigenschaften bei Einwirkung von hoher Temperatur, Wasser und Chemikalien.

Die Tab. 18 enthält Angaben über drei ölmodifizierte Kunstharzlacke zur Beurteilung ihrer Anwendbarkeit. Man erkennt, daß keiner der drei Lacke ideale Eigenschaften in allen Bereichen besitzt. Lack A eignet sich nicht für hohe Temperaturen und ist gegen Benzol und Ammoniak nicht voll beständig, hat aber den Vorteil, an Luft bei niedriger Temperatur zu trocknen. Lack B zeichnet sich durch hohe chemische und thermische Beständigkeit aus, erfordert jedoch eine Ofentrocknung. Der Tränklack C hat besonders gute elektrische und gute thermische Eigenschaften; seine geringere chemische Beständigkeit fällt nicht ins Gewicht, da er nicht als Oberflächenlack eingesetzt wird.

Je nach Verwendungszweck wird man unter den vielen Lackarten durch derartige systematische Prüfungen die jeweils günstigste auswählen müssen. Abschließend soll lediglich an einem Beispiel gezeigt werden, wieweit die Wärmebeständigkeit bei Lacken durch den Ein-

Eigenschaften / Verwendung		Lufttrocknender Überzugslack A	Ofentrocknender Überzugs- und Tränklack B	Ofentrocknender Tränklack C
Viskosität { DIN 53211, 4 mm-Düse	sek	60	60	100
Lackkörpergehalt	%	42	45	48
Verdünnung		Testbenzin	Spezialverdünner	Testbenzin
Spez. Gewicht	g/cm^3	—	0,97	—
Feuchtigkeitsaufnahme	%	—	1,2	1,2
Trockenzeit* u. Temperatur { dünne Schicht	Std. / °C	16 / 20	5 / 80	4 / 120
Trockenzeit u. Temperatur { dicke Schicht	Std. / °C	23 / 60	16 / 80	15 / 120
Zustand bei hoher Temperatur		schmierig bei 105 °C	fest bei 140 °C	elastisch bei 140 °C
Wärmealterung** bei … °C { Biegeprobe Gitterschnittprobe	Std.	$\frac{>2000}{>2400}$ bei 105 °C	$\frac{800}{1000}$ bei 140 °C	$\frac{130}{130}$ bei 140 °C
Chem. Beständigkeit gegen — Öl, 7 Tage, 105 °C		keine Veränderung	keine Veränderung	keine Veränderung
Explosive Dampfgemische — Aceton (7 Tage, 20 °C)		keine Veränderung	keine Veränderung	schwaches Kleben
Explosive Dampfgemische — Benzol (7 Tage, 20 °C)		starkes Kleben	keine Veränderung	schwaches Kleben
Explosive Dampfgemische — Hexan (7 Tage, 20 °C)		keine Veränderung	keine Veränderung	schwaches Kleben
Explosive Dampfgemische — Methanol (7 Tage, 20 °C)		keine Veränderung	keine Veränderung	schwaches Kleben
Ammoniak, 6 % Lösg.	4 Tage 20 °C	Quellen u. Abheben	keine Veränderung	geringe Veränderung
Schwefelsäure, 5 % Lösung	4 Tage 20 °C	keine Veränderung	keine Veränderung	—
Spez. Isolationswiderstand — nach Trocknung	Ω cm	$5 \cdot 10^{15}$	$5 \cdot 10^{13}$	$8 \cdot 10^{14}$
in Wasser, nach 100 Std. 20 °C	Ω cm	$7 \cdot 10^{12}$	$7 \cdot 10^{12}$	$2 \cdot 10^{13}$
in Ammoniak, 6 %, nach 100 Std. 20 °C	Ω cm	10^{10}	$2 \cdot 10^{12}$	$2 \cdot 10^{13}$
nach 24 Std. Wärmelagerung***	Ω cm	$2 \cdot 10^{11}$	10^{10}	10^{11}
Durchschlagsfestigkeit [kV/mm] — nach Trocknung	kV/mm	72	65	120
in Wasser, nach 100 Std. 20 °C	kV/mm	35	30	45
in Ammoniak, 6 %, nach 100 Std. 20 °C	kV/mm	12	27	45
nach 24 Std. Wärmelagerung***	kV/mm	45 (105 °C)	30 (130 °C)	35 (140 °C)

* Trocknung in dünner Schicht auf Probeblech, in dicker Schicht in Blechwännchen, VDE 0361 Ü/8.44, § 12.

** Biegeprobe nach VDE 0361 Ü/8.44, § 15; Gitterschnittprobe nach PETERS.

*** Elektrische Prüfung an lackierten Messingzylindern.

satz von neuen Kunststoffen bereits getrieben werden konnte. Abb. 57
zeigt die Lebensdauerkurven dreier Drahtlacke, einem organischen Lack

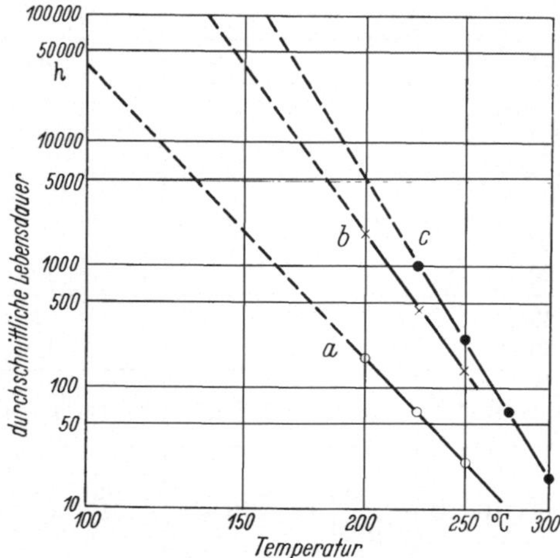

Abb. 57. Lebensdauer von Lacken
a Kl. A-Lack; *b* spez. organischer Lack; *c* Siliconlack

der Klasse A, einem speziellen
organischen Lack, der etwa
der Wärmeklasse F, und
einem modifizierten Silikon-
lack, der etwa der Klasse H
angehört. Die Beurteilung
erfolgte durch Messung der
Durchschlagfestigkeit der
Lackschichten zwischen zwei
verdrillten Lackdrähten. Die
Lebensdauer wurde als verbraucht angesehen, sobald
die Durchschlagspannung
unter 1000 V abgesunken war.
Diese Art von hochtem-
peraturfesten Lacken spielt
in kleinen Motoren für niedrige Spannungen mit wild-
gewickelten Spulen eine Rolle, bei denen die Drahtlackierung entscheidende isolierende Funktionen in der Wicklung übernimmt. Während
bei den kleinen Maschinen ein Anreiz zur höheren Ausnutzung unter
Erhöhung der Betriebstemperaturen besteht, fällt dieses Moment bei
den großen Maschinen weg.

9. Kunststoff-Folien

Folien aus Kunststoffen sind in den letzten Jahrzehnten in größerer
Zahl entwickelt und in zunehmendem Maße industrieller Anwendung
zugeführt worden. In Wicklungen großer Maschinen mit hohen Nennspannungen haben diese Folien jedoch praktisch keinen Eingang gefunden. Versuchsweise sind in den Kriegsjahren als Ersatz für den seinerzeit
schwer beschaffbaren Glimmer Zellulose-Triazetat-Folien in Nutisolierungen eingesetzt worden. Diese Folien hatten gegenüber den zuvor
greifbaren Produkten den Vorteil einer hohen elektrischen Kurzzeitfestig-
keit und einer ausreichenden thermischen Standfestigkeit, so daß sie z. B.
nach VDE 0530 in die Wärmeklasse E, 120 °C, eingereiht wurden. Im
praktischen Betrieb zeigte sich jedoch, daß diese organischen Folien
dem Angriff von Glimmentladungen in der Nutisolierung von Hochspannungswicklungen nicht gewachsen sind. Innerhalb weniger Jahre, in
glücklichen Fällen auch erst nach 20 Jahren, müssen solche Wicklungen
ausgewechselt werden, deren Nutisolierung einen nennenswerten Anteil
an Zellulose-Triazetat- oder Zellulose-Azetobutyrat-Folie enthält.

Die neuerdings entwickelten vollsynthetischen Folien leiden alle unter diesem Mangel an Glimmbeständigkeit oder ihre thermische Standfestigkeit ist nicht ausreichend. Tab. 19 gibt einen kurzen Überblick über gegenwärtig greifbare Folien. Vollkommen glimmbeständig ist keine der bisher auf dem Markt befindlichen Folien; gerade die Folien mit ausreichend hoher thermischer Beständigkeit sind für den Einsatz in Hochspannungsisolierungen überhaupt nicht geeignet. Einige Folien, z. B. die Polyterephthalsäureesterfolien, eignen sich als Formtrennmittel bei der Herstellung kunstharzimprägnierter Isolierungen. Einen breiteren Anwendungsbereich haben die Folien beim Bau kleiner Maschinen für niedrige Spannungen gefunden. Dort werden sie vorteilhaft als Nutisolierung, z. T. mit Preßspanverstärkung, eingesetzt und auch zur Umbandelung von Wickelköpfen benutzt.

Tabelle 19

Folienmaterial	Höchste Temperatur (°C)	Bemerkungen
Zellulosetriazetat.	120	nicht glimmbeständig
Zelluloseacetobutyrat.	120	nicht glimmbeständig
Polyäthylen.	60	relativ gut glimmbeständig
Polystyrol.	70	relativ gut glimmbeständig
Polyäthylen	60	relativ gut glimmbeständig
Polyvinylchlorid (PVC).	80	relativ glimmbeständig
PVC, nachchloriert.	80 ⋯ 90	relativ glimmbeständig
Polyamid	105	nicht glimmbeständig
Polycarbonat	120	nicht glimmbeständig
Polyterephthalsäureester (Mylar, Hostaphan)	130	(kurzzeitig 150 °C) nicht glimmbeständig
Polymonochlortrifluoräthylen . .	180	(auf Kupfer nur 100 °C) nicht glimmbeständig
Polytetrafluoräthylen (Teflon)	200	nicht glimmbeständig

Die Schaffung einer gegen Glimmentladungen vollkommen beständigen Folie mit hoher Wärmebeständigkeit sowie hoher mechanischer und elektrischer Festigkeit, die für Nutisolierungen in Hochspannungswicklungen eingesetzt werden könnte, steht noch aus.

B. Die Isolierungen von Ständerwicklungen

Die scheinbare Vielfalt der beim Bau großer elektrischer Maschinen zur Anwendung gelangenden Isolationsarten wird relativ leicht übersehbar, wenn man sie nach einigen übergeordneten Gesichtspunkten in mehrere Gruppen einteilt.

Zunächst können bei dieser Einteilung die Unterschiede in Aufbau und Fertigung der Teilleiterisolierung von ROEBEL-Stäben oder der Windungsisolierung von Spulen unberücksichtigt bleiben. Die Wicklungselemente und ihre Teilleiter- bzw. Windungsisolierung werden zwar in vielfach variierender Weise hergestellt, jedoch haben diese Verschiedenheiten nicht zur Bildung konkurrierender Isolationssysteme geführt.

Nach dem Aufbau der Hauptisolierung sind jedoch zunächst zwei verschiedene Isolationstypen zu unterscheiden, die auf der Basis von Glimmer aufgebaut sind. Dies ist die seit Beginn des Großmaschinenbaues übliche Isolierung mit Mikafoliumumpressung im Nutteil und einer Bandisolierung im Wickelkopf und die durchgehende aus Glimmerbändern gewickelte, imprägnierte Isolierung. Daneben treten als dritte und jüngste Gruppe die glimmerlosen Isolierungen.

1. Die Wicklungselemente

Ständerwicklungen — wie auch Läuferwicklungen, die daher hier nicht gesondert behandelt werden — großer Maschinen sind aus einzelnen, meist weitgehend untereinander gleichen Wicklungselementen aufgebaut. Der Maschinenbauer zieht bei sehr großen Maschinen meist den Aufbau der Wicklung aus einzelnen Wicklungsstäben vor, bei kleineren Maschinen für hohe Spannungen muß man Spulenwicklungen wählen.

Stäbe werden dabei zur Verminderung von Zusatzverlusten aus einzelnen, gegeneinander isolierten und miteinander verflochtenen Teilleitern zusammengesetzt. Allgemein üblich ist der ROEBEL-Stab, bei dem

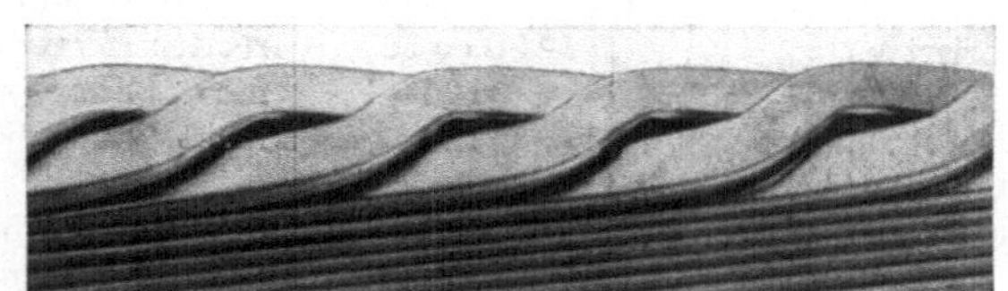

Abb. 58. ROEBEL-Stab, Schmalseite mit Kröpfstellen,
Teilleiter ohne Isolierung

jeder Teilleiter im Nutbereich einmal alle Lagen in der Nuthöhe durchläuft, so daß durch das Nutenquerfeld in jedem Teilleiter etwa gleiche Spannungen induziert werden (Abb. 58). Im Nutbereich werden auf diese Weise parasitäre Ausgleichströme vermieden. Die Teilleiterisolierung wird meist bis an die durch Zwingen- oder Sichelverbindungen abgeschlossenen Stabenden fortgeführt. Bei großen Turbogeneratoren verdrillt man durch geeignete Verbindung der einzelnen Teilleiter oder von Teilleitergruppen aufeinanderfolgender Stäbe auch die Wickelkopfpartien der Stäbe, um die sog. *Schlingströme* [45] zu vermeiden, die durch den Ausgleich der in unverdrillten Wickelkopfpartien durch Stirnstreufelder induzierten Teilleiterspannungen über den Nutteil der Stäbe zu zusätzlichen Erwärmungen führen können. Die einfache Zwingen- oder Sichelverbindung der Stäbe, die alle Teilleiter kurzschließt, entfällt hierbei allerdings und es entsteht ein erheblicher Aufwand für die Herstellung der vielen sauber gegeneinander isolierten Lötverbindungen zwischen einzelnen Teilleitern.

Die Isolierung der Teilleiter gegeneinander wird meist durch Verwendung von Kupfer gewährleistet, das durch eine mit eingebranntem Lack verfestigte Glasseidebespinnung vorisoliert ist. Es wird jedoch auch noch blankes Kupfer verwendet, wobei dann die Teilleiterisolierung aus von Hand eingeschobenen Streifen aus Glimmer- oder Asbestmaterial besteht. An den Kröpfstellen der Teilleiter erhalten alle, auch die aus vorisolierten Teilleitern hergestellten ROEBEL-Stäbe eine zusätzliche, von Hand eingeschobene Isolierung.

Derartig vorgefertigte Stäbe werden noch im Nutteil mit Kunstharz, z. B. Bakelit oder Epoxydharz, getränkt und in Heißpressen zu einem

Abb. 59. Ständerwicklungsfaßspulen eines Drehstromgenerators, 11 kV, 1200 kVA

mechanisch festen Gebilde mit den endgültigen Abmessungen des Leiters ausgepreßt. Die an den Kröpfstellen auf den Schmalseiten der Stäbe entstehenden Zwickel werden mit geeigneten Kitten oder Isolierstoffformstücken ausgefüllt, so daß eine völlig glatte Oberfläche entsteht.

Lange ROEBEL-Stäbe, die eine Mikafoliumumpressung erhalten sollen, werden meist gestreckt verarbeitet. Die Stirnseiten werden erst nach Aufbringen der Umpressung abgebogen, da die Handhabung von langen Stäben mit abgebogenen Enden die Fertigung erschwert. Kurze Stäbe können auch vor dem Aufbringen der Hauptisolierung fertig gebogen werden. Sollen die Stäbe eine durchgehende Glimmerbandisolierung erhalten, so müssen sie grundsätzlich schon vorher in ihre endgültige Form gebracht werden.

Spulen für die überwiegend zur Anwendung kommenden Zweischichtwicklungen werden meist als sog. Faßspulen ausgeführt (Abb. 59).

Dabei liegt eine Nutseite jeweils am Nutgrund in der Unterlage, die andere in der Oberlage der Wicklung. Die für die Unterlage der Wicklung bestimmte Nutseite ist — wie übrigens auch bei Stäben (Abb. 60) — gegenüber der Oberlagenseite verkürzt. Auf diese Weise erreicht man bei Verwendung von Mikafoliumisolierungen, daß die Stoßstellen zwischen Nut- und Wickelkopfisolierung von Ober- und Unterlage einer Nut nicht unmittelbar übereinanderliegen. Außerdem wird durch das frühere Abbiegen des in der Nut untenliegenden Leiters ein größerer Abstand zwischen Ober- und Unterlage im gesamten Wickelkopf erreicht.

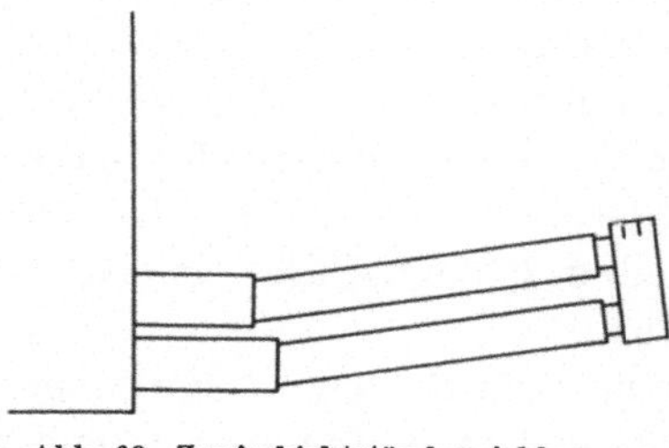

Abb. 60. Zweischichtständerwicklung

Faßspulen werden zunächst als ebene, relativ enge Schleifen gewickelt und anschließend in besonderen Ziehvorrichtungen, in denen die Nutseiten und die Spulennasen fest geführt werden, auf die volle Spulenweite ausgezogen (Abb. 61). Bei kleineren Spulenströmen, d. h. kleinen Leiterquerschnitten, werden die Windungen aus einzelnen Rechteck-Kupferdrähten gewickelt.

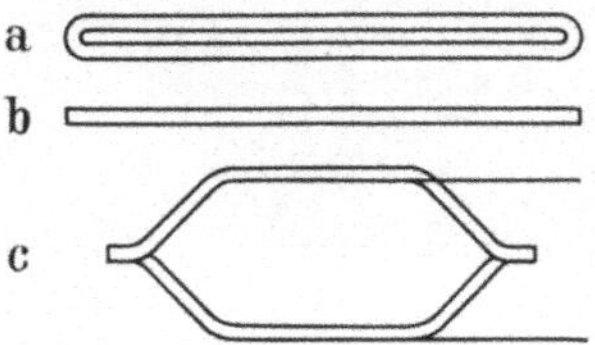

Abb. 61 a—c. Herstellungsstufen von Faßspulen (schematisch)
a) vorgewickelte Drahtschleife, senkrecht zur Wickelebene; b) Drahtschleife a in Wickelebene; c) zur Spule ausgezogene Drahtschleife

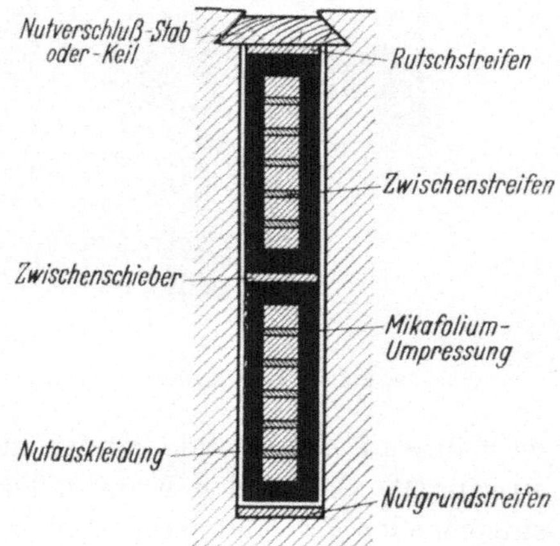

Abb. 62. Nutquerschnitt einer Spulenzweischichtwicklung

Derartige Einzelleiter werden allgemein bereits mit einer den Leiter voll umschließenden Isolierung aus Baumwolle und Papier (Klasse A) oder lackgebundener Glasseide (Klasse B) verarbeitet, wobei die volle Windungsisolierung gegebenenfalls durch zusätzlich eingewickelte Isolierstoffzwischenlagen erreicht wird (Abb. 62.) Höhere Ströme erfordern eine Unterteilung des Kupferquerschnittes in mehrere parallel geführte, gegeneinander isolierte Teilleiter. Spulen mit solchen stärkeren Leiterbündeln erhalten eine mit Hand aufgewickelte Windungsisolierung oft erst, nachdem die Spule gewickelt und bis in ihre endgültige Form ausgezogen wurde, da der Wickel- und Ziehvorgang die Isolierung großer Kupferquerschnitte zerstören würde.

Um die Windungsisolierung frei von Lufteinschlüssen und gegen Feuchtigkeit unempfindlich zu machen, werden die Spulen im Vakuum asphaltiert, ausgenommen solche Spulen, die später eine mit Kunstharz vakuumimprägnierte Hauptisolierung erhalten. Glatte Oberflächen der asphaltierten Spulen erhält man, wenn über das die einzelnen Spulenwindungen zusammenfassende Halteband eine zweite Bandlage gewickelt und mit den nach der Imprägnierung beim Erkalten sich bildenden Asphalttropfen wieder entfernt wird.

In diesem Zustand sind die Spulen fertig zum Aufbringen der Hauptisolierung.

2. Die „klassische" Mikafoliumnutisolierung

Diese Isolierung ist außerordentlich weit verbreitet. Sie findet seit Jahrzehnten in Ständerwicklungen von Maschinen jeder Größe und Leistung Anwendung und wird für Wicklungsstäbe und -spulen gleichermaßen benutzt. Bei der Isolierung von Maschinen nach dem klassischen Verfahren geht man davon aus, daß im Nutteil eine elektrisch, thermisch und mechanisch hochwertige Isolierung auf der Basis von großflächigem Spaltglimmer benötigt wird, da das Isolationsproblem auf möglichst kleinem Raum gelöst werden muß. Im Wickelkopf dagegen legt man die elektrische Beanspruchung in die relativ großen Luftabstände zwischen benachbarten Leitern und verzichtet meist auf die Verwendung von Glimmer in der aus schmalen Lackglas- oder Lackgewebebändern gewickelten Isolierung der Stirnseiten und Schaltverbindungen.

Das Mikafolium wird entweder in vorbereiteten Bahnen kalt um den zu isolierenden Nutteil mit Hand fest herumgewickelt (Abb. 64a) und anschließend in rotierenden Bügelmaschinen zwischen geheizten Eisen festgezogen (Abb. 63b), oder es wird von einer Vorratsrolle über eine geheizte Fläche auf den sich drehenden Stab aufgewickelt. Das Bügelverfahren ist vielfältig variiert worden, beruht aber immer auf der Verwendung von Harzen, die beim Bügelvorgang flüssig werden. Die fest um den Stab herumgezogenen Mikafoliumlagen werden noch heiß aus den Bügelmaschinen heraus in Formpressen gebracht, in denen die zunächst noch plastische Isolierung auf die Abmessungen der Nut gepreßt wird (Abb. 64). Die Pressung erfolgt entweder in Kaltpressen, oder sie ist mit einer zusätzlichen Wärmebehandlung verbunden, bei der das Bindemittel der Isolierung aushärtet. Aus wirtschaftlichen Gründen bleibt dieser Härtevorgang bisher auf große Maschinen mit relativ wenig Umpressungen, d. h. besonders auf große Turbogeneratoren, beschränkt.

Als Bindemittel werden für aufgebügelte Mikafoliumisolierungen Schellack und Asphaltmassen verschiedener Zusammensetzung verwendet. In manchen Fällen sind härtbare Kunstharze den thermoplastischen Naturharzen zugesetzt worden, um einerseits den Isolierungen durch Wärmehärtung ihren thermoplastischen Charakter zu nehmen

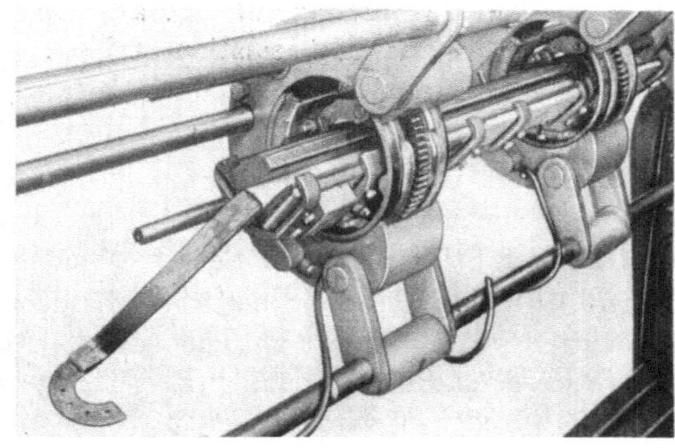

Abb. 63a u. b

a) Aufwickeln von Mikafolium auf eine Spule; b) Bügeln des Mikafoliums um einen ROEBEL-Stab

und andererseits die Schwierigkeiten bei der Verarbeitung reiner Kunstharze im Bügelprozeß zu umgehen [75]. Reine härtbare Kunstharze müssen nämlich mehrere schwer zu vereinende Forderungen gleichzeitig erfüllen: Sie müssen beim Bügeln so leicht fließen wie Schellack und Asphalt, jedoch darf die Aushärtung während des Bügelns noch nicht merklich einsetzen, und sie müssen in wirtschaftlich tragbaren Zeiten bei so niedrigen Temperaturen aushärtbar sein, daß z. B. etwa als Trägermaterial dienendes Papier noch nicht angegriffen wird.

Die fertige Umpressung erhält bei höheren Maschinennennspannungen — ab etwa 5 kV — auf Nutlänge einen leitfähigen Überzug, der aus Graphitpapier, Graphitlack oder auch aus einer Asbestumwicklung bestehen kann. Dieser Überzug verhindert die sog. Nutentladungen in den unvermeidlichen kleinen Luftspalten zwischen Isolationsoberfläche

Abb. 64. Hydraulische Kaltpresse zum Pressen der Nutseitenisolierung

und Nutwand. Dieser Leitbelag setzt sich über einen Teil des freien Überstandes der Umpressung bei Maschinenspannungen ab etwa $6 \cdots 10\,\mathrm{kV}$ in einem halbleitenden Überzug fort, der zur Unterdrückung von Gleitfunken bei der Prüfung und damit zur Erhöhung der Überschlagspannung der Wicklung dient, vgl. Abb. 8, S. 18.

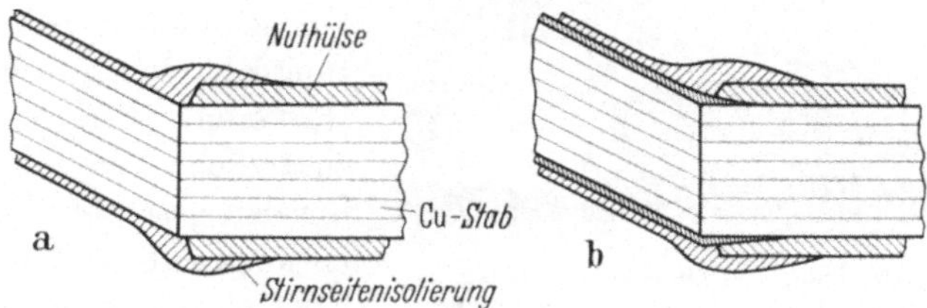

Abb. 65a u. b. Der Übergang von der Nut- zur Stirnseitenisolierung [44]

Die Isolierung der Stirnseiten erfolgt durch Bewickeln mit Isolierbändern. Asphaltierte Glimmergewebebänder [17] oder Lackgewebebänder werden in mehreren Lagen unter Beigabe von Kleblacken mit Hand aufgewickelt. Diese Bandbewicklung erstreckt sich noch mehrere Zentimeter weit über die Mikafoliumumpressung, um an dieser Stelle einen möglichst fugenfreien Übergang zwischen Nut- und Stirnseitenisolierung zu erhalten (Abb. 65a). Auch Verzahnungen der beiden Isolierungen werden bisweilen zur Verbesserung dieser Stoßstelle zwischen Nut und Wickelkopf angewendet (Abb. 65b). Die Wickelkopfteile der

Isolierung erhalten bereits vor dem Einbau der Stäbe und Spulen in die Maschine eine erste Oberflächenlackierung, die durch Schaffung einer dichten und glatten Oberfläche Schutz gegen Verschmutzung und Feuchtigkeit bietet.

Der Einbau der voll isolierten Wicklungselemente in die Maschine und ihre Zusammenschaltung zur kompletten Wicklung erfordert eine gute Maßhaltigkeit der einzelnen Stäbe und Spulen, um mechanische Beanspruchungen durch nachträgliches Biegen klein zu halten. Zur Sicherstellung eines festen Sitzes in der Nut werden elektrisch leitfähige, zwischen Nutwand und leitender Isolationsoberfläche eingeschobene Beilagen und Nutauskleidungen verwendet.

Schaltverbindungen erhalten die gleiche Isolierung wie die Stirnseiten der Wicklungselemente.

Die Versteifung des Wickelkopfes gegen Kurzschlußkräfte erfolgt durch Einschnüren von Abstandklötzen aus Isolierstoff zwischen benachbarten Stirnseiten. Faßspulen- und Gitterstabwicklungen, die nach dem Austritt aus der Nut nur schwach in radialer Richtung abknicken, erhalten bei stärkeren Beanspruchungen zusätzliche Versteifung durch um den gesamten Wickelkopf herumgelegte isolierte und mit jeder einzelnen Stirnseite verschnürte Messingringe. Diese

Abb. 66. Stabwicklung eines Wasserkraftgenerators; 10,5 kV, 40 MVA, Wickelkopf mit Versteifung

Ringe können wiederum zusätzlich gegen das Ständereisen abgestützt werden (Abb. 66). Die sehr langen Wickelkopfpartien von Turbogeneratorwicklungen werden noch stärker gegen das Ständereisen abgestützt. Über isolierte Bolzen aus unmagnetischem Material wird der Wickelkopf durch Isolierstoffstücke fest mit dem Ständer verspannt (Abb. 67). Isolationstechnisch ergeben sich hieraus keine besonderen Schwierigkeiten, es ist lediglich sicherzustellen, daß durch die Versteifung die Kühlung des Wickelkopfes nicht behindert wird.

Eigenschaften der „klassischen" Isolierungen. Die Spannungsfestigkeit von Mikafoliumisolierungen liegt wegen der Verwendung von breitbahnigem Mikafolium mit großflächigem Spaltglimmer relativ hoch. Abb. 68 zeigt die von der Dauer der Beanspruchung abhängige Durchschlagsfeldstärke für Schellackmikafoliumisolierungen in einem Bereich von 13 Zehnerpotenzen der Zeit. Die Stoßspannungsfestigkeit (10^{-5} sek) liegt bei 50 $\mathrm{kV_s}$/mm, die 1 min-Wechselspannungsfestigkeit bei 25 bis 35 $\mathrm{kV_s}$/mm, und eine Feldstärke von rd. 10 $\mathrm{kV_s}$, wie sie etwa bei der Prüfung neuer Wicklungen zur Anwendung kommt, wird von neuen Schellackmikafoliumisolierungen $10^7 \cdots 10^8$ sek lang ausgehalten. Eine

a   b

Abb. 67a u. b. Wickelköpfe von Faßwicklungen bei Turbogeneratoren
a) ältere Bauart; b) neuere Bauart

1 min-Wechselspannungsprüfung nach VDE 0530 wäre demnach theoretisch etwa 750000mal ausführbar, bevor die Nutisolierung mit Sicherheit durchschlägt.

Der Verlustfaktor ist in seiner Temperaturabhängigkeit durch das verwendete Bindemittel — Schellack, Asphalt oder Kunstharz — bestimmt. Der Verlustfaktor von Schellackmikafolium steigt mit zunehmender Temperatur von $0,02 \cdots 0,05$ bei 20 °C auf $0,30 \cdots 0,50$ bei 100 °C (Abb. 69). Die höheren $\tan\delta$-Werte treten vor allem dann auf, wenn die Isolierung kalt gepreßt wird. Die niedrigeren Werte findet man an Schellackmikafoliumumpressungen, die in Heißpressen nachgebacken sind. Bei kalt gepreßten Isolierungen durchläuft der Verlustfaktor etwa

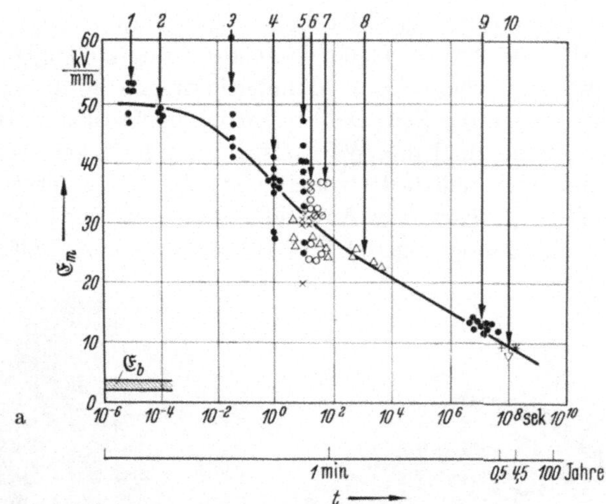

Bezugs-punkte in 68 a	Art der Spannungsbeanspruchung			Tempe-ratur °C	Hülsen-dicke mm	Form oder Querschnitt des Stabes	Meß-länge mm
1	Stoßspannung 0,1 | 17 μsek,	Stoßzahl:	1 bis 5	20	1		90
2			100 bis 500	20	1		90
3	50-Hz-Schalt-spannung	Perioden-zahl:	1 bis 3	20	1		90
4			50 bis 100	20	1		90
5				20	1		90
5				20	1		700
6	50-Hz-Spannung, in 20 bis 60 sek bis zum Durchschlag gesteigert			20	1		700
6				20	1		90
7				20	1		700
8				20	1		90
9	50-Hz-Spannung,	Einwir-kungs-dauer	10 bis 100 min	100	2		600
10			länger als 3 Monate	100	3,6	36 mm × 16 mm	550
10			länger als 1 Jahr	100	5,8	48 mm × 17 mm	750
10				50	4	70 mm × 12 mm	300

b

Abb. 68a u. b. Scheitelwert $\mathfrak{E}_m$ der Durchschlagsfeldstärke von Glimmerhülsen, abhängig von der Beanspruchungszeit [72]
a) Meßwerte; Glimmergröße Spalt 4,5 ⋯ 5; 8,3 Schichten je Millimeter Hülsendicke; b) Tabelle mit Erläuterungen zu a)

im Bereich von 90 ··· 110 °C ein Maximum und nimmt bei höheren Temperaturen wieder ab. Dabei steigt die Dielektrizitätskonstante von Werten um $\varepsilon = 5$ bei 20 °C auf Werte von $\varepsilon \approx 15$ bei 100 °C. Asphalt- und Kunstharzmikafolium zeigen niedrigere Verlustfaktorwerte und auch geringere Änderungen der DK (Abb. 70).

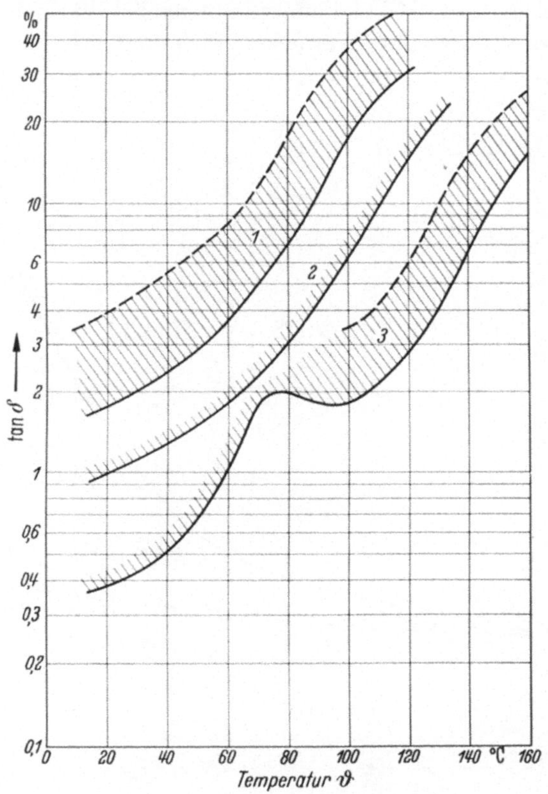

Abb. 69. Verlustfaktor verschiedener Mikafoliumisolierungen [16]
1 Schellackmikafolium; *2* Asphaltmikafolium; *3* Samicafolium (*Orlitsa*-Isolierung)

Die Spannungsabhängigkeit des Verlustfaktors neuer Mikafoliumumpressungen ist von den Herstellungsbedingungen abhängig. Flache $\tan\delta$-Kurven mit $\tan\delta$-Anstiegswerten im Bereich von 0,002 ··· 0,004/kV sind bei guter Fertigungsqualität erreichbar. Verlangt man $\tan\delta$-Anstiegswerte unter 0,002/kV, so muß bereits ein merklicher Mehraufwand in der Fertigung in Kauf genommen werden. Abb. 71 zeigt die Häufigkeitsverteilung der $\tan\delta$-Anstiegswerte an den Mikafoliumumpressungen dreier Wicklungen. Die niedrigen $\tan\delta$-Anstiegswerte der 10,5 kV-Wicklung unter 0,002/kV konnten nur mit zusätzlichem Aufwand in der Fertigung erreicht werden.

Der Isolationswiderstand von einbaufertigen Wicklungselementen ist stark vom jeweiligen Trocknungszustand der Isolierung abhängig. Bestimmte Widerstandswerte sind daher schwer angebbar, jedoch gibt es, (vgl. S. 176), empirisch gewonnene Formeln, welche Mindestwerte des Isolationswiderstandes angeben, die nicht unterschritten werden sollten.

Das Verhalten von Mikafoliumisolierungen bei Wärmebeanspruchung wird einerseits durch die Wärmeklassifizierung des Isolationssystems

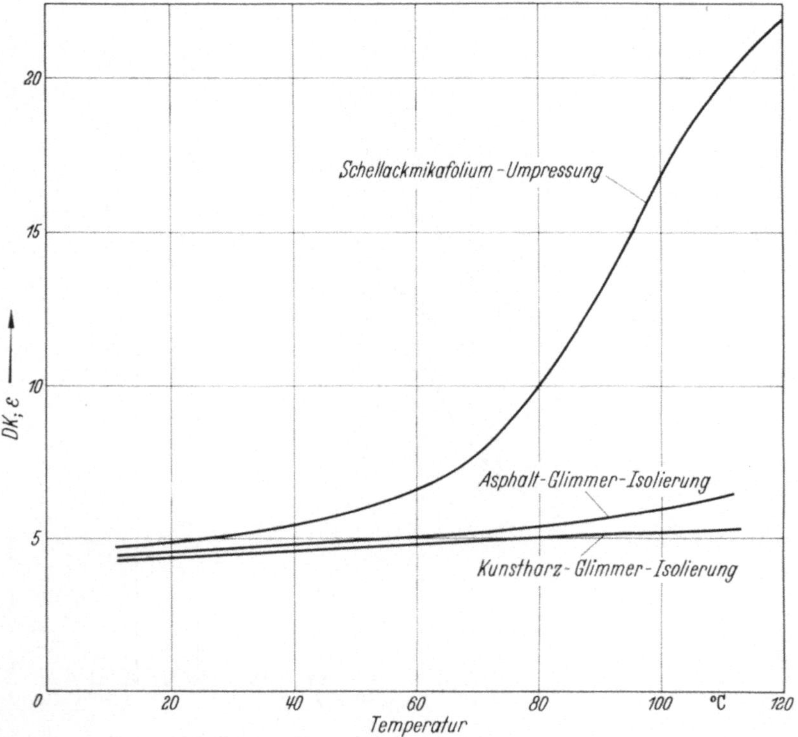

Abb. 70. Dielektrizitätskonstanten verschiedener Isolierungen

gekennzeichnet. Mikafoliumisolierungen sind entsprechend VDE 0530 für die Wärmeklasse B mit höchstzulässigen Dauertemperaturen von 130 °C verwendbar. Voraussetzung dafür ist naturgemäß, daß die Windungsisolierung von Spulen sowie die Stirnseitenisolierung der Wicklung ebenfalls dieser Wärmeklasse entsprechen.

Andererseits gehen Mikafoliumisolierungen mit Schellack- oder Asphaltverklebung bei Erwärmung auf, falls dies nicht durch die Nutwände oder — bei Versuchsisolierungen — durch Einspannung zwischen feste Platten verhindert wird. Abb. 72a zeigt den Schnitt durch eine Spulenisolierung, die ohne Einspannung 15 Stunden lang bei 120 °C gelagert wurde und dadurch den ursprünglich rechteckigen Querschnitt verloren hat. Im eingebauten Zustand ist dem Aufgehen durch den festen Einbau in die Nut eine Grenze gesetzt. Die Außenmaße der Isolierung können sich nur innerhalb der einige Zehntelmillimeter betragenden normalen Toleranzen der Nut- und Isolationsabmessungen verändern. In Abb. 72b ist eine starke Quellung von Asphaltmikafolium im Kühlschlitz eines Ständerblechpaketes zu erkennen, die allerdings diesen gefährlichen Umfang nur dadurch erreicht hat, daß die Isolierung zusätzlich infolge periodischer Wärmedehnungen von Kupfer, Isolierung und

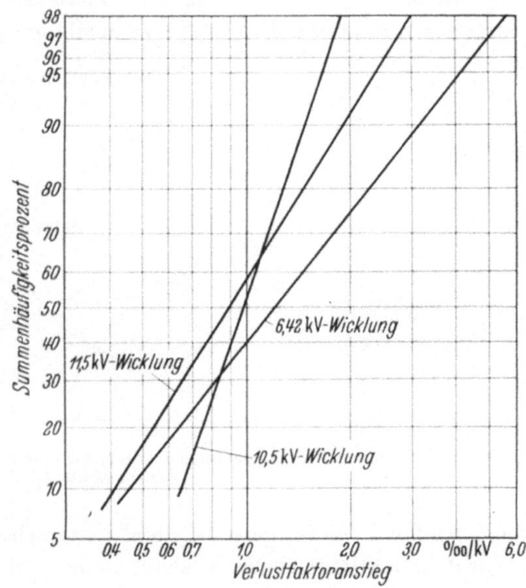

Abb. 71
Statistische Verteilung von Verlustfaktor-Anstiegswerten der Mikafoliumumpressungen dreier Wicklungen

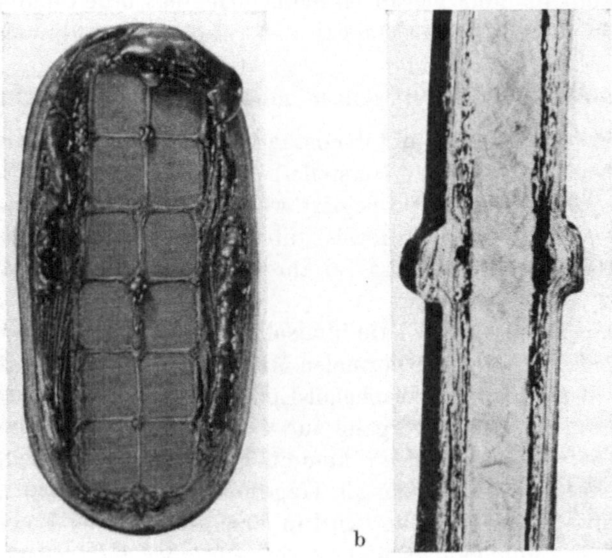

Abb. 72a u. b. Aufquellen von Mikafoliumisolierungen
a) Schellackmikafolium, ohne Einspannung 15 Std. bei 120 °C gelagert [75]; b) Asphaltmikafolium, Quellung und Stauchung im Kühlschlitz einer Maschine [17]

Blechpaket im Betrieb gestaucht worden ist. Abb. 73 zeigt das Verhalten
von Asphalt- und Schellackmikafoliumisolierungen, die betriebsmäßig
in Nutnachbildungen eingebaut, zyklischen Temperaturschwankungen
ausgesetzt wurden. Die Umpressungslänge verkürzt sich durch Stauchen

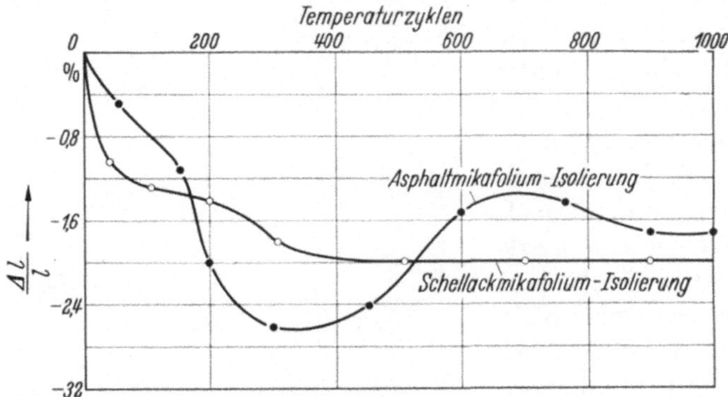

Abb. 73. Bleibende Längenänderungen von Mikafoliumisolierungen bei zyklischer Temperaturbeanspruchung [75]

bei beiden Isolierungen, mit dem Unterschied, daß Schellackmikafolium
durch ein allmähliches Aushärten des Schellacks nach rd. 300 Zyklen
einen bestimmten Endzustand erreicht, während Asphaltmikafolium
thermoplastisch bleibt. Stauchungen wie in Abb. 72b sind daher an
Schellackmikafoliumisolierungen nie beobachtet worden und können bei
Verwendung modifizierter Asphaltkleber ebenfalls verhindert werden.

3. Mikafoliumisolierungen mit Kunstharzbindemitteln

Mehrere Isolierungen mit Kunstharzbindemittel sind in den letzten
Jahren bei verschiedenen Herstellern eingeführt und z. T. unter bestimmten Warenzeichen propagiert worden. Die darunter befindlichen
Isolierungen auf Mikafoliumbasis unterscheiden sich in einigen Fällen
nach Aufbau oder Herstellungsverfahren von der *klassischen* Mikafoliumisolierung.

a) Die „Epithcrm"-Mikafoliumisolierung (AEG). Diese Isolierung
unterscheidet sich von der normalen Mikafoliumisolierung nur durch den
Einsatz eines geeigneten Bisphenol-Epoxydharzes als Kleber und durch
den unerläßlichen Härtevorgang zur Verfestigung des Kunstharzbinde-
mittels [86, 97]. Im übrigen kommt großflächiger Spaltglimmer als
Hauptbestandteil und Papier als Trägermaterial für das Mikafolium zur
Anwendung. Das Mikafolium wird in einem besonderen Bügelverfahren
auf die Stäbe aufgebracht und ist seit 1957 bei der Isolierung einiger
Turbogeneratoren zur Anwendung gelangt. Die Mikafoliumumpressungen
erfüllen hinsichtlich Formbeständigkeit und geringem Luftgehalt hohe

Ansprüche. Abb. 74 läßt die nur geringe Veränderung der Isolierung erkennen, die nach 190 Wärmespielen zwischen 20 und 110 °C in einer Nutnachbildung aufgetreten ist.

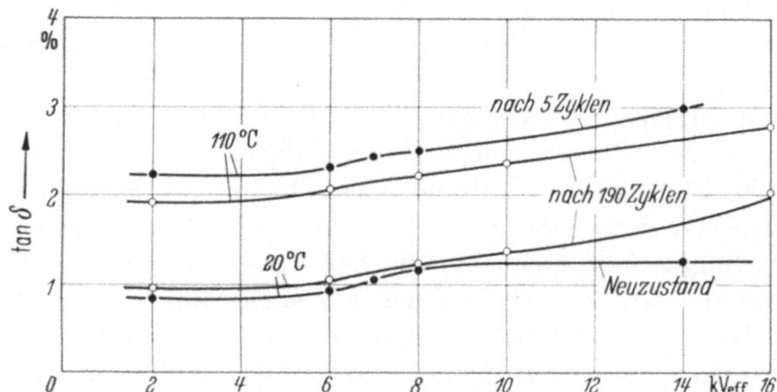

Abb. 74. Verlustfaktor einer *Epitherm*-Mikafolium-Isolierung (AEG); Veränderungen bei Wärme-zyklen, 20 ··· 120 °C [*86, 97*]

b) Die „Orlitsa"-Isolierung (MFO). Diese Isolierung wird ebenfalls durch Aufbügeln eines Mikafoliums auf den Nutteil der zu isolierenden Wicklungselemente hergestellt. Statt des großflächigen, auf Papier überlappend aufgeklebten Spaltglimmers wird jedoch eine aus künst-lich zerkleinertem Glimmer ähnlich wie Papier hergestellte kunst-harzgebundene Folie be-nutzt, die zur besseren Ver-arbeitung noch mit einer Lage Isolierpapier hinter-legt ist [*16, 17*]. Dieses sog. *Samicafolium* führt bei Verarbeitung mit Epoxyd-harzen zu mechanisch und elektrisch sehr homoge-nen Isolierschichten. Dies äußert sich in sehr ge-ringem Luftgehalt der Iso-lierungen und einem me-chanischen Verhalten bei

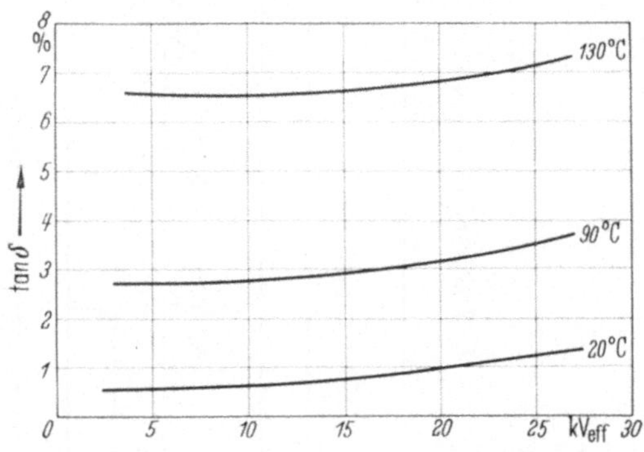

Abb. 75. Verlustfaktor der *Orlitsa*-Isolierung (MFO) bei verschiedenen Spannungen und Temperaturen [*16*]

Bruch und Biegung, das dem eines Hartpapiers mehr ähnelt als dem eines Materials mit großflächigem Spaltglimmer [*22*].

Entsprechend den Eigenschaften des Bindemittels liegt der Verlust-faktorverlauf in Abhängigkeit von der Temperatur sehr niedrig zwischen etwa 0,01 bei 20 °C und 0,1 bei 130 °C (vgl. Abb. 69, S. 89). Für die Spannungsabhängigkeit des Verlustfaktors werden sehr geringe Werte angegeben (Abb. 75).

Die Zerkleinerung des Glimmers auf etwa 1 mm² große Schuppen hat zur Folge, daß die Wärmedehnungseigenschaften der Isolierung im wesentlichen vom Bindemittel bestimmt werden. Da das Epoxydharz fest am Kupfer haftet, folgt die Isolierung den Längenänderungen des Kupfers, wobei alle Wärmespannungen vom Bindemittel aufgenommen werden.

Neben den mechanischen und thermischen Funktionen der Isolierung übernimmt das Bindemittel bei dieser Isolierung auch wesentliche elektrische Funktionen, da durch die Zerkleinerung des Glimmers die elektrische Barrierenwirkung auf die von der Kunstharzbindung getragene Glimmerfolie übergeht. Die Isolierung aus Samicafolium steht daher auf der Grenze zwischen den allgemein üblichen auf der Basis von Spaltglimmer aufgebauten und den in letzter Zeit entwickelten glimmerlosen Isolierungen für Hochspannungswicklungen elektrischer Maschinen.

Zur Anwendung gelangt die *Orlitsa*-Isolierung in den größten von der Maschinenfabrik Oerlikon gebauten Maschinen, beginnend bei Einheitsleistungen von 50 MVA [*17*].

c) Kunstharzglimmerisolierung (SSW). Für Maschinen mit Nennspannungen bis etwa 10 kV wurde bei den SSW eine Mikafoliumisolierung entwickelt, bei der Glasseide als Trägermaterial und härtbares Kunstharz

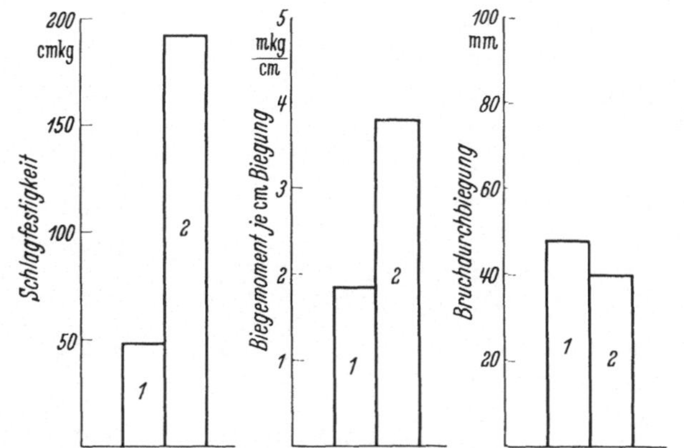

Abb. 76. Mechanische Eigenschaften von Glimmerisolierungen (SSW) [*75*]
1 Schellackmikafolium;   *2* Kunstharzspezialmikafolium

als Bindemittel dient. Diese wurde seit 1956 bei einer größeren Zahl von solchen Maschinen zur Anwendung gebracht, bei denen die besonders hohe elektrische und mechanische Festigkeit, die hohe thermische Dauerfestigkeit und die erhöhte Wärmeleitfähigkeit mit Vorteil ausgenutzt werden konnte und den erforderlichen wirtschaftlichen Mehraufwand rechtfertigte.

Das Mikafolium mit sehr hohem Glimmergehalt wird mit Glasseide als Trägermaterial und einer Epoxydharzimprägnierung hergestellt. Das Bügelverfahren eignet sich nicht zum Aufbringen der Isolierung, vielmehr wird das Mikafolium *naß*, d. h. mit noch flüssigem Bindemittel, verarbeitet. Mit geeigneten Vorrichtungen wird das Mikafolium auf dem Nutteil der Stäbe und Spulen festgezogen und anschließend in Preßformen bei hoher Temperatur ausgehärtet. Die hohen mechanischen

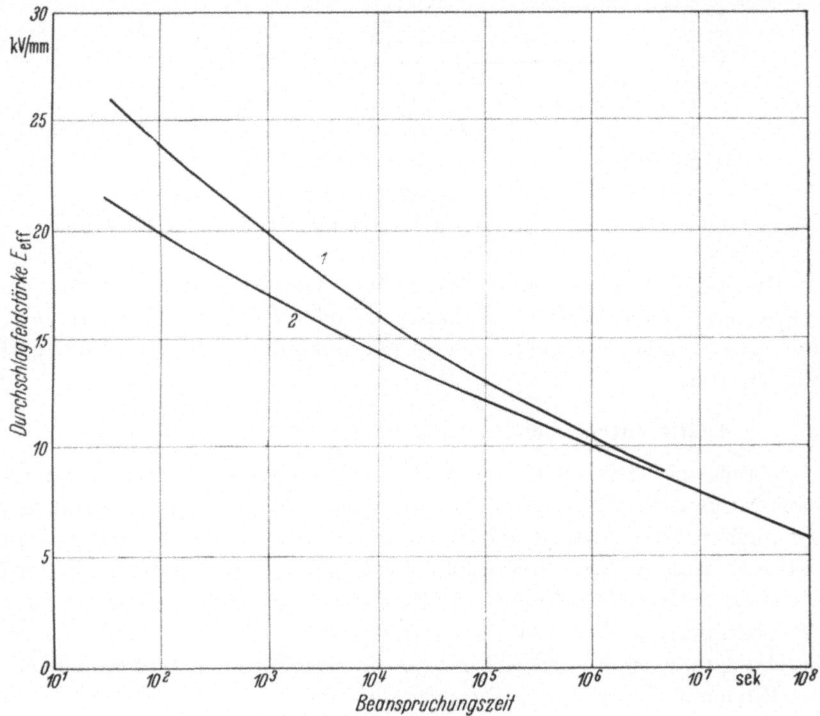

Abb. 77. Spannungsdauerfestigkeit von Isolierungen (SSW) [56]
1 Kunstharzglimmerisolierung;   *2* Schellackmikafolium

Festigkeitswerte dieser Isolierung sind in Abb. 76 entsprechenden Werten für Schellackmikafolium gegenübergestellt [75]. Die elektrische Festigkeit der Kunstharzglimmerisolierung liegt im gesamten Zeitbereich oberhalb derjenigen der Schellackmikafoliumisolierung (Abb. 77). Die Isolationsbemessung kann daher nach ausschließlich elektrischen Gesichtspunkten erfolgen, wobei trotzdem noch eine erhöhte mechanische Festigkeit erreicht wird. An fertig eingebauten Wicklungen werden außerordentlich flach mit der Spannung verlaufende $\tan\delta$-Kurven erreicht, die sich auch bei scharfer Trocknung nicht ändern (Abb. 78). Mit der erheblich über der Klasse B liegenden Wärmedauerfestigkeit der Iso-

lierung kann so eine hohe Ausnutzung des Nutraumes oder eine hohe
Überlastungsfähigkeit der Wicklung erreicht werden.

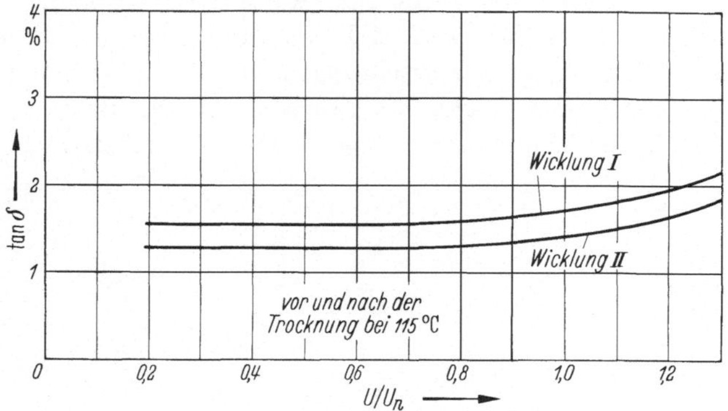

Abb. 78. Verlustfaktor kompletter Wicklungen mit Kunstharzglimmerisolierung (SSW)

Die Wickelkopfisolierung besteht bei Verwendung dieser Sonder-
isolierung je nach Bedarf aus Lackglas- oder Lackleinenbändern oder
auch aus Silikonglasgewebebändern mit Silikonkautschuk als Füll- und
Bindemittel.

4. Die durchgehend gewickelte Glimmerbandisolierung

Bereits seit 1897 gibt es in den USA eine kontinuierlich aus Glimmerbändern gewickelte Nut- und Stirnseitenisolierung für Hochspannungswicklungen [40]. Natürlicher Spaltglimmer wurde auf Papier geklebt
und das so gewonnene Mikafolium im Gegensatz zur später in Europa
üblichen Technik in schmale Bänder geschnitten. Damit konnten auch
die gekrümmten Teile von Wicklungsspulen und -stäben ohne Unter-
brechung umwickelt werden. Nachdem anfangs Schellack und Kopallacke
als Bindemittel verwendet wurden, ging man um 1920 auf den besser
geeigneten Asphalt über.

a) Die asphaltierte Glimmerbandisolierung. Die mit Asphaltmassen
imprägnierte Glimmerbandisolierung hat sich in den USA seit etwa 1920
so weit durchgesetzt, daß sie 10 Jahre später praktisch in allen Hochspannungswicklungen elektrischer Maschinen verwendet wurde und
diese beherrschende Stellung im Elektromaschinenbau der USA rd.
20 Jahre lang aufrechterhielt. Sie wird auch heute noch mit verbesserten
Asphaltmassen in relativ großem Umfang verwendet, und zwar u. a. von
General Electric in den USA mit Ausnahme der großen Turbogeneratoren [40], von ASEA, Schweden [73], in der Sowjetunion, wo die
Isolationstechnik bei großen Maschinen teils von den USA, teils von
Europa her beeinflußt wurde, und z. B. in Frankreich von der Fa. Laborde
und Kupfer.

Die Herstellung dieser Isolierung geht in mehreren Schritten vor sich. Das mit Asphalt gebundene Glimmerband wird in mehreren Lagen halbüberlappt kontinuierlich durch Hand auf die Spulen oder Stäbe aufgewickelt. Dabei wird während des Wickelns weiterer Asphalt zwischen die Bandlagen gebracht, z. B. durch Einstreichen. Wegen der Zähflüssigkeit der Asphalttränkmasse erfolgt bereits nach jeweils 4 · · · 5 Lagen Glimmerband eine Imprägnierung im Vakuum. Durch hohen Druck versucht man anschließend die Asphaltmasse auch in die letzten Hohlräume zu pressen. Es folgt eine Abkühlung und nach Abreißen eines Schutzbandes, mit dem auch die überschüssigen erstarrten Asphaltreste

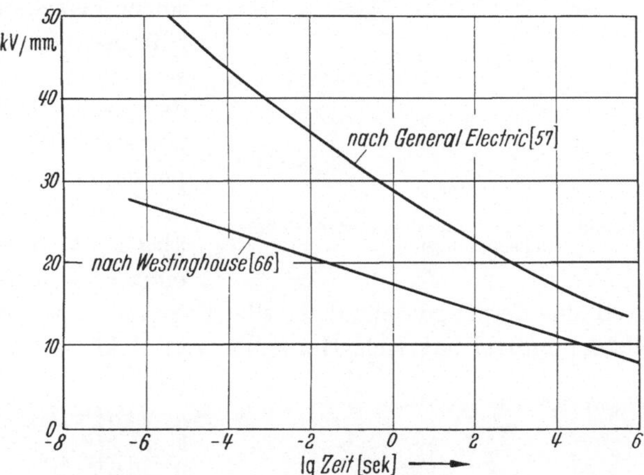

Abb. 79. Spannungsfestigkeit vakuumasphaltierter Glimmerbandisolierungen

von der Isolationsoberfläche entfernt werden, wird die Isolierung heiß auf Maß gepreßt. Bei dickeren Isolationsschichten muß dieser Vorgang mehrfach wiederholt werden, wodurch das Isolierverfahren sehr teuer wird.

Für die Spannungsfestigkeit werden von verschiedenen Herstellern sehr unterschiedliche Werte angegeben. Abb. 79 zeigt die Kurven der Spannungsdauerfestigkeit nach Veröffentlichungen der Firmen Westinghouse und General Electric [57, 66].

Den dielektrischen Verlustfaktor dieser Isolierungen, abhängig von der Temperatur, zeigt Abb. 80. Die Unterschiede in den tan δ-Absolutwerten lassen vermuten, daß verschiedene Asphaltmassen zur Anwendung kommen. Die Spannungsabhängigkeit des Verlustfaktors ist bei neuen Isolierungen infolge der Vakuumimprägnierung meist relativ niedrig. Durch Erwärmung im Betrieb kann jedoch die Isolierung aufgehen.

Die Grenzen der Anwendbarkeit asphaltierter Glimmerbandisolierungen liegen nicht in den elektrischen Eigenschaften, sondern im

Dehnungsverhalten bei zyklischen Temperaturwechseln. Vor allem bei langen Turbogeneratoren kann es durch unterschiedliche Wärmedehnungen des Wicklungskupfers, der Isolierung und des Ständereisens zu Rißbildungen besonders am Nutaustritt und zu dadurch verursachten elektrischen Durchschlägen kommen. Abb. 81a zeigt solche Verschiebungen der Glimmerbänder — *tape separation* — die durch das plastische Fließen des Asphalts bei hohen Temperaturen möglich werden, an einem Originalstababschnitt. Abb. 81b gibt einen schematischen Querschnitt durch eine derartige Schadensstelle. Dieses ungünstige Verhalten der Asphaltbindemittel hat viele Hersteller veranlaßt, zur Verwendung

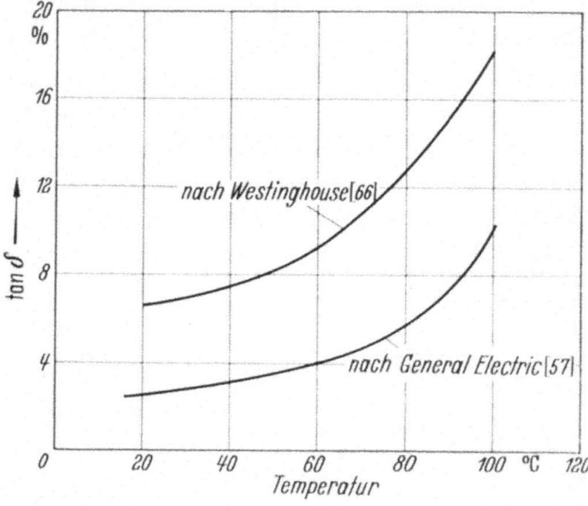

Abb. 80. Verlustfaktor von vakuumasphaltierten Glimmerbandisolierungen

Abb. 81a u. b. Verschiebung asphaltierter Glimmerbänder am Nutaustritt
a) *tape separation* nach Westinghouse [48];   b) schematische Darstellung der Bandtrennung

von Kunstharzen an Stelle von Asphalt überzugehen, zumindest bei großen Turbogeneratoren.

b) Kunstharzimprägnierte Glimmerbandisolierungen. Während die Kunstharze zunächst aus der Notwendigkeit heraus angewendet wurden, die Erscheinung der Bandtrennung (tape separation) bei großen Maschinen zu verhindern, zeigten sich sehr bald die viel weiter reichenden Vorzüge dieser neuen Isoliertechnik.

„Thermalastic"-Isolierung (Westinghouse, USA). Die Westinghouse Electric Corp., Pittsburgh, USA, hat seit 1940 Vorarbeiten für die Entwicklung geeigneter Imprägnierharze für Hochspannungsisolierungen geleistet. Ab 1949 wurde, beginnend bei großen Turbogeneratoren, praktisch die gesamte Isoliertechnik bei größeren Generatoren und Motoren auf die Anwendung von Kunstharzimprägnierung umgestellt [*43, 81*]. Maschinen mit einer installierten Leistung von mehr als 50 Millionen kVA sind bereits mit der neuen Isolierung versehen worden.

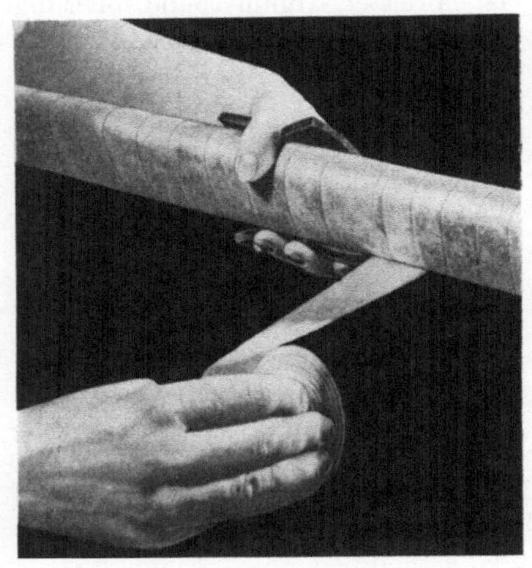

Abb. 82. *Thermalastic*-Isolierung; Aufwickeln des Glimmerbandes

Die Wicklungselemente — Spulen und Stäbe — werden wie üblich gefertigt, mit dem Unterschied, daß die Windungsisolierung vor dem Aufbringen der Hauptisolierung keine Vakuumimprägnierung mehr erhält. Hochwertiger Spaltglimmer gibt der Hauptisolierung ihre entscheidenden elektrischen, thermischen und mechanischen Eigenschaften. Als Trägermaterial für den Glimmer dient ein dünnes, reißfestes und gut saugfähiges Material, das die Verarbeitung des Glimmers in Bandform erlaubt. Die Glimmerbänder enthalten nur minimale Mengen an Bindemittel. Sie werden in einer nach der Nennspannung bemessenen Lagenzahl überlappt kontinuierlich auf Stäbe und Spulen aufgewickelt (Abb. 82). Eine Stoßstelle der Isolierung zwischen Nutteil und Stirnseiten wird dadurch vermieden. Eine zusätzliche Lage Glasband schützt die Umwicklung vor mechanischen Beschädigungen.

In einem Trocknungsprozeß werden Feuchtigkeit und flüchtige Bestandteile aus der Umwicklung entfernt, im Vakuum wird die Isolierung luftfrei gemacht und anschließend in einem Gang mit einem dünnflüssigen synthetischen Polyesterharz vollkommen durchtränkt. In Preßformen wird dann das Kunstharz bei hoher Temperatur ausgehärtet.

Nach Aufbringen von leitfähigen Glimmschutzbelägen im Nutteil und halbleitenden Oberflächenschichten zur Unterdrückung von Gleitentladungen am Nutaustritt sind die Stäbe bereit zum Einbau in die Maschine, nachdem eine Hochspannungs- und bei Spulen außerdem eine Windungsprobe durchgeführt wurde.

Da nachträgliche Verformungen der Wicklungselemente wegen der Aushärtung des Kunstharzes nicht möglich sind, wird bereits in der Fertigung auf genaue Formgebung geachtet.

Die günstigen Eigenschaften der *Thermalastic*-Isolierung werden durch einen Vergleich mit den entsprechenden Eigenschaftswerten der asphaltierten Glimmerbandisolierung, an deren Stelle sie tritt, besonders

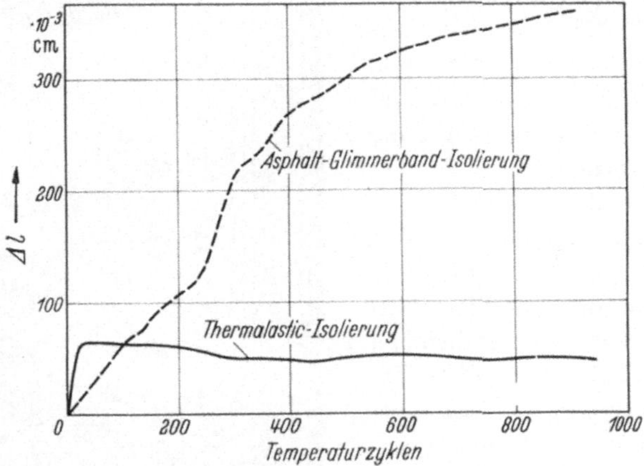

Abb. 83. Bleibende Längenänderung Δl von Isolierungen, abhängig von der Anzahl der Temperaturzyklen [66]

deutlich. Abb. 83 zeigt, daß das Wärmedehnungsproblem durch die Verwendung von Kunstharz gelöst wurde. Längenänderungen der Isolierung sind begrenzt, ein *Wandern* der Isolierung relativ zum Kupfer, wie es bei Asphaltimprägnierung auftritt, wird unmöglich.

Durch die Kunstharzimprägnierung werden jedoch außerdem auch die elektrischen Eigenschaften der Isolierung verbessert. Die Durchschlagfestigkeit liegt nach Abb. 84 sowohl bei Kurz- wie auch bei Langzeitbeanspruchung um rd. 40% höher als bei der asphaltierten Isolierung.

Die gute Durchtränkung der Isolierung mit Kunstharz wird in Abb. 85 durch den flachen $\tan\delta$-Verlauf mit steigender Spannung erkennbar.

Durch ihre guten Eigenschaften ist diese Isolierung universell einsetzbar. Sie wird für Turbogeneratoren mit 300 MVA Einheitsleistung und 24 kV Nennspannung ebenso eingesetzt wie für Motoren im 100 kW-Bereich.

Die Thermalastic-Isolierung ist nicht nur in den Vereinigten Staaten in Gebrauch, sondern auch in Kanada, Frankreich, Belgien, Italien, Japan, Deutschland, Indien und Brasilien.

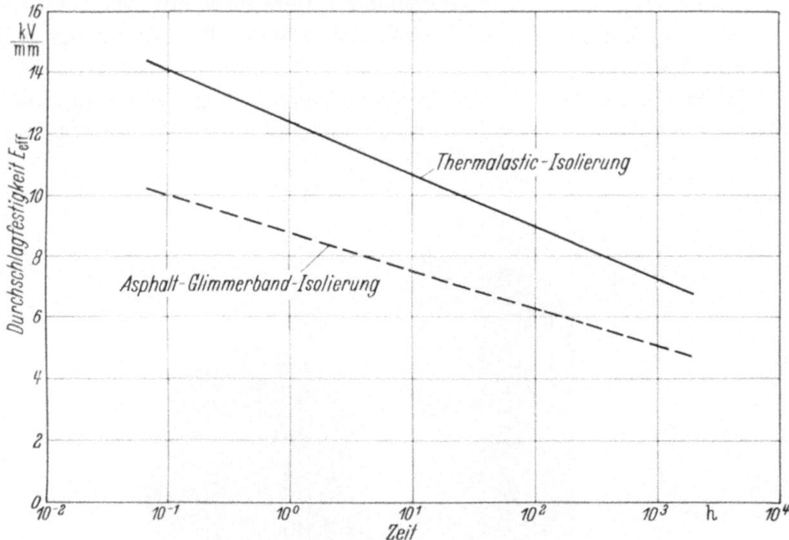

Abb. 84. Durchschlagfestigkeit von Isolierungen, abhängig von der Zeit [66]

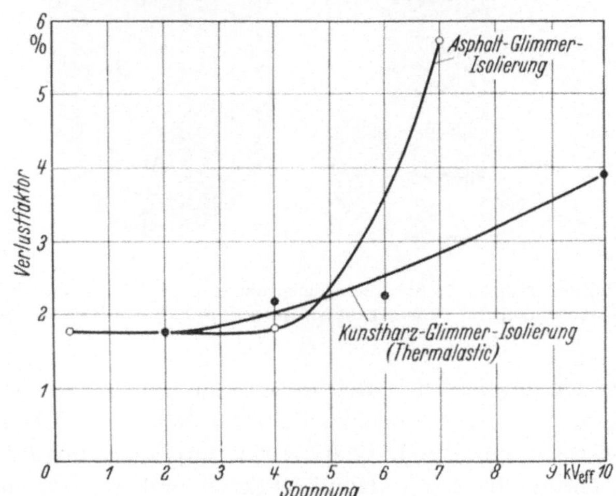

Abb. 85. Dielektrischer Verlustfaktor an kompletten Wicklungen [66]

Kunstharzimprägnierte „Micalastic"-Glimmerbandisolierung (SSW). Bei der Einführung einer mit Kunstharz imprägnierten Glimmerbandisolierung auf der Grundlage der von Westinghouse gesammelten Erfahrungen in Europa mußte berücksichtigt werden, daß die zuvor verwendete Mikafoliumisolierung grundsätzlich noch in der Lage ist, die im Elektromaschinenbau z. Z. auftretenden Isolationsprobleme zu lösen. Außerdem erfordert das neue Verfahren, verglichen mit der alten Mikafoliumisolierung, einen wirtschaftlichen Mehraufwand, während der Wechsel der Technik in den USA keine wesentlichen Änderungen im Aufwand brachte.

Der Anreiz zur Anwendung der neuen Technik liegt jedoch in einigen isolationstechnischen Vorteilen, die in vielen Fällen den Mehraufwand

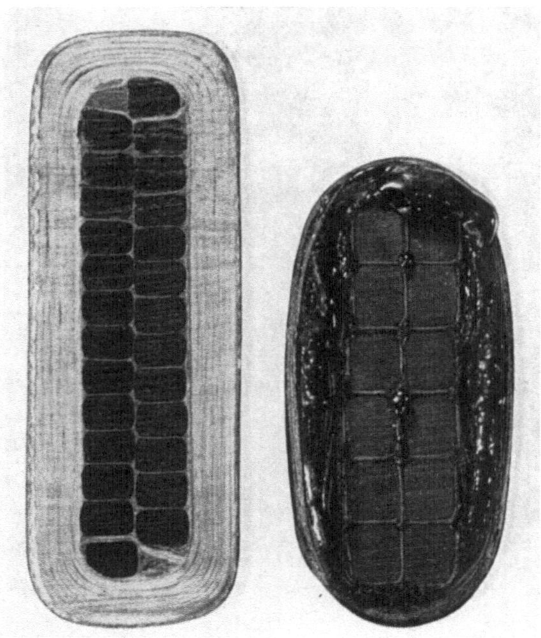

Abb. 86. Isolierungen, die 15 Std. ohne Einspannung bei 120 °C gelagert wurden [75] links: kunstharzimprägnierte Glimmerbandisolierung;   rechts: Schellackmikafoliumisolierung

auch unter den gegebenen Verhältnissen eines europäischen Herstellers rechtfertigen, der bisher ausschließlich Mikafolium verarbeitete.

Beispielsweise wird durch die Kunstharzimprägnierung das Aufgehen der Nutisolierung in den Lüftungsschlitzen und am Nutaustritt verhindert. Abb. 86 zeigt das Ergebnis eines Versuches, bei dem die gezeigten Wicklungsabschnitte ohne jede Einspannung, d. h. ohne Nachbildung der Nutwände des Eisenpaketes, 15 Std. einer Temperatur von 120 °C ausgesetzt wurden. Während sich die Schellackmikafoliumisolierung nach Erweichung des Schellacks unter dem inneren Druck der um den Leiterverband gebügelten Glimmerblättchen und der Lösungsmittelreste aufgebläht hat, ist die ausgehärtete kunstharzimprägnierte Isolierung unverändert geblieben.

Mit Kunstharz imprägnierte Glimmerbandisolierungen haben eine sehr geringe Durchlässigkeit und Aufnahmefähigkeit für Feuchte und Dämpfe. In Abb. 87 erkennt man, daß selbst im Grenzfall der Lagerung in Wasser die Feuchtigkeit in der Kunstharzisolierung nur oberflächlich aufgenommen wird und daß sich nach Beendigung des Vorganges in kurzer Zeit bei Raumtemperatur der ursprüngliche Isolationszustand wieder herstellt. Der Isolationsstrom steigt auf etwa das 300fache des

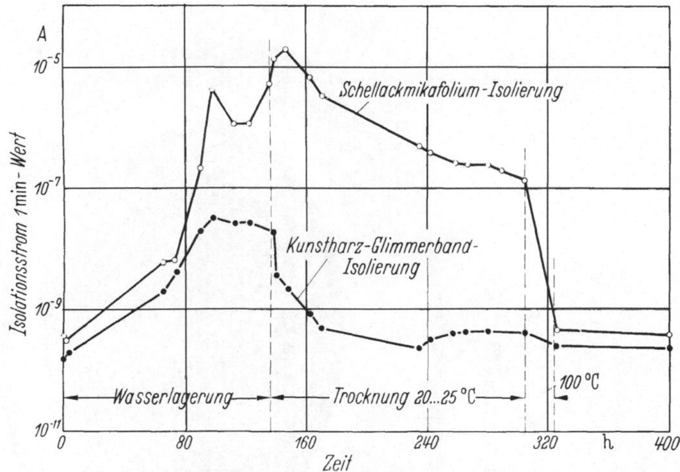

Abb. 87. Isolationsstrom (1 min-Wert) von isolierten Spulen bei Wasserlagerung und Trocknung [75]

Ausgangswertes, während er bei der vergleichsweise gemessenen Schellackmikafoliumisolierung auf das 50000fache steigt. Die Schellackmikafoliumisolierung erreicht außerdem ihren Ausgangszustand erst nach einer Trocknung bei erhöhter Temperatur. Dieser große Unterschied ist dadurch verursacht, daß bei der üblichen Mikafoliumisolierung die Feuchtigkeit vorwiegend an der Übergangsstelle zwischen Nut und Wickelkopfisolierung eindringt, während die durchgehende Glimmerbandisolierung der Feuchtigkeit keinen derartigen Weg bietet.

Dieses Verhalten der Kunstharzglimmerisolierung hat z. B. den Vorteil, daß die sich sonst oft über mehrere Tage erstreckende Wicklungstrocknung bei Intriebnahme oder nach langem Stillstand der Maschine nicht mehr erforderlich ist. Eine kurze Erwärmung der gesamten Maschine muß lediglich sicherstellen, daß an unter Spannung stehenden Teilen kein tropfbares Schwitzwasser vorhanden ist. Das günstige Verhalten dieser Isolierung unter schwierigen klimatischen Verhältnissen liegt auf der Hand.

Die Vorteile einer kunstharzgebundenen Isolierung für Maschinen
mit ständigem Lastwechsel und den damit verbundenen zyklischen
Wärmedehnungen wurden bereits erwähnt. Die in den USA gerade im
Hinblick auf derartige Beanspruchungen geschaffene Isolierung bringt
beispielsweise für Pumpspeichermaschinen zusätzliche Sicherheit im
Betrieb.

Mit der Anwendung der in Nut und Wickelkopf durchgewickelten
Glimmerbandisolierung läßt sich auch das Problem der Steigerung der

Abb. 88. Ständer eines Synchronphasenschiebers, 48 MVAr, 15 kV, 1000 U/min mit *Micalastic*-
Isolierung (SSW) [*56*]

Maschinennennspannungen leichter lösen. Die zur Spannungssteuerung
nötigen konstruktiven Maßnahmen, z. B. die Anbringung halbleitender
Beläge (vgl. Abb. 106, S. 117), kann jetzt in den Wickelkopf hinein ausgedehnt werden, da die Wickelkopfisolierung elektrisch in gleicher Weise
wie die Nutisolierung beansprucht werden kann.

Wicklungen mit Micalastic-Isolierung für Maschinen von mehr als
2 Millionen kVA Gesamtleistung sind von den SSW in den Jahren 1957
bis 1961 in Synchronmotoren, Phasenschiebern sowie Turbo- und
Wasserkraftgeneratoren eingebaut worden, Abb. 88 und 89, und finden
in zunehmendem Maße Anwendung [*75*].

Die „Micapal“-Isolierung (General Electric, USA). Für große Turbogeneratoren hat General Electric eine kunstharzgebundene Glimmerband-

isolierung entwickelt und seit 1957 zur Anwendung gebracht, die sich nach Aufbau und Herstellung in wesentlichen Punkten von anderen kontinuierlich gewickelten Glimmerbandisolierungen unterscheidet [40]. Es wird zum Aufbau der Isolierung vorwiegend Band aus einer dünnen Glimmerfolie — *mica-mat* — verwendet, die aus künstlich zerkleinertem

Abb. 89. Ständer eines Wasserkraftgenerators, 70 MVA, 13,8 kV, 115 U/min mit *Micalastic*-Isolierung (SSW) [*56*]

Naturglimmer ähnlich wie Papier hergestellt wird. Als reißfestes Trägermaterial dient ein dünnes Glasseidengewebe. Dieses Glasseide-Glimmerband wird mit Epoxydharz behandelt und halbüberlappt auf die zu isolierenden Wicklungsstäbe aufgewickelt, jedoch kommt es nicht ausschließlich zur Anwendung. Vielmehr werden für einen gewissen Anteil der Bandlagen Glimmerbänder verwendet, die natürlichen Spaltglimmer enthalten. Hierdurch soll die Fertigung erleichtert und die Isolierung verbessert werden. Diese Umwicklung, die bereits die volle Bindemittelmenge enthält, wird unter Vakuum erhitzt und anschließend einer hydraulischen Druckbehandlung unterzogen, bei der die Isolierung durch

Vorrichtungen fest in ihrer Form gehalten wird, da das Bindemittel während dieses Vorganges aushärtet.

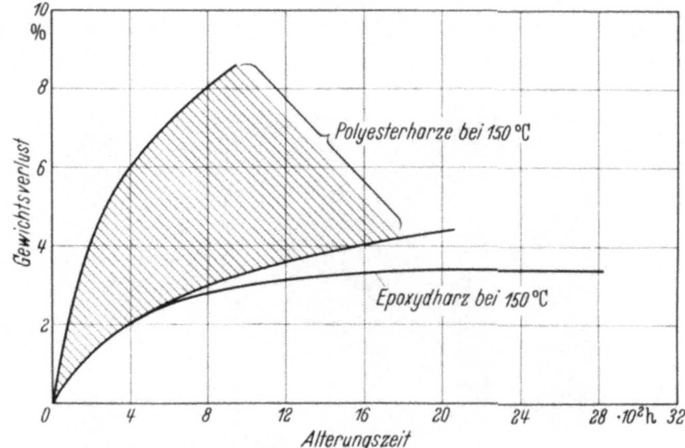

Abb. 90. Thermische Stabilität von Kunstharzbindemitteln für Glimmerisolierung [40]

Dieses ungewöhnliche Herstellungsverfahren hat seine Gründe z. T. wahrscheinlich darin, daß es zur Vakuumimprägnierung geeignete dünnflüssige Epoxydharze genügender Lagerfähigkeit bisher nicht gab.

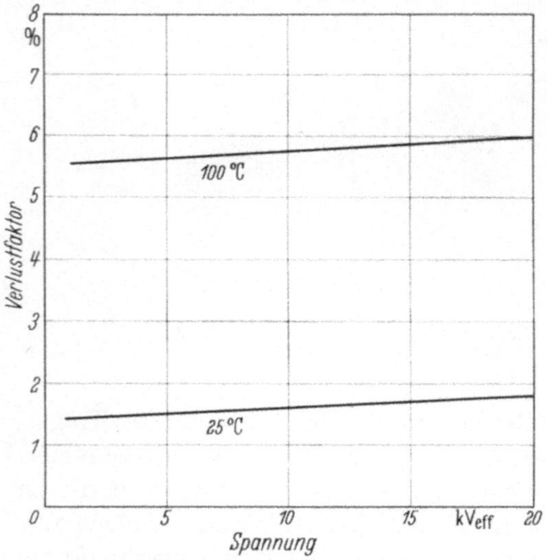

Die Eigenschaften der Micapal-Isolierung sind gegenüber asphaltimprägnierten Glimmerbandisolierungen verbessert. Das ausgehärtete Epoxydharz gewährleistet den festen mechanischen Zusammenhalt der Isolierung auch bei zyklischen Wärmebeanspruchungen. Die thermische Stabilität des verwendeten Kunstharzes (Abb. 90) liegt im gleichen Bereich wie die von guten Polyesterharzen.

Abb. 91. Verlustfaktor von 13,8 kV-*Micapal*-Isolierung (GEC) [40]

Der dielektrische Verlustfaktor zeigt eine geringe Spannungs- und Temperaturabhängigkeit (Abb. 91). Die Verbesserung der Spannungsdauerfestigkeit, die wegen der Verwendung von Glimmerpapier (micamat) sehr interessiert, kann auf Grund der vorliegenden Veröffentlichungen [40, 57] nur schwer beurteilt werden. Abb. 92a zeigt den Vergleich der Spannungsdauerfestigkeit der neuen Micapal-Isolierung und der Glimmerbandisolierung mit modifiziertem Bitumen. Danach weist die neue Isolierung deutlich bessere Dauerfestigkeitswerte auf. Legt man jedoch dem Vergleich eine früher veröffentlichte Kurve der Spannungsdauerfestigkeit zugrunde (Abb. 92b), so ergibt sich, daß die neue Isolierung der alten nur in einem

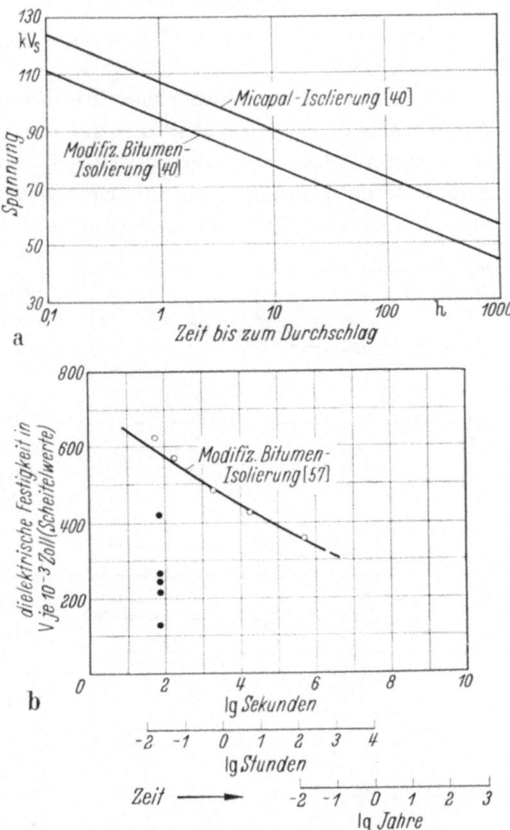

Abb. 92a u. b. Spannungsdauerfestigkeit von Hochspannungsisolierungen (nach Veröffentl. der GEC)

1 13,8 kV-Micapal-Isolierung (nach [40]);

2 Glimmerbandisolierung mit modifiziertem Bitumen (nach [57]);

3 13,8 kV-Glimmerbandisolierung mit modifiziertem Bitumen (nach [40]); 0,1 Stundenfestigkeit der Bitumen-Glimmerband-Isolierung wurde gleich 100% gesetzt

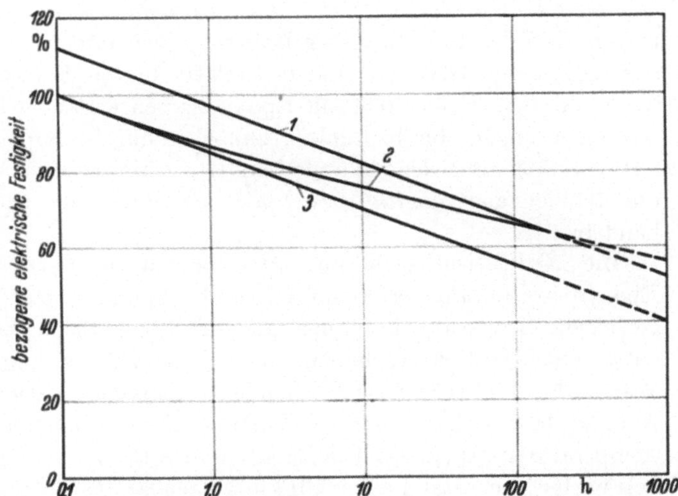

Abb. 93. Spannungsdauerfestigkeit von GEC-Isolierungen; Vergleich bezogener Werte

begrenzten Bereich hoher elektrischer Kurzzeitbeanspruchungen überlegen ist (Abb. 93).

Die „Epitherm"-Glimmerbandisolierung (AEG). Eine Variante der
Epitherm-Isolierung wird mit besonderen, epoxydharzgebundenen Glas-
seide-Mikanit-Bändern kontinuierlich in Nut und Stirnseiten gewickelt.
Eine Vakuumimprägnierung mit Epoxydharz, das bei hoher Temperatur
ausgehärtet wird, gibt der Isolierung eine hohe mechanische Festigkeit,
die besonders wegen der Verwen-
dung von Glasseide als Trägermaterial auch bei Temperaturen
bis 150 °C erhalten bleibt [*86*].

Der Verlauf des dielektrischen Verlustfaktors abhängig
von Spannung und Temperatur
(Abb. 94) ist sehr flach. Bei
Lagerung in Wasser ändern sich
die dielektrischen Verluste nur
wenig, der Isolationswiderstand
nimmt nur um zwei Größen-
ordnungen ab.

Über eine praktische Anwendung dieser Isolierung sowie über
die genaue Zusammensetzung
der besonderen, epoxydharzgebundenen Glasseide-Mikanit-
Bänder ist bisher nicht berichtet
worden. Es ist jedoch zu ver-

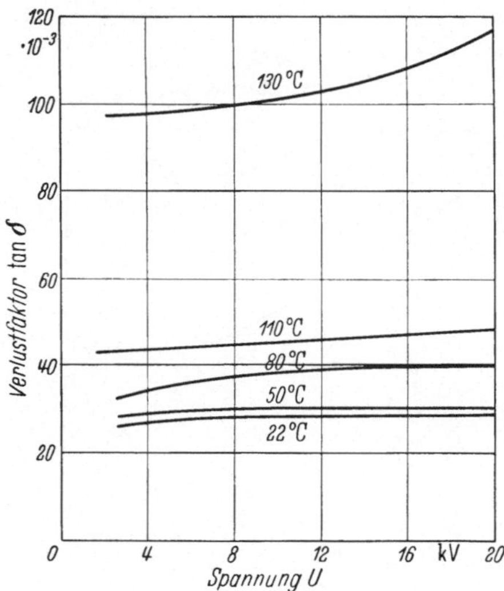

Abb. 94. Dielektrischer Verlustfaktor des Nutteiles eines ROEBEL-Stabes mit *Epitherm*-
Isolierung (AEG) [*86*]

muten, daß der Einsatz dieser Isolierung sich infolge der Verwendung
der sehr teuren Glasseide und des relativ teuren Epoxydharzes sowie
wegen der Schwierigkeiten, mit Epoxydharzen wirtschaftliche Vakuumimprägnierungen durchzuführen, zunächst nur in Sonderfällen rechtfertigen läßt. Bei den Glimmerbändern wird es sich wahrscheinlich
um Bänder aus *Samica*- bzw. *mica-mat*-ähnlichem Glimmermaterial
handeln.

Die „Orlitherm"-Isolierung (Maschinenfabrik Oerlikon). Eine mit
Epoxydharz imprägnierte, aus Glasseide-Glimmerpapier kontinuierlich
gewickelte Isolierung hat auch die Maschinenfabrik Oerlikon (MFO)
entwickelt [*58*]. Hervorgehoben wird bei dieser Isolierung ihre hohe, die
Wärmeklasse F (155 °C) erreichende thermische Dauerfestigkeit. Aus
Abb. 95 läßt sich die geringe Veränderung der Isolierung bei hohen
Temperaturen erkennen: Die Zunahme des tan δ zwischen 6 und 9 kV
beträgt im Neuzustand etwa 0,013 und nach 200 Tagen bei 160 °C infolge
einer gewissen Strukturlockerung rd. 0,023, d. h. der tan δ-Anstieg hat

von rd. 0,004/kV vor Beginn der schweren thermischen Beanspruchung auf nur etwa 0,007/kV am Ende zugenommen. Das Bindemittel hat

hierbei offenbar keine wesentlichen Veränderungen erfahren, da sich ernsthafte thermische Zersetzung meist in einer Zunahme des $\tan\delta$-Absolutwertes kenntlich macht.

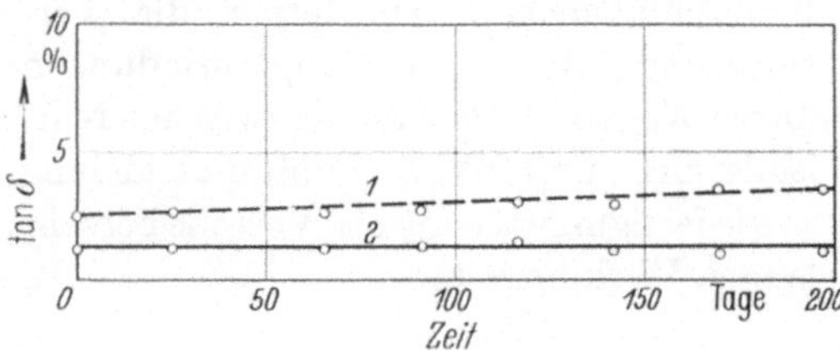

Abb. 95
$\tan\delta$ von Glasseide-Glimmer-Epoxydharz-Laminaten bei Wärmealterung (160 °C, 200 Tage) [58]
1 $\tan\delta$ bei 9 kV; 2 $\tan\delta$ bei 6 kV

Über die praktische Anwendung dieser Isolierung sind bisher keine Angaben gemacht worden[1].

Gegenüber den alten Isolationsverfahren wird sie wohl einen deutlichen wirtschaftlichen Mehraufwand infolge erhöhter Material- und Fertigungskosten erfordern.

Die „Micadur"-Isolierung (BBC). Über den praktischen Einsatz einer neuen, auf der Basis von Glasseide-Glimmerbändern und Epoxydharz aufgebauten Isolierung für Maschinen mit großen Eisenpaketlängen ($> 3{,}5$ m) wurde in jüngerer Zeit durch die Fa. Brown Boveri u. Cie. berichtet [30].

Glimmerbänder, bei denen Glasseide als Trägermaterial dient, werden in bekannter Weise überlappt durchgehend auf die Wicklungsstäbe aufgewickelt und im Vakuum mit einem besonders für diese Technik modifizierten Epoxydharz imprägniert. Als Glimmermaterial kom-

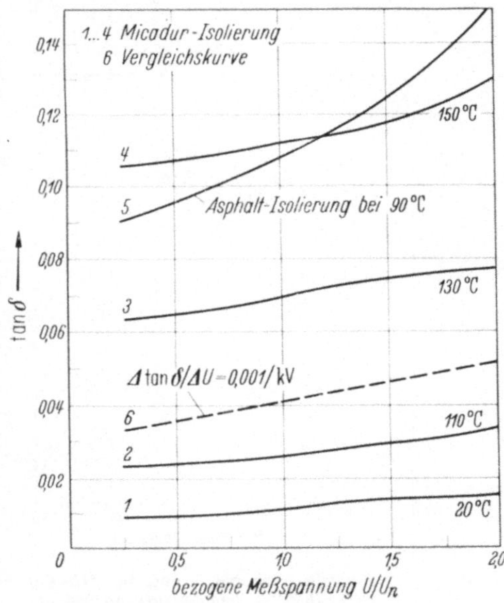

Abb. 96 Dielektrischer Verlustfaktor der *Micadur*-Isolierung (BBC), Erwärmung und $\tan\delta$-Messung ohne Einspannung [30]

men offenbar sowohl der herkömmliche Spaltglimmer als auch die seit einigen Jahren greifbaren Glimmerpapiere zur Verwendung.

Durch die Aushärtung des Imprägnierharzes bei hoher Temperatur erhält die Isolierung ihre entscheidenden Eigenschaften. Für die Einführung der neuen Isolierung werden Gesichtspunkte geltend gemacht

---

[1] Nachtrag: Anwendung seit 1960 (vgl. Bull. Oerl. 345 (1961) S. 37—60.

wie die Forderung nach geringster thermoplastischer Verformung der Isolierung in Nut und Wickelkopf bei bestimmten Maschinen — z. B.

Kurzschlußgeneratoren, ferner die Verringerung der Wickelkopfausladungen durch Wegfall der Stoßstelle zwischen Nutisolierung und Wickelkopfumbandelung sowie fertigungstechnische Vorteile bei sehr langen Wicklungsstäben.

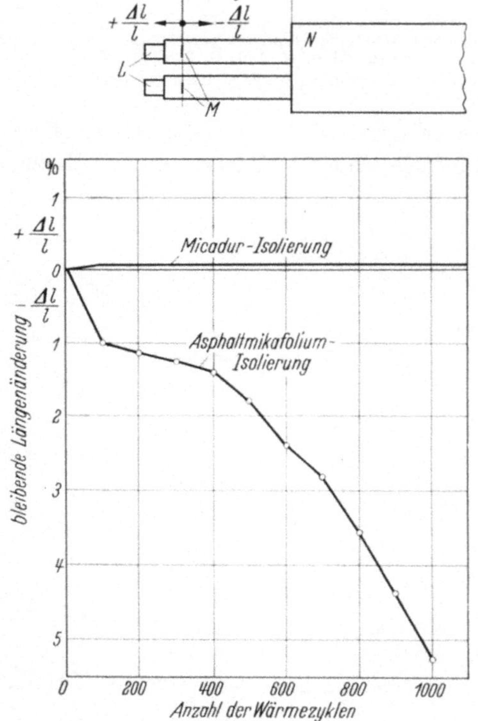

Abb. 97. Bleibende Längenänderung der *Micadur*-Isolierung bei zyklischer Temperaturbeanspruchung (20°—155°—20°) [30]

L Versuchsstäbe; *N* künstliche Nut; *M* Meßmarke im Abstand *l* vom Nutaustritt

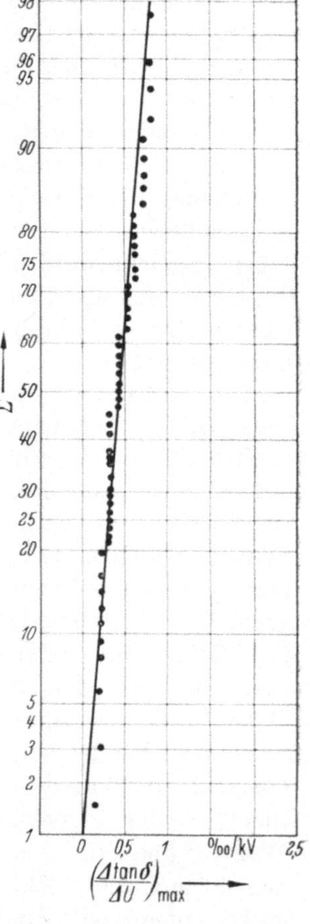

Abb. 98. Statistische Verteilung der Verlustfaktor-Anstiegswerte zwischen 0,4 und 0,8 U_n bei *Micadur*-Isolierung [30]

Die Spannungsabhängigkeit sowie auch die Temperaturabhängigkeit des dielektrischen Verlustfaktors der Micadur-Isolierung sind sehr gering (Abb. 96). Auch ein Aufgehen der Isolierung bei Erwärmung findet nicht statt.

Bei zyklischer Temperaturbeanspruchung treten praktisch keine nennenwerten bleibenden Längenänderungen der Isolierung auf; Abb. 97

gestattet den Vergleich der bleibenden Längenänderungen der neuen Micadur-Isolierung mit dem entsprechenden Verhalten der Asphalt-mikafoliumisolierung.

Für den gleichmäßig niedrigen Luftgehalt der einzelnen Micadur-Stabisolierungen eines Wasserkraftgenerators gibt Abb. 98 einen Beweis, in der die statistische Verteilung der maximalen $\tan\delta$-Anstiegswerte im Bereich der 0,4 ···· 0,8fachen Nennspannung der Maschine angegeben ist. Die $\tan\delta$-Anstiegswerte liegen unter 0,001 kV, wobei zu beachten ist, daß gemäß Abb. 96 der steilste Anstieg des Verlustfaktors mit der Spannung erst bei voller Nennspannung erreicht wird.

Die Beschränkung der Anwendungsbereiche dieser neuen hochwertigen Isolierung auf sehr große Maschinen dürfte im wesentlichen wirtschaftliche Gründe haben.

5. Glimmerlose Isolierungen

Beim Übergang von Spaltglimmer auf Glimmerpapier als tragenden Bestandteil der Isolierungen kommt dem Bindemittel bereits eine erhöhte Bedeutung für die Dauerfestigkeit der Isolierungen zu. Die Übertragung aller Funktionen einer Hochspannungsisolierung auf einen Kunststoff unter völliger Ausschaltung des Glimmers verändert jedoch das Isolationsproblem von Grund auf.

Es ist bekannt, daß bereits die teilweise Ausschaltung des Mikafoliums während der Kriegsjahre durch die organische Triazetatfolie zu schweren Isolationsschäden führte, da Glimmentladungen die Folie zerstörten. Abb. 99 zeigt, daß die Kurven der Spannungsdauerfestigkeit von Kunst-

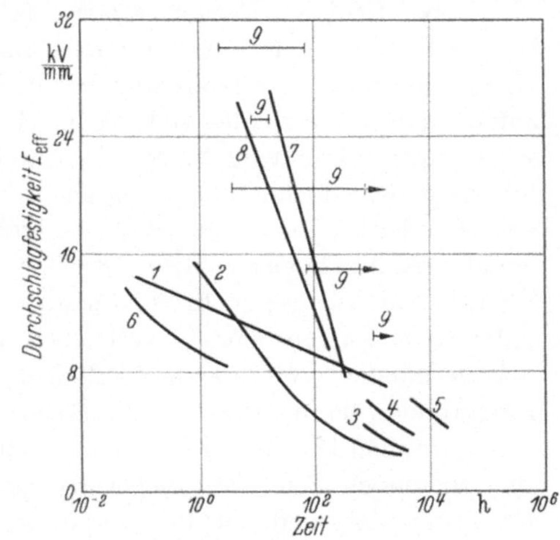

Abb. 99
Spannungsdauerfestigkeit von Isolierungen [75]
1 Thermalasticisolierung (Westinghouse [66]); 2 Hartpapier nach ROTH [5]); 3 Triacetatfolien (nach BELDI [18]); 4 Polyäthylen L, 5 Polyäthylen H (nach HUNT und Mitarbeitern [47]); 6 Glasmelaminharz, 7 Mylarfolie, 8 Lackdraht (nach DAKIN und Mitarbeitern [27]); 9 Vakuumgießkörper Epoxydharz (SSW)

harzen, die als Folien oder Gießkörper untersucht wurden, sowie auch von Hartpapier sich in ihrem Verlauf wesentlich von denen glimmerhaltiger Isolierungen unterscheiden.

Dieses Verhalten ist im allgemeinen auf Glimmentladungen zurückzuführen, die alle Isolierungen mehr oder weniger angreifen. Jedoch zeigten Versuche mit im Vakuum gegossenen Gießkörpern, in denen keine Glimmentladungen stattfinden konnten, daß die zulässige elektrische Beanspruchung ganz allgemein mit steigender Beanspruchungszeit sehr stark abnimmt. Die verschiedensten glimmerlosen Isolierungen und auch Folien und Gießkörper aus homogenen Kunstharzen haben zwar bei kurzen Beanspruchungszeiten und geringer Dicke z. T. sehr hohe elektrische Festigkeitswerte bis zu fast 100 kV/mm, im Bereich der Betriebswerte scheinen sie jedoch zu versagen. Die Kurven der Spannungsdauerfestigkeit sind z. T. sehr stark geneigt. Die teils gemessenen, teils extrapolierten Betriebszeiten bei einer effektiven Betriebsfeldstärke von 2 kV/mm liegen im Bereich von 1 bis 10 Jahren, während man bei Glimmerisolierungen auf 100 Jahre bei 2 kV/mm extrapoliert.

Trotzdem sind in den letzten Jahren zwei Entwicklungen von Hochspannungsisolierungen für elektrische Maschinen ohne Glimmer bis zur Einführung in die Fertigung gelangt.

a) Silicon-Kautschuk-Isolierung („Silico-Flex"-Isolierung von Allis-Chalmers, USA), *„Silastic"-Bänder* (Dow Corning Co, USA). Eine Isolierung ohne jeden Anteil von Glimmer für Hochspannungswicklungen, die Silco-Flex-Isolierung, hat in den USA die Fa. Allis-Chalmers auf der Basis der zu den halborganischen Stoffen gehörenden Silikone seit einigen Jahren eingeführt [63]. Bänder aus Silikonkautschuk, ohne Stützgewebe, jedoch mit anorganischen Füllstoffen, werden auf besonders vorbehandelte Spulen oder Stäbe aufgebracht und zu einer praktisch homogenen Masse ausgehärtet. Die Dow Corning Corp., Midland, Mich., USA, hat hierfür geeignete Silikonkautschukbänder herausgebracht, die unter dem Namen *Silastic* vertrieben werden. Die Verarbeitung der *Silastic*-Bänder erfordert die Einhaltung bestimmter Temperatur-Zeit-Programme, damit die Polymerisation des Silikonkautschuks nicht wieder in eine Depolymerisation übergeht, und äußerste Sauberkeit der zu isolierenden Teile. Zur Sicherung eines festen Zusammenhaltes von Hauptisolierung und Wicklungskupfer werden besondere Zwischenkleber angewendet.

Die gegen Kerbbeanspruchung relativ empfindliche Oberfläche der Silikon-Kautschuk-Isolierung wird durch eine Schutzlage aus Glasseidengewebe geschützt. Die Aushärtung des Kautschuks erfolgt unter hohem Druck von 7 ··· 35 atü in Heißpressen.

Die hervorstechendste Eigenschaft der *Silco-Flex*-Hochspannungsisolierung ist ihre hohe thermische Beständigkeit, die weit über das Maß der bei Großmaschinen vorliegenden Erfordernisse der Wärmeklasse B (130 °C) hinausreicht. Abb. 100 zeigt die relativ geringe Verschlechterung der mechanischen Eigenschaften des Silikonkautschuks selbst bei Alterung mit 200 °C.

In Abb. 101 ist die Spannungsdauerfestigkeit einer aus *Silastic*-Bändern aufgebauten Isolierung im Vergleich zu einer kunstharzgebundenen Glimmerisolierung dargestellt. [Die veröffentlichten Durchschlagwerte [29] scheinen allerdings an nicht voll vergleichbaren, wahr-

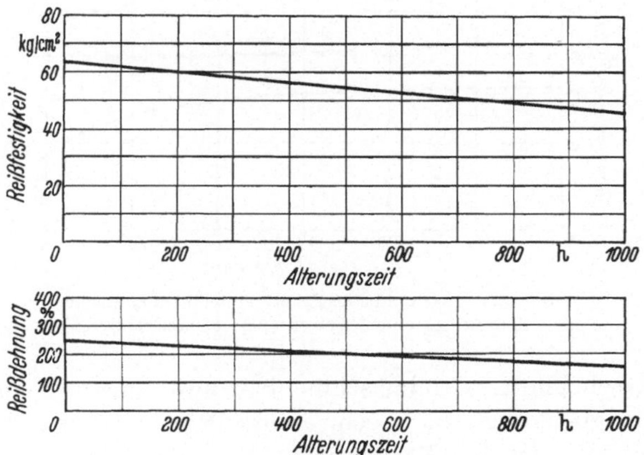

Abb. 100. Mechanische Eigenschaften von Siliconkautschuk nach thermischer Alterung bei 200 °C [63]

scheinlich unterschiedlich dicken Isolierungen gewonnen zu sein. Aus Abb. 101 ergibt sich nämlich z.B. ein Verhältnis der 1 min-Durchschlagwerte $U_{\text{Silikon}}/U_{\text{Glimmer}} = 1,44$, während man auf Grund der einzeln angegebenen Durchschlagfeldstärken für Siliconkautschuk von 13 bzw. 17 kV/mm nach Abbildung 102 und der bei $15 \cdots 20 \text{ kV}_{\text{eff}}/\text{mm}$ liegenden 1 min-Festigkeit von Kunstharzglimmerbandisolierungen (vgl. Abb. 84 u. 92, S. 101 u. 107) nur Verhältniswerte $U_{\text{Sil}}/U_{\text{Gli}}$ von 0,65 bis höchstens 1,2 erwarten könnte.] Es bleibt jedoch die geringe Neigung der

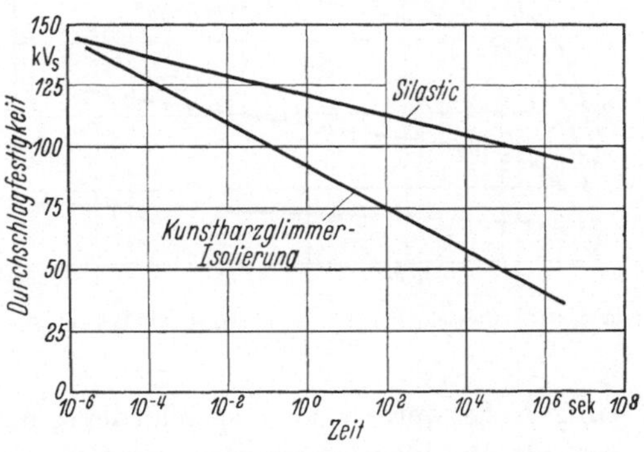

Abb. 101. Spannungsdauerfestigkeit von Siliconkautschukisolierung und Kunstharz-Glimmer-Isolierung [29]

Spannungsdauerfestigkeitskurve von großem Interesse, die den Silikonkautschuk als glimmbeständig ausweist.

Allgemeine Vorzüge der *Silco-Flex*-Isolierung sind die gute Wärmeleitfähigkeit, Flexibilität und die Feuchtigkeitsunempfindlichkeit. Ob sich die von den Silikonkautschukmassen bekannte geringe mechanische Festigkeit, besonders die Empfindlichkeit gegen Kerbwirkungen, bei

Einführung dieses Verfahrens nachteilig ausgewirkt hat, ist nicht bekannt. Es sind aber wohl vor allem wirtschaftliche Gründe, die eine breitere Anwendung dieses Verfahrens bisher verhindern. Der Silikon-

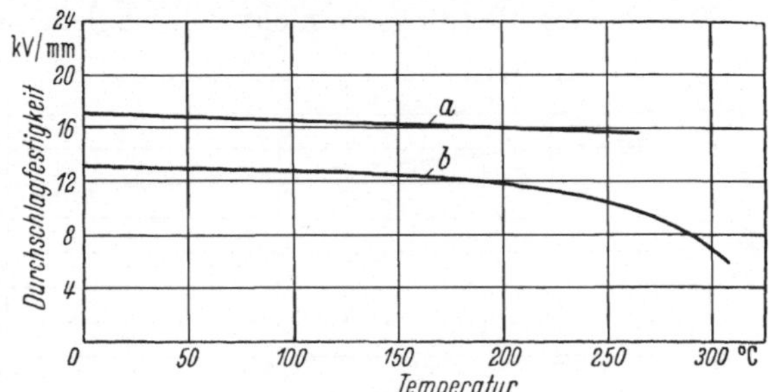

Abb. 102. Durchschlagfestigkeit von Siliconkautschuk
a nach KUEHLTAU und KRYDER [63]; b nach DEXTER [29]

kautschuk scheint im Großmaschinenbau zwar einerseits gewisse Anwendungsmöglichkeiten zu haben, andererseits wird er jedoch dort in seiner hervorstechensten Eigenschaft, der thermischen Beständigkeit, nicht wirklich ausgenutzt.

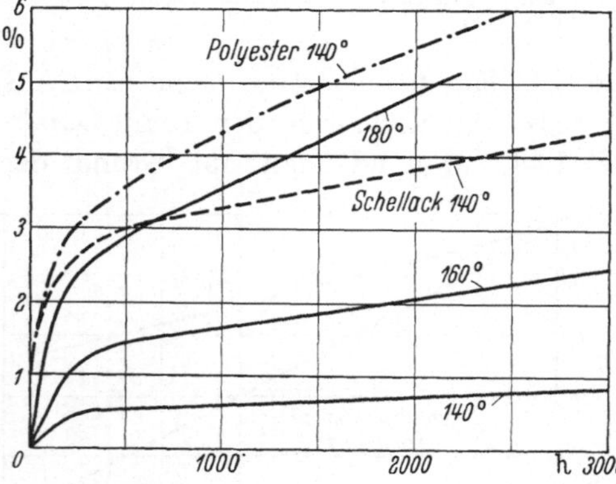

Abb. 103. Gewichtsverlust von *F-Harz* bei Wärmealterung [*102*]

b) „Fuji-Harz"-Isolierung (Fuji Denki, Japan). Auf der Basis eines mit Glasseide verstärkten, heißhärtenden Epoxydharzes hat die japanische Firma eine glimmerlose Isolierung entwickelt und bei einem 11 kV-Wasserkraftgenerator bereits zur Anwendung gebracht [*102*]. Die Abb. 103 und 104 zeigen die für die Beurteilung des *F-Harzes* benutzten Vergleichsmessungen. Es werden dazu verschiedene, in glimmerhaltigen Isolierungen nur als Bindemittel zur Anwendung kommende Stoffe herangezogen, obwohl diese Methode allein natürlich wegen der weitergehenden Funktion des Fuji-Harzes nicht ausreicht. Das F-Harz ist ja vor allem auch der elektrisch tragende Bestandteil der neuen Isolierung.

Thermisch ist das Harz offenbar sehr beständig (Abb. 103); es zeigt sehr geringe Gewichtsverluste bei 160 °C. Das zum Vergleich herangezogene Polyesterharz hat allerdings deutlich höhere Gewichtsverluste als die für die Imprägnierung von Glimmerisolierungen verwendeten Harztypen (vgl. Abb. 90).

Die sog. Koronafestigkeit des F-Harzes mit Glasseide, geprüft an
0,2 ⋯ 0,3 mm dicken Proben im glimmenden 2 mm-Luftspalt zwischen
zwei Glasplatten von je 3,2 mm
Dicke bei 13,2 kV, 50 Hz, wird
mit der Koronafestigkeit von
Papier, von Schellackglasseide
und lackgebundenem Samica verglichen (Abb. 104). Da jedoch
diese z.T. glimmerlosen Vergleichs-
isolierungen für sich allein gar
nicht für Hochspannungswicklungen geeignet sind, ist die Aussagekraft dieses Vergleiches sehr
gering.

Der dielektrische Verlustfaktor abhängig von Spannung und
Temperatur ist in Abb. 105 a und b
für eine Schellackmikafoliumisolierung und die *Fuji-Harz*-Isolie-

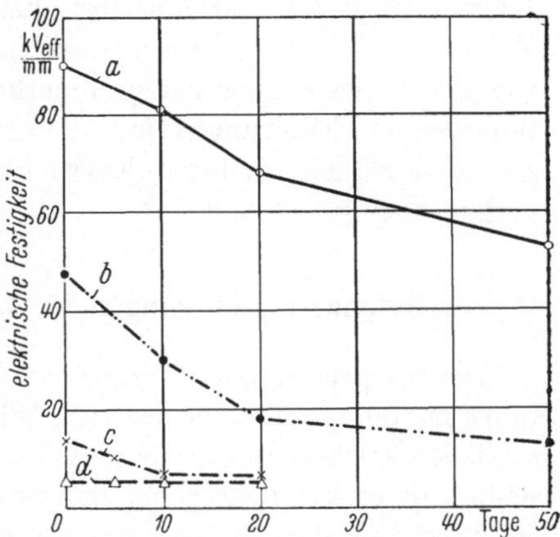

Abb. 104. Durchschlagfestigkeit nach Einwirkung starker Glimmentladungen [*102*]

a F-Harzglasseide; *b* Samica mit ölmodifi-
ziertem Lack; *c* Papier; *d* Schellack mit
Glasseide

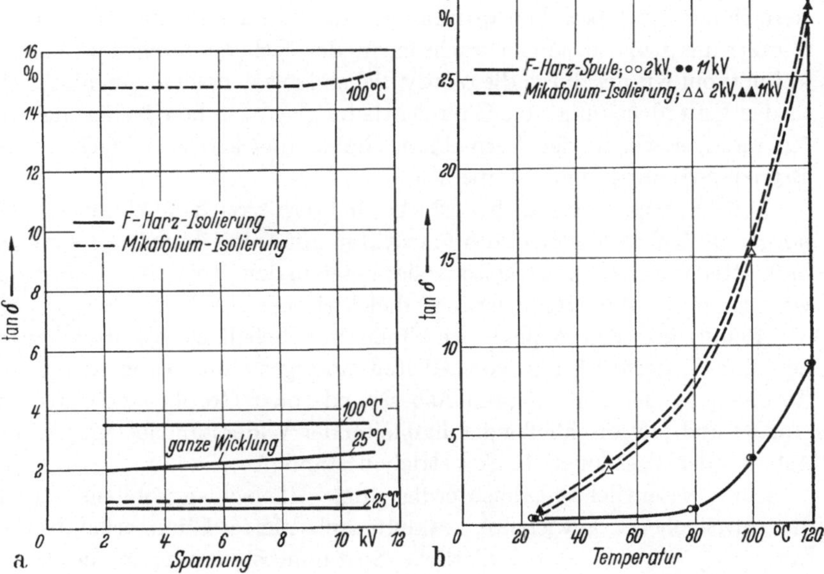

Abb. 105a u. b. Verlustfaktor von 11 kV-F-Harz und Mikafoliumisolierung [*102*]
a) abhängig von der Spannung; b) abhängig von der Temperatur

rung dargestellt. Das Fehlen einer Spannungsabhängigkeit des $\tan\delta$
weist die weitgehende Porenfreiheit der Kunstharz-Glasseide-Isolierung

nach; die Temperaturabhängigkeit entspricht derjenigen bekannter Bisphenolepoxydharze. Leider fehlen genaue Angaben über die Kurve der Spannungsdauerfestigkeit, die im Hinblick auf bisherige Erfahrungen mit organischen Kunststoffen (vgl. Abb. 99) möglicherweise von derjenigen bei glimmerhaltigen Isolierungen abweicht. Den praktischen Erfahrungen mit dieser neuen Isolierung wird man daher zur Beurteilung weiterer Entwicklungen ganz besonderes Interesse entgegenbringen müssen.

6. Besondere Isolierungen für höchste Maschinenspannungen

Die Steigerung der in einzelnen Maschinen konzentrierten Leistung führt zu immer höheren an den Wicklungsausführungen und den anschließenden Schaltanlagen zu beherrschenden Strömen. Es sind daher schon immer Versuche gemacht worden, die Maschinennennspannungen entsprechend zu erhöhen, um zu einer Verringerung der Ströme zu gelangen. Maschinen mit Nennspannungen von 16,5 kV im Jahre 1906, 22 kV im Jahre 1919 bis 36 kV im Jahre 1932 kennzeichnen den jeweiligen Stand der Entwicklung.

Die Isolationsprobleme bei so hohen Spannungen liegen in der Beherrschung der Überschlagspannungen am Nutaustritt, die nur mit der Wurzel der Isolationsdicke wachsen, in der Sicherstellung der Wärmeabfuhr vom Kupfer durch die relativ dicken Isolationsschichten hindurch, in der Unterdrückung von Glimmentladungen zwischen Isolierung und Nutwand, sowie in der Vermeidung hoher dielektrischer Verluste bei Betriebsspannung und -temperatur.

Für Nennspannungen bis 22 kV sind erfolgreich Wicklungen mit normalen Rechteckleitern für offene Nuten mit Mikafoliumumpressungen im Nutteil und handgewickelte Isolierungen in den Stirnseiten verwendet worden [64]. Zur Reduzierung dielektrischer Verluste trug dabei die Benutzung von Asphalt an Stelle von Schellack als Bindemittel bei. Zur Unterdrückung von Gleitentladungen am Nutaustritt und Glimmen in der Nut dienten Asbestband- oder Graphitlackbeläge im Nutteil und ein anschließender halbleitender Widerstandsbelag, der aus Asbest oder aus einem Lackanstrich bestand.

Eine wesentliche Erleichterung des Überschlagproblems ergab die durchgehend gewickelte, vakuumasphaltierte Glimmerbandisolierung [65], bei der die erforderliche Spannungssteuerung in die Stirnseiten der Wicklung hinein ausgedehnt werden konnte (Abb. 106). Eine große Ausladung des geraden Nutteiles der Wicklungsspulen oder -stäbe wird dadurch vermieden.

Eine Verbesserung der Spannungssteuerung und Erhöhung der Überschlagspannung am Nutaustritt ist durch Einlage leitender Folien in die Isolierung nach Art der Kondensatordurchführungen möglich, wobei noch zusätzliche halbleitende Oberflächenschichten angebracht werden können (Abb. 107).

Zwei Ausführungsformen für Wicklungen mit Nennspannungen von 33 bzw. 36 kV sind vor allem historisch interessant [*19*]. 1931 berichteten PARSONS und ROSEN über eine ausgeführte 33 kV-Wicklung, bei der das Isolationsproblem dadurch gelöst wurde, daß drei konzentrische, jeweils durch eine Isolierung für ein Drittel der Gesamtspannung gegeneinander und gegen das Ständereisen isolierte Leiter (Abb. 108a) als Wicklungselemente verwendet wurden. Diese wurden so hintereinander zu den einzelnen Wicklungssträngen geschaltet, daß zwischen Außenleiter und Eisen, zwischen mittlerem Leiter und Außenleiter sowie zwischen innerem und mittlerem Leiter nirgends mehr als $\dfrac{11}{\sqrt{3}}$ kV auftreten konnten.

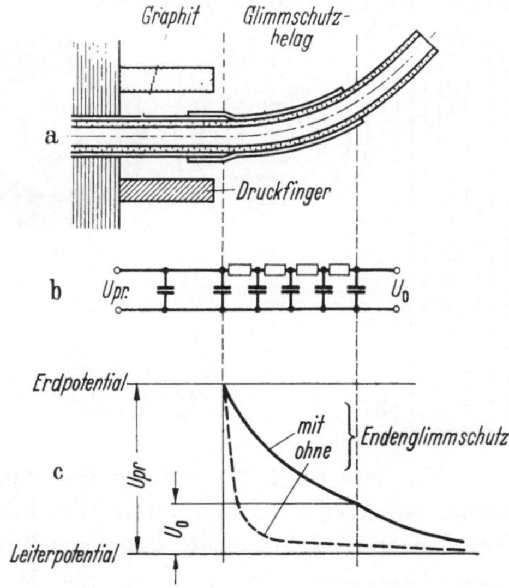

Abb. 106a—c. Potentialsteuerung am Nutaustritt bei durchgehender Glimmerbandisolierung

a) Hülsenende mit Glimmschutz; b) Glimmschutz-Ersatzschaltbild; c) Potentialverlauf am Glimmschutz

Voraussetzung hierzu war eine starre Sternpunktserdung. Elektrisch ist die Beanspruchung damit auf diejenige einer 11 kV-Wicklung zurück-

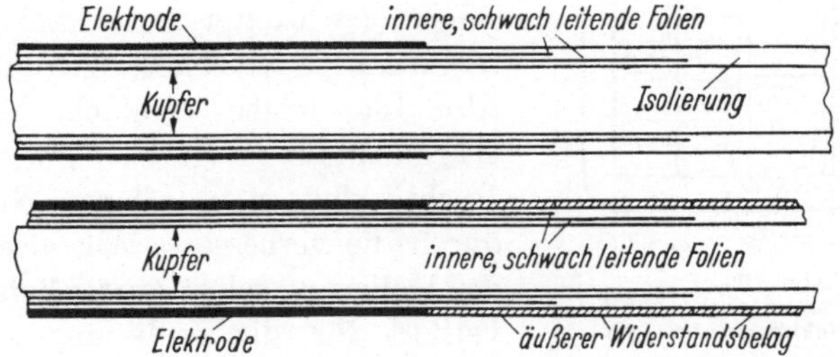

Abb. 107. Anordnung zur Unterdrückung von Gleitfunken am Nutaustritt [*65*]

geführt. Für die Wärmeabfuhr ist jedoch die Anordnung nicht günstig, da die Wärme des Innenleiters durch die 3fache Isolationsdicke abgeführt werden muß und da außerdem die Rundleiter nur mit einem gewissen Spiel in die halbgeschlossenen Nuten eingefädelt werden können, so daß kein guter Wärmeübergang zum Eisen gewährleistet ist. Abb. 108b zeigt eine von den gleichen Autoren vorgeschlagene Abwandlung der

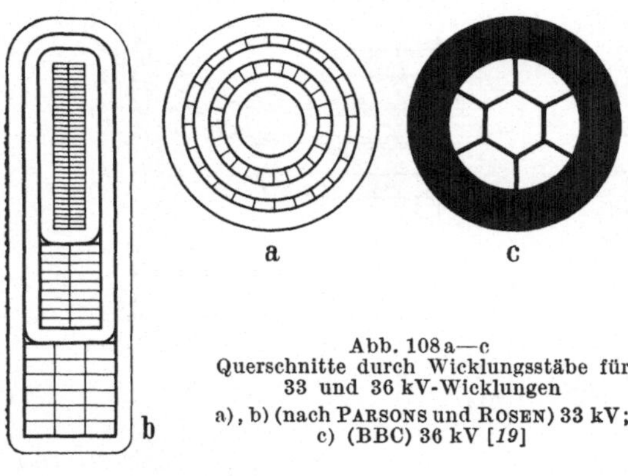

Abb. 108a—c
Querschnitte durch Wicklungsstäbe für
33 und 36 kV-Wicklungen
a), b) (nach PARSONS und ROSEN) 33 kV;
c) (BBC) 36 kV [19]

3 stufig isolierten Wicklung für Rechtecknuten. Die für die Wärmeabfuhr vorhandene Oberfläche der drei Leiter ist jeweils etwa der vom Wärmestrom zu durchfließenden Isolationsdicke proportional, so daß für gleichmäßige Kühlung gesorgt ist. Außerdem ist ein festerer Einbau in die offenen Nuten möglich.

Abb. 108c zeigt den kabelartigen Querschnitt der für einen 36 kV-Generator von BBC benutzten Wicklungsstäbe, der aus Gründen der homogeneren elektrischen Beanspruchung des Dielektrikums gewählt wurde. Hinsichtlich der Wärmeabfuhr ist diese Querschnittsform ebenfalls relativ ungünstig. Die Wicklung ist jedoch gleichmäßig über die ganze Länge isoliert und muß daher nicht mit geerdetem Sternpunkt betrieben werden.

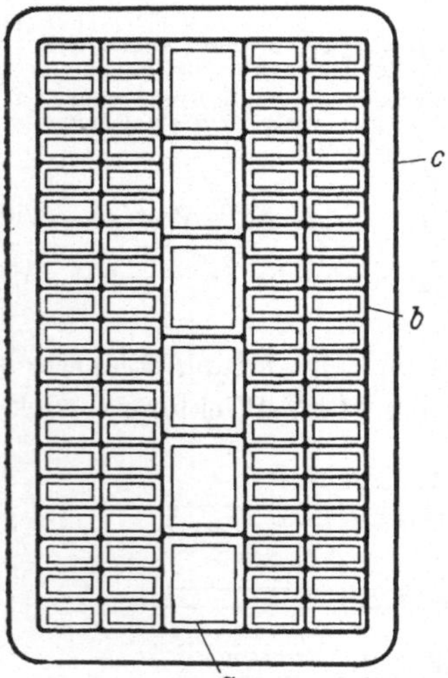

Wicklungen für Nennspannungen bis etwa 25 kV sind gegenwärtig ohne wesentliche Schwierigkeiten in der üblichen Ausführung ausführbar. Das Überschlagproblem wird durch Verwendung durchgehend gewickelter, kunstharzimprägnierter Glimmerbandisolierungen entsprechend Abb. 106 relativ einfach lösbar. Die Wärmeabfuhr ist durch Verwendung von Rechteckleitern in offenen Nuten sowie durch die verbesserte Wärmeleitfähigkeit der Isolierung selbst ausreichend, oder sie verliert für die Isolierung z.B. durch

Abb. 109
Querschnitt eines innengekühlten
Ständerwicklungsstabes [82]

Innenkühlung der Ständerstäbe bei großen Turbogeneratoren [82] an praktischer Bedeutung (Abb. 109). Auch die dielektrischen Verluste bei Betriebstemperatur sind durch die Verwendung der Kunstharze so gering, daß durch sie eine merkliche Erhöhung der Wicklungstemperatur nicht eintritt.

IV. Beurteilung, Prüfung und Überwachung von Isolierungen

A. Die Lebensdauer von Wicklungen

1. Der Begriff der Lebensdauer

Der Begriff der Lebensdauer technischer Produkte ist unmittelbar den Verhältnissen des organischen Lebens entlehnt. Ebensowenig wie z. B. im menschlichen Leben vorher feststeht, wie alt ein bestimmtes Individidium werden wird, kann man für einzelne *technische Individuen* im voraus ein bestimmtes Lebensalter angeben. Der Begriff der Lebensdauer wird erst für die Praxis greifbar, wenn man ihn für Maschinen in der gleichen Weise definiert, wie es z. B. die Versicherungsmathematik tut, nämlich auf Grund statistischer Auswertung empirisch gewonnener Unterlagen.

Bei der Analyse der menschlichen Sterbeordnung pflegt man so vorzugehen, daß zu einem bestimmten Zeitpunkt festgestellt wird, wieviel

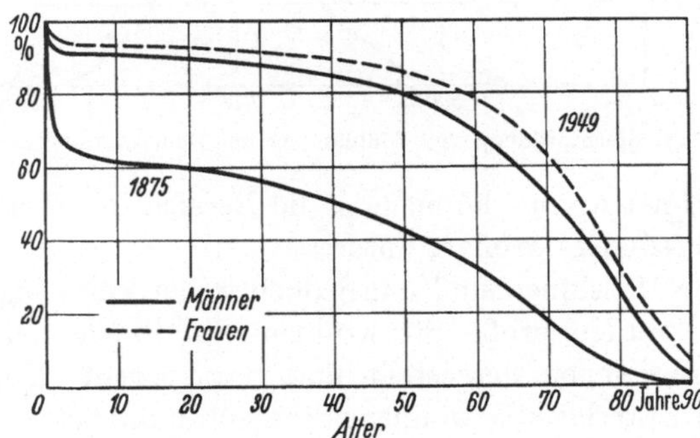

Abb. 110. Menschliche Sterbeordnungen 1949 und 1875 [*100*]

Prozent der ursprünglich vor diesem Zeitpunkt Geborenen noch leben. Die Analyse erfaßt dabei sämtliche Geburtsjahrgänge einzeln, aus denen noch Angehörige leben, d. h. gegenwärtig etwa 100 Jahre. Abb. 110 zeigt die so im Jahre 1949 bzw. 1875 ermittelten menschlichen Sterbeordnungen: Hätten die zwischen 1875 und 1785 sowie die zwischen 1949 und 1849 Geborenen alle unter gleichen Bedingungen gelebt, so müßten die Sterbeordnungen völlig gleich sein. Tatsächlich zeigt sich aber im Auswandern der Sterbeordnungskurven nach längeren Lebensdauern hin die Verbesserung der menschlichen Lebensbedingungen für die jüngeren Jahrgänge. Die menschliche Sterbeordnung ist demnach ständigen Veränderungen unterworfen und muß immer wieder neu ermittelt werden.

Bei einfachen, kurzlebigen Verbrauchsgütern, die immer wieder unter gleichen Bedingungen hergestellt und benutzt werden, kann man ver-

hältnismäßig einfach eine Sterbeordnung in einem Dauerbelastungs-
versuch an einer größeren Stückzahl von gleichen Objekten gewinnen.
Abb. 111 (n. SCHWENKHAGEN [*100*]) zeigt die Sterbeordnung von Glühlampen, die im Dauerversuch bis zum Fadenbruch gebrannt haben.
Im Mittel erreichen die Glühlampen eine Lebensdauer von etwa 1050 Std.,
die ersten brennen nach etwa 500, die letzten bei etwa 1500 Std. durch.
Eine derart einfache, im vorliegenden Beispiel auf alle Glühlampen einer
bestimmten Fertigung übertragbare Gesetzmäßigkeit zu kennen, mit
deren Hilfe notwendige Ersatzbeschaffung, Unterhaltskosten usw. im

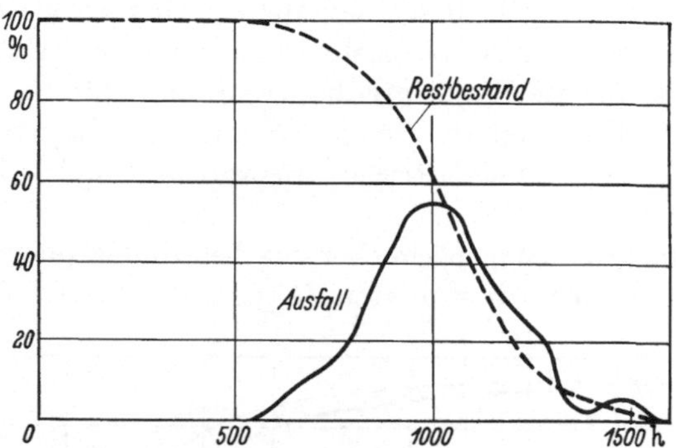

Abb. 111. Sterbeordnung von Glühlampen bei Dauerbrennversuch [100]

voraus berechnet werden können, ist im Bereich des Elektromaschinenbaues von besonders großem Interesse.

Elektrische Maschinen sind nun jedoch weder kurzlebige Verbrauchs-
güter, noch werden große Stückzahlen von ihnen gleichzeitig unter
gleichen Bedingungen hergestellt und beansprucht. Eine einmal aus
statistischen Unterlagen gewonnene Sterbeordnung läßt sich daher ebenfalls nie auf neuere, im Zuge der technischen Entwicklung andersartig
konstruierte Maschinen unmittelbar übertragen. Eine Sterbeordnung
über eine genügend große Anzahl von Maschinen würde ähnlich wie
die menschliche Sterbeordnung immer wieder neu ermittelt werden
müssen, da in beiden Fällen ja jeder *Jahrgang* unter anderen Voraussetzungen seinen Lebensweg beginnt.

In der Fortführung der Analogie zwischen biologischem Leben und
dem *Leben* technischer Erzeugnisse, verdient noch die Tatsache besondere
Erwähnung, daß der im biologischen Bereich eindeutige Begriff der
Lebensdauer im technischen Bereich nur noch schwer zu fassen ist.
Wann das *Leben* einer Maschine zu Ende ist, bestimmt nicht einfach
nur ein der Maschine innewohnendes Alterungsgesetz, sondern in ent-
scheidender Weise oft der Mensch auf Grund von Zweckmäßigkeits-
erwägungen. Dies hat seinen Grund darin, daß eine Maschine immer
— auch bei größtem Schaden — noch reparierbar ist. Die Entscheidung,

wann man eine Maschine nach Erneuerung ihrer Einzelteile als ein neues Individuum ansehen will, ist sehr willkürlich.

Die Beschränkung der Überlegungen auf die jeweilige Lebensdauer einzelner Maschinenteile erleichtert das Problem. Die Lebensdauer einer Wicklung, genauer der Wicklungsisolierung, ist durch das Zeitintervall gegeben, das zwischen Inbetriebnahme der Maschine und völliger Erneuerung der Wicklung liegt. Der Zeitpunkt der Erneuerung ist allgemein dadurch gegeben, daß die Häufung von Wicklungsdefekten einen wirtschaftlichen Betrieb unmöglich macht oder bei der neuerdings

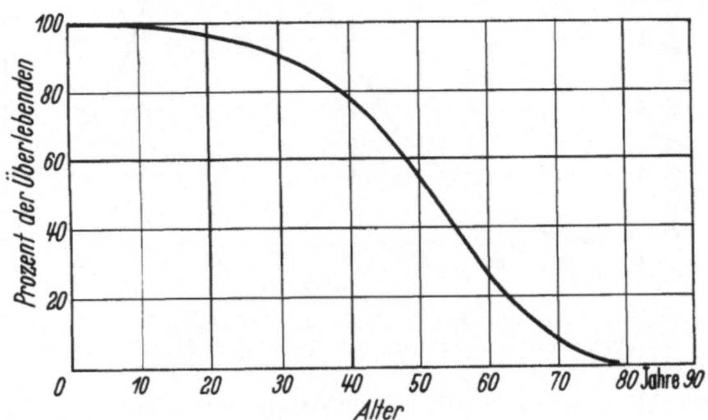

Abb. 112. Überlebenskurve, *Jowa*, Typ R_3; mittlere Lebenserwartung 50 Jahre [*37*]

sich ausbreitenden Gewohnheit der Betriebsüberwachung dadurch, daß auf Grund der Untersuchungsergebnisse Defekte mit großer Wahrscheinlichkeit zu erwarten sind.

Einige interessante Angaben über die Lebenserwartung elektrischer Großmaschinen werden von McFarlin [*37*] bei dem Versuch gemacht, die Fehlerwahrscheinlichkeit einer Maschine eines bestimmten Herstellers abzuschätzen: So haben etwa 300 in den Jahren 1923 · · · 1924 gebaute Generatoren im Jahre 1950, d. h. nach 26 · · · 27 Jahren ein oder zwei Schäden gehabt. Bei Annahme von 1,5 Schäden pro Jahr ergibt sich eine Fehlerrate bei 26 · · · 27 Jahre alten Generatoren von 0,005 pro Jahr und Generator.

Eine weitere Angabe des gleichen Herstellers lautet, daß 13% aller zwischen 1920 und 1930 gebauten Generatoren zwischen 1942 und 1952 neu gewickelt wurden, und zwar $^1/_3$ dieser 13% auf Grund von Ausfällen im Betrieb. Pro Jahr und Generator ergibt sich damit eine Ausfallrate von 0,0043 für durchschnittlich 22 Jahre alte Maschinen. Nach 22 Jahren wären demnach noch 95,7% aller Maschinen mit ihrer ersten Wicklung im Betrieb.

Aus einer Sammlung von Sterbeordnungskurven für technische Anwendungen [*113*] wählte McFarlin diejenige aus, die ihm am ehesten die ermittelte Ausfallrate von etwa 0,005 nach 22 bis 27 Jahren wiederzugeben schien (Abb. 112). Differenziert man die Überlebenskurve, so erhält man Abb. 113, aus der bei den Abszissen 10, 20 ⋯ 80 Jahre jeweils der Prozentsatz der im vorhergehenden 10-Jahres-Intervall zu ersetzenden Wicklungen abzulesen ist. Dieses Verfahren, das dann mit

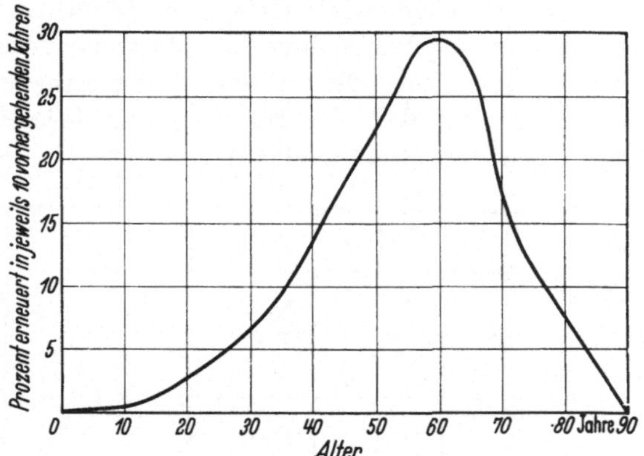

Abb. 113. Differenzierte Überlebenskurve *Jowa R₃*; Prozentsatz der je 10-Jahresintervall zu erneuernden Wicklungen, abhängig vom Maschinenalter

Abb. 113 eine Abschätzung künftiger Ausfallwahrscheinlichkeiten ermöglicht, beruht auf einer Extrapolation der Überlebenskurve von 25 auf rd. 75 Jahre und enthält naturgemäß große Fehlermöglichkeiten.

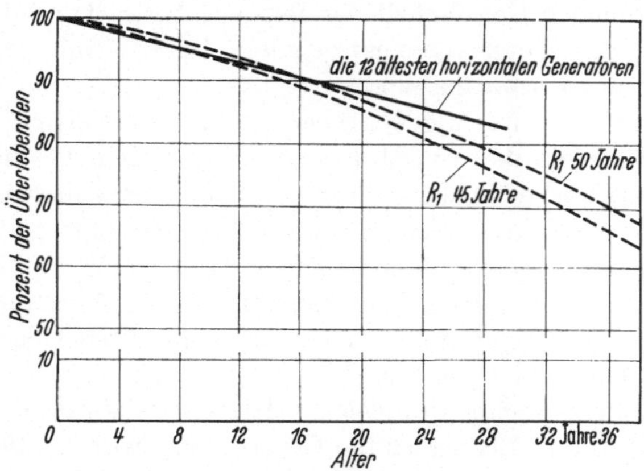

Abb. 114. Überlebenskurve von Generatorständerwicklungen, verglichen mit *Jowa*-Kurve Typ R_1 [37]

Eine dritte Gruppe von Generatoren wurde in gleicher Weise auf Ausfallhäufigkeit hin untersucht. Es ergibt sich eine Überlebenskurve (Abb. 114), die — verglichen mit entsprechenden *Jowa*-Normkurven für mittlere Lebenserwartungen von 45 bzw. 50 Jahren — bei dieser Gruppe horizontaler Generatoren ein mittleres Lebensalter von 55 Jahren erwarten läßt.

Diese Übereinstimmung in der Größenordnung der extrapolierten mittleren Lebenserwartung verschiedener Gruppen von Generatoren führt MᶜFARLIN zu der Überzeugung, daß Wicklungen mit Asphalt-Glimmerband-Isolierungen, um die es sich bei der Untersuchung handelte, in Maschinen unter normalen Betriebsbedingungen durchaus Lebensdauern von mehr als 50 Jahren erreichen können.

Verständlicherweise begnügt man sich bei der Aufstellung von Sterbeordnungen bzw. Überlebenskurven nicht damit, nur eben die mittlere Lebenserwartung festzustellen. Vielmehr läßt die Einführung bestimmter Parameter in die statistische Auswertung oft sehr wichtige Erkenntnisse über die Schadensursache zu.

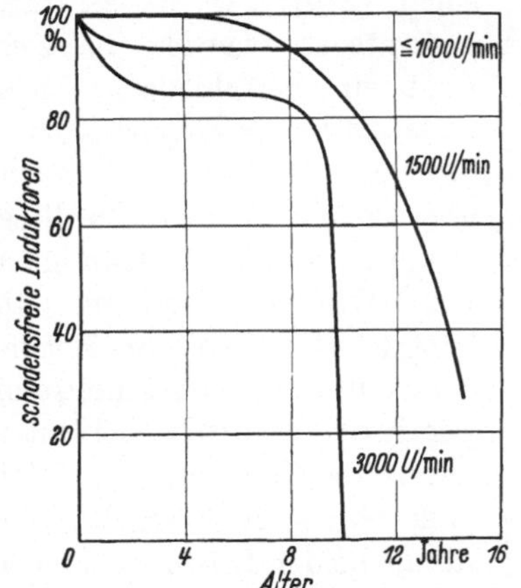

Abb. 115. Schadensordnung für die Induktoren von Drehstromgeneratoren bei verschiedener Drehzahl (Leistung 9000 ··· 12000 kVA)

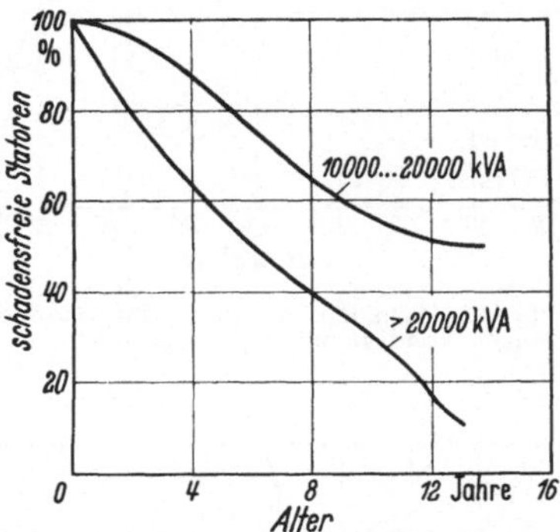

Abb. 116. Schadensordnung für die Statoren von Drehstromgeneratoren [100]

In den folgenden Bildern sind nun nicht mehr Sterbeordnungen, sondern sog. Schadensordnungen angegeben, d. h. es sind die Betriebszeiten bis zum ersten Schadensfall ausgewertet, die ja normalerweise nicht mit der Lebensdauer identisch sind. Abb. 115 gibt Schadensordnungen für Induktoren von Drehstromgeneratoren verschiedener Drehzahl wieder. Man erkennt den außerordentlich großen Einfluß hoher Drehzahlen auf die Schadenshäufigkeit. Abb. 116 bringt zwei Schadensordnungen für Ständer von Drehstromgeneratoren. Bei Einheitsleistungen der Maschine von 10 ··· 20 MVA ergibt sich besonders bei den 50%, die 12 Betriebsjahre schadensfrei überleben, eine sehr geringe Schadenshäufigkeit. Bei Leistungen oberhalb 20 MVA ist die mittlere Betriebszeit bis zum ersten Schaden nur halb so groß, nämlich 6 Jahre, und nach etwa 14 Jahren haben alle erfaßten Ständer bereits einen Schaden gehabt.

Derartige Auswertungen lassen eine Reihe von Rückschlüssen auf die mit der Drehzahl bzw. mit der Maschinengröße zunehmenden Be-

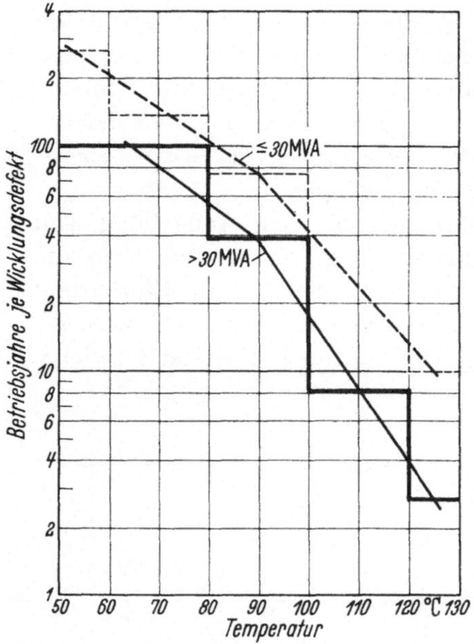

Abb. 117. Schadenshäufigkeit für Ständerwicklungen von 145 Wasserkraftgeneratoren [110]

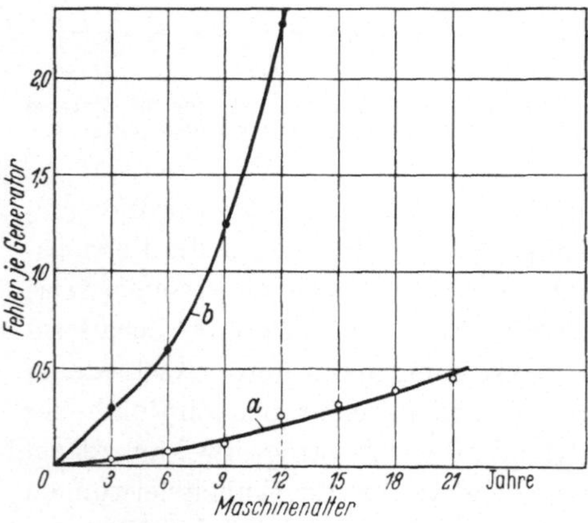

Abb. 118. Zunahme der Summe aller Fehler je Generator mit dem Maschinenalter [110]
a Wicklungen mit Temperaturen zwischen 81 und 100 °C; b Wicklungen mit Temperaturen zwischen 101 und 130 °C

anspruchungen zu und geben für weitere Entwicklungsarbeit wertvolle Hinweise.

Der Einfluß der Wicklungstemperatur, der Maschinengröße und des Maschinenalters auf die Schadenshäufigkeit von Ständerwicklungen bei Wasserkraftgeneratoren wurde in einer kanadischen Statistik untersucht [110]: 145 Wasserkraftgeneratoren wurden in zwei Gruppen verschiedener Einheitsleistung geteilt, nämlich in Maschinen unter und solche über 30 MVA. Innerhalb dieser Gruppen wurde die Häufigkeit von Wicklungsdefekten, abhängig von den im Betrieb beobachteten Wicklungstemperaturen, ermittelt. Bei Unterteilung der Temperatur in Intervalle von je 20 °C ergaben sich für die beiden Leistungsbereiche die beiden Stufenkurven in Abb. 117 für die Schadenshäufigkeit, ausgedrückt in Betriebsjahren je Wicklungsdefekt. Die Fehlerhäufigkeit nimmt, wie die absinkenden Zahlen der Betriebsjahre je Fehler zeigen, mit steigender Temperatur beschleunigt zu. Oberhalb 90 °C kann man in halblogarithmischer Darstellung eine exponentiell fallende Gerade zeichnen, die eine Verdopplung der Schadenshäufigkeit für große Maschinen ($N > 30$ MVA) bei Steigerung der Temperatur um 9 °C und bei den kleineren Maschinen um 12 °C nachweist. Außerdem zeigt sich wieder die größere Schadenshäufigkeit der Maschinen mit größerer Leistung, die übereinstimmend in allen Statistiken nachgewiesen wird.

Als weitere Variante wurde der Einfluß des Maschinenalters auf die Schadenshäufigkeit untersucht (Abb. 118). Die Fehlersumme steigt bei den kälteren Maschinen (80 $\cdots$ 100 °C) leicht beschleunigt mit wachsendem Maschinenalter an und erreicht nach 21 Jahren 0,5 Fehler je Generator. Bei den wärmeren Maschinen (101 $\cdots$ 130 °C) wird diese Fehlersumme schon nach fünf Jahren erreicht und nimmt stark beschleunigt mit dem Maschinenalter zu.

Am deutlichsten wird in der Statistik der Einfluß der Wärmealterung auf die Fehlerhäufigkeit erkennbar, der auch bereits am besten quantitativ erfaßt werden konnte.

2. Die Wärmealterung

Montsinger [78] hat richtunggebend in der quantitativen Behandlung dieses Problems gewirkt. Auf Grund von Untersuchungen an Transformatoren konnte er die bekannte nach ihm benannte Regel ableiten, wonach die Lebensdauer bei Erhöhung der Betriebstemperatur um jeweils etwa 10 °C auf die Hälfte sinkt. Diese Regel konnte mit Alterungsversuchen an organischen Isolierungen vielfach bestätigt werden und führte zu der mathematischen Formulierung des Zusammenhanges zwischen Lebensdauer t und Temperatur ϑ durch Montsinger:

$$t = t_0\, e^{-A\,\vartheta}. \tag{20}$$

Die empirische Ermittlung dieses Zusammenhanges verläuft grundsätzlich nach folgendem Schema: Es wird eine leicht meßbare Eigenschaft eines Stoffes gewählt, z. B. die Zugfestigkeit. Sodann wird ein bestimmter, niedrig liegender Wert der Zugfestigkeit festgesetzt. Die Lebensdauer des zu prüfenden Isolierstoffes ist dann bei einer festen Temperatur diejenige Zeit, in der die Zugfestigkeit von dem ursprünglich im Neuzustand vorhandenen auf den festgesetzten niedrigen Wert abgesunken ist. Montsinger trug so die bei verschiedenen Temperaturen empirisch ermittelten Ledensdauerwerte in halblogarithmischer Darstellung über ϑ, der Temperatur, auf und erhielt im Bereich von 80 $\cdots$ 104 °C den der obigen Formel entsprechenden gradlinigen Verlauf.

Rein theoretisch mittels bestimmter Annahmen über die den Alterungsvorgängen zugrunde liegenden chemischen Reaktionen leitete Büssing [21] Lebensdauergesetze für Isolierungen ab. Diese erhalten ihren Exponentialcharakter alle aus der exponentiellen Abhängigkeit chemischer Reaktionen und physikalischer Vorgänge von der Temperatur, deren Beteiligung am Alterungsvorgang vorausgesetzt wird. Im wesentlichen werden drei Typen der mathematischen Formulierung von Lebensdauergesetzen gewonnen:

$$t = c\, e^{\frac{A}{T}} \tag{21}$$

für eine monomolekulare Reaktion der Art $AB \to A + B$, z. B. den Zerfall eines Moleküls AB in seine Bestandteile A und B, und für bimolekulare Reaktion nach dem Schema $A + B \to AB$.

Die Formel

$$\frac{1}{t} = C_1 e^{-\frac{A_1}{T}} + C_2 e^{-\frac{A_2}{T}} \tag{22}$$

wird für parallele Reaktionen nach dem Schema $ABC \begin{cases} AB + C \\ AC + B \end{cases}$ angegeben.

Für Reaktionen zwischen festen und gasförmigen Produkten erhält Büssing eine Formel der folgenden Art:

$$t = C_3 e^{\frac{A_3}{T}} + C_4 e^{\frac{A_4}{T}}. \tag{23}$$

Von der Montsinger-Formel unterscheidet sich die Gl. (21) nach Büssing dadurch, daß sich nicht in halblogarithmischer Darstellung $\ln t \cdots \vartheta$, sondern in der Darstellung $\ln t \cdots \frac{1}{T}$ Geraden ergeben. Es zeigt sich jedoch, daß man die Montsinger-Formel als erste Näherung der Formel für das Gebiet niedriger Temperaturen ($\vartheta \ll 273$) auffassen kann, ihre Gültigkeit liegt also in einem begrenzten Temperaturbereich, der für Lackbaumwollband z. B. bis $\vartheta = 160\,°\mathrm{C}$ reicht.

Die Gln. (22) und (23) ergeben in der Darstellung $\ln t$ bzw. $\ln \frac{1}{t} \cdots \frac{1}{T}$ u. U. je nach den Werten für die Konstanten keine Geraden, sondern gekrümmte Kurven. Da man von einem Wärmealterungsvorgang im allgemeinen nicht weiß, welcher chemische Reaktionsmechanismus ihm zugrunde liegt, erwächst hieraus eine große Schwierigkeit für die praktische Auswertung von Lebensdauerbestimmungen: Die graphische Extrapolation von wenigen, bei hohen Temperaturen bestimmten Lebensdauerwerten nach niedrigen, dem praktischen Betrieb entsprechenden Temperaturen ist mit großer Unsicherheit behaftet. Der Anwendung dieser Lebensdauerformeln auf Isolierungen für elektrische Maschinen ist zunächst eine grundsätzliche Grenze gesetzt. Einmal sind die empirischen Ergebnisse an Klasse A-Isolierungen gewonnen, die ausschließlich aus organischen Stoffen bestanden, zum anderen setzen die theoretischen Ableitungen relativ einfache chemische Reaktionen voraus. Beide Voraussetzungen sind bei der unter Verwendung von anorganischem Glimmer und organischem Träger- und Bindematerial aufgebauten Hochspannungsisolierung nicht erfüllt. Wenn sich trotzdem ein etwa exponentieller Zusammenhang zwischen Schadenshäufigkeit, die hier der Einfachheit halber der Lebensdauer proportional gesetzt wird, und Temperatur ergibt (Abb. 117, S. 124), so deutet dies auf die erhebliche Bedeutung der Alterung der organischen Bestandteile der Isolierung für die Alterung des gesamten Isolationssystems hin. Bei der Verallgemeinerung dieser

Erkenntnisse ist jedoch noch zu berücksichtigen, daß sie jeweils nur für die bestimmte Isolationsart gelten, an der sie gewonnen wurden. Die kanadischen Untersuchungen wurden z. B. an Wicklungen ausgeführt, die entsprechend der bis vor einigen Jahren allgemein üblichen amerikanischen Technik aus durchgehend gewickelten Glimmerbändern mit Asphaltimprägnierung isoliert sind. Wenn auch wohl für andere Isolierungen ein ähnlicher Einfluß der Temperatur auf die Schadenshäufigkeit angenommen werden muß, so ist es doch sehr wohl möglich, daß dabei große Unterschiede in der absoluten Höhe der Schadenshäufigkeit bestehen. Statistische Unterlagen über andere Isolationsarten als die amerikanische Asphalt-Glimmerband-Isolierung sind bisher jedoch leider nicht bekannt geworden.

3. Elektrische Alterung

Neben die mit der thermischen Beanspruchung der Isolierungen verbundene Wärmealterung tritt noch eine Alterung infolge elektrischer Beanspruchungen. Der Begriff der elektrischen Alterung ist physikalisch oder chemisch viel weniger geklärt als der Vorgang der Wärmealterung. Bei der Alterung von Isolierungen durch Spannungseinwirkung tut man z. B. gut, die Zerstörung organischer Anteile der Isolierung unter der Einwirkung von Glimmentladungen und die ohne sichtbare Zerstörung größerer Isolierstoffanteile ebenfalls mögliche elektrische Alterung getrennt zu behandeln.

Die Alterung von organischen Anteilen der Isolierung unter dem Einfluß von Glimmentladungen erweist sich nämlich als ein im wesentlichen chemisch und thermisch zu verstehender Vorgang. Die durch Glimmentladungen entstehenden Stickstoffoxyde vermögen mit anwesender Feuchtigkeit Säure zu bilden, denen gegenüber z. B. Zellulosematerial nicht beständig ist. Bei besonders kräftigen Entladungserscheinungen können auch schon die eng lokalisiert in den Fußpunkten der Glimmentladungen auftretenden hohen Temperaturen zerstörend auf Papier, Baumwolle und organische Folien wirken.

Zerstörungen solcher Art sind vor allem im Anfang des Elektromaschinenbaues beim Übergang auf hohe Spannungen aufgetreten, bevor die Glimmerisolierungen sich allgemein durchsetzten und in späterer Zeit nur noch, wenn z. B. durch zeitbedingten Mangel an geeignetem Glimmer Isolierstoffe mit ungenügender Glimmfestigkeit verwendet wurden [71, 75]. Schäden durch Glimmentladungen sind bekannt geworden als Folge der Zerstörung von organischen Folien, die statt Glimmer für die Nutisolierung Verwendung fanden. Abb. 119 zeigt das Ergebnis von Durchschlagsmessungen an der Isolierung der nach nur acht Betriebsjahren aus einer Wicklung ausgebauten ROEBEL-Stäben. Die Isolierungen der am elektrisch im Betrieb hoch beanspruchten Wicklungsanfang liegenden Stäbe zeigen eine stark verringerte elektrische Festigkeit, da die zur Verwendung gelangte Triacetatfolie in der Nutisolierung z. T. bis auf ganz geringe Reste zersetzt war.

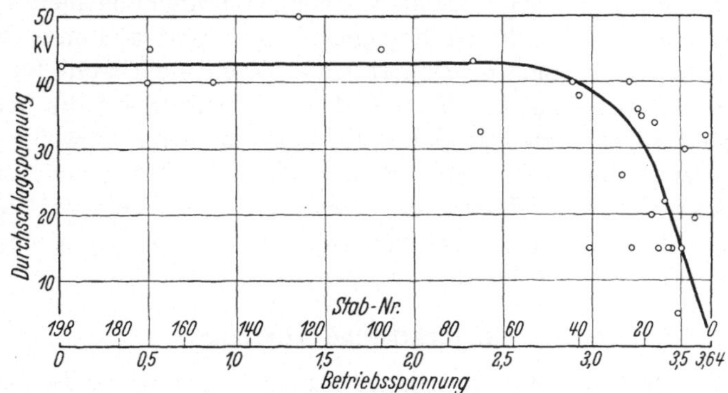

Abb. 119. Durchschlagspannung, 50 Hz, der Nutisolierungen eines Wasserkraftgenerators (6 kV, 16 MVA, 100 U/min), Baujahr 1944. Die Isolierung enthielt Triazetatfolie [74]

In anderen Fällen traten Glimmentladungsschäden an Spulenwicklungen mit unvollständig asphaltierter Klasse A-Windungsisolierung auf, wenn die Asphaltierung nicht im Vakuum erfolgt war. Bei Stabwicklungen wurde bisweilen die Verkittung des Stabverbandes angegriffen,

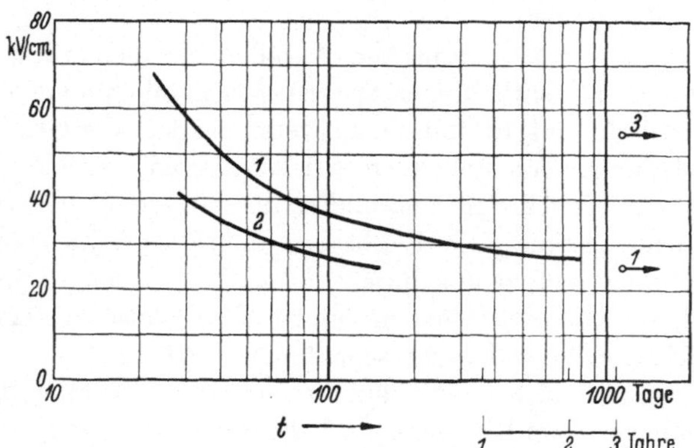

Abb. 120. Durchschlagfestigkeit, abhängig von der Beanspruchungsdauer [18]
1 Spezialpapier mit asphaltähnlichem Lack; 2 Triazetatisolierung; 3 Nutisolierung mit Glimmer

wodurch dann ein mechanisches Zerreiben der Nutisolierung von innen her durch Vibrieren der Teilleiter als mechanischer Folgeschaden auftreten konnte. Unmittelbare Zerstörungen der glimmerhaltigen Nutisolierung durch Glimmentladungen gibt es praktisch nicht.

Die Empfindlichkeit verschiedener Isolierungen und Isolierstoffe gegen hohe Spannungsbeanspruchungen läßt sich quantitativ mit Hilfe der Kurven der Spannungsdauerfestigkeit vergleichen. In diesen Kurven wird die Durchschlagfestigkeit als Funktion der Zeit dargestellt. Abbildung 120 zeigt das unterschiedliche Verhalten von glimmerfreien, organischen Isolierungen gegenüber einer Glimmerisolierung. Die elektrische Beanspruchbarkeit von glimmerfreien Isolierungen sinkt bereits im Zeitbereich zwischen 2400 und 24000 Std. auf rd. 2,5 kV/mm

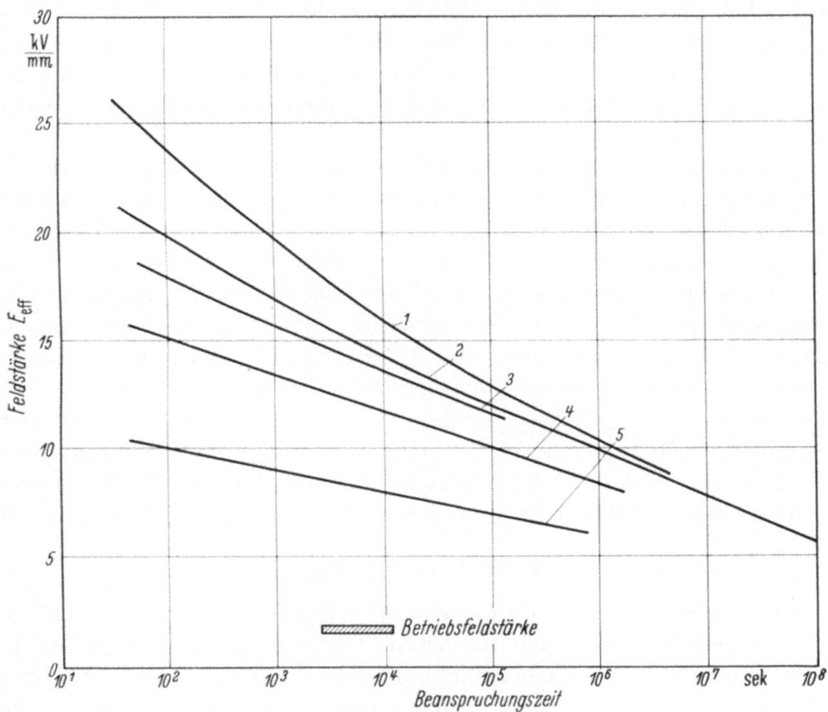

Abb. 121. Spannungsdauerfestigkeit von Nutisolierungen [56]
1 Kunstharz-Glimmer-Isolierung, 2 Schellackmikafoliumisolierung, 3 Kunstharz-Glimmerband-Isolierung (SSW), 4 Kunstharz-Glimmerband-Isolierung, 5 Asphalt-Glimmerband-Isolierung (Westinghouse)

und liegt damit nur noch geringfügig über der bei Maschinen üblichen Betriebsfeldstärke. Eine Glimmerisolierung ist jedoch auch nach 24000 Std. bei 5,5 kV/mm noch nicht durchgeschlagen.

Vollständige Kurven der Spannungsdauerfestigkeit für Glimmerisolierungen sind von verschiedenen Autoren angegeben worden [40, 56, 66, 72]. Je nach Isolationsart bestehen bei kurzen Beanspruchungszeiten erhebliche Unterschiede in der Durchschlagsfestigkeit. Die 1 min-Werte der elektrischen Festigkeit liegen z. B. nach Abb. 121 zwischen 10 bis 25 kV/mm. Im Bereich der langen Zeiten werden die Unterschiede jedoch immer kleiner: Bei 10^6 sek ergeben sich Durchschlagfeldstärken zwischen 6 und 10 kV/mm, und extrapoliert man die Kurven linear, so verschwinden die Unterschiede im Bereich von 100 Jahren bei 2 kV/mm fast völlig. Über den Wert dieser linearen Extrapolation der Kurven der Spannungsdauerfestigkeit bis in den Bereich der Betriebsfeldstärke besteht gegenwärtig noch keine Klarheit; an sich ist der lineare Verlauf nicht sehr wahrscheinlich, da er endliche Lebensdauerwerte bei unendlich kleiner elektrischer Beanspruchung ergibt. Die lineare Extrapolation der elektrischen Lebensdauerkurven ergibt jedoch sicher eher zu ungünstige Lebensdauerwerte bei kleinen Feldstärken, so daß sie für vergleichende Untersuchungen nicht unbedingt als falsch verworfen werden muß.

Neuere Untersuchungen bedienen sich bei der Ermittlung von Lebensdauerkurven mittelfrequenter Hochspannungen. Dabei wird zunächst einmal davon ausgegangen, daß analog den Verhältnissen bei mechanischen Wechselbeanspruchungen von Stählen usw. für die Zerstörung des Prüflings entscheidend die Zahl der Lastwechsel und deren Amplitude sind, jedoch nicht die Frequenz mit der die Lastwechsel erfolgen. Durch Wahl einer Frequenz von $1 \cdots 2$ kHz an Stelle der Betriebsfrequenz von 50 Hz würde man die erforderlichen Dauerversuchszeiten auf rd. $^1/_{20}$ bis $^1/_{40}$ kürzen können, und so auch im Bereich niedriger Feldstärken Meßwerte in relativ kurzer Zeit erhalten. An glimmerlosen Isolierungen konnte bereits gezeigt werden, daß derartige Überlegungen richtig sind; an Glimmerisolierung stehen solche Untersuchungen noch aus.

4. Funktionsprüfungen

Den verschiedenen Verfahren zur Ermittlung des Alterungsverhaltens von Isolierungen haftet eine Reihe von Mängeln an. Die Fehlerstatistik läßt sich immer erst nachträglich auswerten und sagt nichts aus über die Lebenserwartung von Wicklungen mit neuartigen Isolierungen. Die Messung der Isolationsverschlechterung bei einfacher Wärmelagerung ist zwar für vergleichende Untersuchungen anwendbar, für das Verhalten im Betrieb gibt sie jedoch ebenfalls keine absolute Aussage. Die gleichen Einschränkungen gelten für die Bewertung der rein elektrischen Lebensdauer einer Isolierung.

Eine direkte Beurteilung des zu erwartenden Betriebsverhaltens ist nur möglich unter Versuchsbedingungen, die einerseits möglichst nahe den Betriebsbedingungen entsprechen, andererseits aber gegenüber Normalbetrieb so überhöht sind, daß in relativ kurzer Zeit mit Versuchsergebnissen gerechnet werden kann. Bei kleinen Maschinen mit wildgewickelten Spulen hat man die sog. *Motoretten*-Prüfung eingeführt und erprobt. Hierbei werden Spulen in natürlicher Größe in eine Nutnachbildung eingespannt, so daß alle wesentlichen Elemente der Isolierung der wirklichen Maschine vorhanden sind. Diese Motoretten werden sodann bestimmten zyklischen Beanspruchungen mit wechselnder Temperatur, Feuchte und mechanischer Beanspruchung (z. B. Rütteln) unterworfen und geprüft. Bei Variation der Beanspruchungsamplitude, z. B. der Temperatur, erhält man den MONTSINGER-Kurven analoge Alterungskurven, in denen die Versuchsdauer bis zum Defekt abhängig von der Temperatur aufgetragen ist. Derartige Prüfungen gestatten zusätzliche Aussagen über die Eignung bestimmter Lackdrähte für Wicklungen, durch die thermische, elektrische und mechanische Prüfungen am Lackdraht allein wertvoll ergänzt werden.

Solche unter betriebsnahen Bedingungen ausgeführte Versuche gehören in die Klasse der sog. Funktionsprüfungen. Über Funktions-

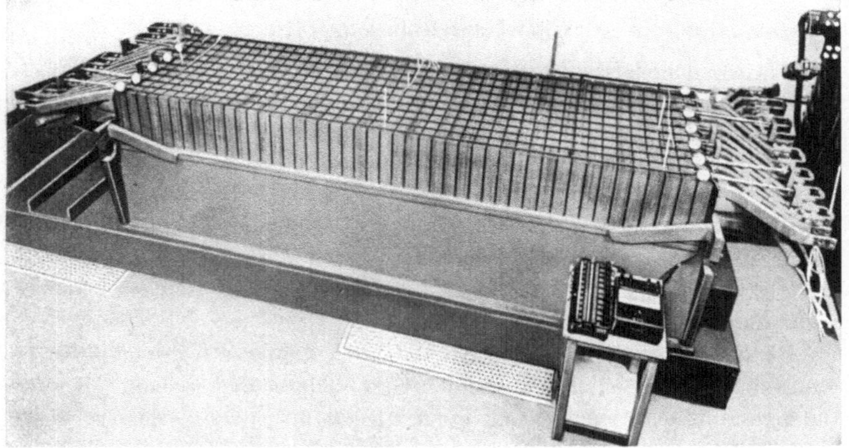

Abb. 122. Ständerblechpaket mit Versuchswicklung für Funktionsprüfungen [56]

prüfungen an ROEBEL-Stäben für große Maschinen ist bereits in mehreren Fällen berichtet worden. So haben verschiedene Firmen das wärme-mechanische Verhalten neuer Isolierungen in Ständerblechpaketen natürlicher Abmessungen studiert, um die Auswirkungen betriebsmäßiger Beanspruchungen kennenzulernen [17, 30, 40, 66, 75]. Üblicherweise werden bei diesen Versuchen die ROEBEL-Stäbe in bestimmten Zyklen durch direkte Stromheizung erwärmt und wieder durch Belüftung abgekühlt. Neben den interessierenden Längenänderungen der Isolierungen treten naturgemäß auch Wärmealterungsvorgänge auf, die zunächst nicht erfaßt werden.

Ergänzt man jedoch die zyklische Wärmebeanspruchung von Versuchswicklungen in Ständerblechpaketmodellen natürlicher Größe durch eine elektrische Dauerbeanspruchung, so bietet diese zusätzliche Maßnahme zweierlei: Die Spannungsbeanspruchung ergänzt die thermischen und mechanischen Einwirkungen zu einer betriebsnahen, funktionsgerechten Gesamtbeanspruchung und dient gleichzeitig als ständig anliegende Prüfspannung, die, solange sie von der Isolierung gehalten wird, die Funktionstüchtigkeit der Versuchswicklung nachweist.

Abb. 122 zeigt ein Ständerblechpaket von 3 m Länge mit 11 Nuten, das eine 13,8 kV-Versuchswicklung enthält [56]. Die Roebelstäbe dieser Wicklung sind nach verschiedenen Isolationsverfahren isoliert, so daß ein Vergleich dieser Isolierungen unter völlig gleichen, betriebsnahen Bedingungen möglich ist. Ausfallende Stäbe können jeweils durch neue, gegebenenfalls auch mit verbesserter Isolierung versehene Stäbe ersetzt werden.

B. Isolationsprüfungen

1. Ziel der Isolationsprüfung

Das Ziel aller Isolationsprüfungen ist es, eine größtmögliche Betriebssicherheit der elektrischen Maschinen zu erreichen. Prüfungen werden überall dort eingeführt, wo man glaubt, durch sie eine Verbesserung der Qualität, d. h. der voraussichtlichen Lebensdauer erreichen zu können, z. B. bei der Fertigungsüberwachung oder bei Abnahmeprüfungen. Darüber hinaus erfolgen dann später Prüfungen im Betrieb, um beginnende Verschlechterungen des Zustandes der Isolierungen rechtzeitig zu erkennen und möglichst ohne Störung des Betriebes beheben zu können.

Die Betriebsüberwachung hat dabei die doppelte Aufgabe, einerseits einzelne Schwachstellen zu finden und andererseits festzulegen, wann die gesamte Isolierung so weit *gealtert* ist, daß sie völlig erneuert werden muß. Bei dieser Fragestellung spielen in der Praxis wirtschaftliche Gesichtspunkte eine wesentliche Rolle, je nach der Bedeutung einer Maschine für die Wirtschaftlichkeit und Sicherheit der Betriebsführung. Diese Aspekte der Prüfung und Überwachung von Maschinenisolierungen sind jedoch nicht allgemeingültig zu behandeln und können daher nur soweit berücksichtigt werden, wie das Prinzip der Wirtschaftlichkeit an sich schon die Methoden und Meßverfahren beeinflußt.

Als Prüf- und Meßverfahren stehen die sog. *zerstörungsfreien* und sog. *nicht zerstörungsfreien* Verfahren zur Verfügung. *Zerstörungsfrei* ist eine Prüfung, wenn sie beliebig oft anwendbar ist, ohne daß der Prüfling merkliche bleibende Veränderungen durch die Prüfung selbst erleidet. *Zerstörend* ist ein Prüfverfahren, wenn seine Aussage nur dadurch gewonnen werden kann, daß der Prüfling zerstört, d. h. zur weiteren Verwendung durch die Prüfung unbrauchbar gemacht werden muß.

In der Praxis der Betriebsüberwachung sind diese Begriffe nicht immer in ganz strengem Sinne anwendbar, da z. B. ein an sich zerstörungsfreies Prüfverfahren wie die $\tan\delta$-Messung bei höheren Spannungen eine Spannungsprobe einschließt, die überstanden werden, aber auch zu einem Durchschlag führen kann.

Hinter allen Bemühungen um Verfahren zur Isolationsbeurteilung steht der Wunsch, eine Meßgröße zu finden, die möglichst zerstörungsfrei den jeweils noch zur Verfügung stehenden Rest der Lebensdauer der Isolierung anzeigt.

Die grundsätzliche Schwierigkeit bei diesen Bemühungen liegt jedoch darin, daß die eine primäre Eigenschaft der Isolierung, auf die es im Betrieb wirklich ankommt, nämlich die Spannungsfestigkeit, ihrer Natur nach nicht zerstörungsfrei zu ermitteln ist. Es gilt, eine meßbare Größe zu finden, die sich in eindeutiger Weise im Laufe der Betriebszeit einer Maschine so verändert, daß jederzeit von ihr auf die Spannungsfestigkeit der Wicklung geschlossen werden kann. Da physikalische Zusammenhänge zwischen zerstörungsfrei meßbaren Größen und der Spannungsfestigkeit bisher nicht sicher bekannt sind, könnten auch rein empirisch ermittelte Zusammenhänge diese Aufgabe erfüllen. Die Werte von bisher über längere Zeiten bzw. an größeren Maschinen-Stückzahlen verfolgten Meßgrößen zeigen allerdings sehr erhebliche Streuungen, auch fehlt meist die konsequente Ermittlung des Zusammenhanges von Meßgrößenwert und Spannungsfestigkeit. Die nicht zerstörungsfreien Prüfverfahren, nämlich die Spannungsproben mit Wechsel-, Gleich- oder Stoßspannung sind daher z. Z. noch unentbehrlich, besonders im Hinblick auf die Ausschaltung einzelner Schwachstellen. Sie lassen sich aber durch die zerstörungsfreien, Feuchte, Verschmutzung, Versprödung u. dgl. nachweisenden Verfahren wertvoll ergänzen. Die Wicklungsbeurteilung setzt sich dann wie ein Mosaik aus vielen Einzelheiten zusammen, zumal auch mit dem Nachweis von Schwachstellen und allgemeiner Alterung noch nicht alles getan ist, sondern vielmehr auch beurteilt werden muß, wann eine Wicklung zu reinigen oder zu trocknen ist.

2. Zerstörungsfreie Prüfverfahren

a) tan δ-Messung. Der Isolationstechniker ist gewohnt, sich die Isolierung einer Maschinenwicklung als Dielektrikum einer Reihe von Kondensatoren vorzustellen, deren spannungsführende Elektroden Wicklungskupfer und Ständereisen sind. Der Verlustfaktor dieser als Kondensatordielektrikum betrachteten Isolierung ist zu einer wertvollen Meßgröße geworden, seitdem er mit der um 1920 entwickelten Scheringbrücke und ihren Weiterentwicklungen, sowie auch mit sehr empfindlichen Wattmetern der Messung ohne große Schwierigkeiten zugänglich geworden ist.

tan δ-Messung mit der Scheringbrücke. Die zur tan δ-Messung bei Betriebsfrequenz benutzte Scheringbrücke hat im Laufe der Zeit eine ganze Reihe von Abwandlungen erfahren [*20, 88, 90, 91, 96*], so daß es heute möglich ist, Messungen an Kapazitäten aller Größen mit größter Genauigkeit auszuführen. Abb. 123 zeigt die Scheringbrücke in ihrer ursprünglichen Ausführung. Im abgeglichenen Zustand wird der Brückenzweig (Vibrationsgalvanometer oder elektronischer Nullanzeiger) stromlos, und es gilt dann für die zu messende Kapazität C_x die Formel

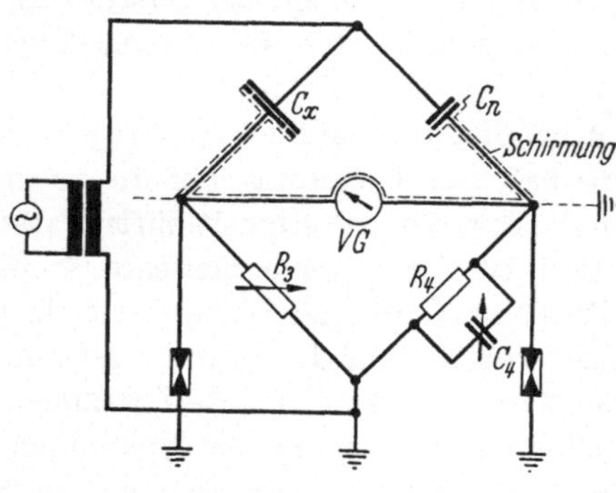

Abb. 123. Scheringbrücke

$$C_x = \frac{R_4\,C_n}{R_3} \qquad (24)$$

und für den Verlustfaktor $\tan\delta_{C_x}$ die Formel

$$\tan\delta_{C_x} = R_4\,\omega\,C_4 \quad \text{oder}$$
$$\tan\delta_{C_x} = 0{,}1\cdot C_4$$
$$\left(R_4 = \frac{1000}{\pi}\,\Omega,\; C_4 \text{ in } (\mu\text{F}),\, 50\text{Hz}\right).$$

Für die weiteren Ausführungen über Messungen an Maschinenwicklungen wird der Einfachheit halber immer die Scheringbrücke in dieser Form zugrunde gelegt.

Für den Praktiker ist es jedoch wichtig zu wissen, daß z. B. schon die $\tan\delta$-Messung an einer Maschinenwicklung bei fest geerdetem Ständereisen, z. B. in Kraftwerken (Messung einer einpolig geerdeten Kapazität), besondere Maßnahmen erfordert, nämlich entweder die Verwendung einer isoliert aufgestellten, bei der Messung auf Hochspannung befindlichen Meßbrücke, die Benutzung von Zusatzgeräten, die durch einen Vorabgleich den Einfluß von Nebenkapazitäten ausschalten, oder aber die nachträgliche rechnerische Korrektur der Meßwerte. Die beiden zuletzt genannten Fälle erfordern außerdem eine zweipolig isolierte Spannungsquelle. Moderne Meßbrücken, wie z. B. die Siemens-Universal-C-$\tan\delta$-Brücke nach Poleck [90] gestatten dabei auch bei großen Werten der Kapazität eine unmittelbare Ablesung des $\tan\delta$-Wertes, eine einfache Ermittlung der

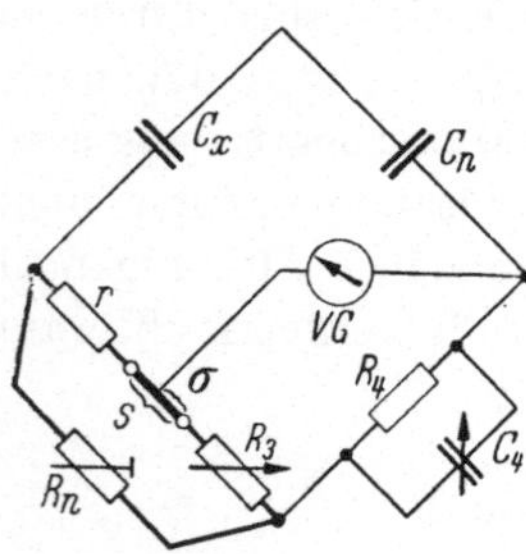

Abb. 124. Erweiterung der Scheringbrücke für große Kapazitäten

$$\tan\delta = R_4\,\omega\,C_4 - \frac{R_4\omega(r+s-\sigma)}{R_3+\sigma}\,C_n,$$
$$R_4 = \frac{1000}{\pi}\,\Omega,\; R_n+r+s = 100\,\Omega,$$
$$\sigma < 1\,\Omega$$

Kapazität als Produkt von an der Meßbrücke ablesbaren Faktoren und sind im Bedarfsfall mit Zusatzeinrichtungen auch als automatisch abgleichende, C und $\tan\delta$ in Abhängigkeit von Zeit, Temperatur oder Spannung messende Geräte benutzbar [112]. Die für große Kapazitätswerte (Kabel, Kondensatoren, Maschinenwicklungen) abgewandelte Scheringbrücke erfordert etwas mehr Aufwand für die Berechnung der C- und tan δ-Werte aus den eingestellten Brückendaten (Abb. 124).

Als Vergleichskapazität C_2 dienen verlustfreie Preßgaskondensatoren (tan $\delta < 1 \cdot 10^{-4}$), auch Styroflex-Öl-Kondensatoren (tan $\delta \approx 1 \cdot 10^{-4}$) und Glimmerkondensatoren.

Die Höhe der Meßspannung richtet sich nach der Spannungsfestigkeit dieser Vergleichskondensatoren und des Prüflings. Der Spannungsabfall an den Brückenwiderständen R_3 und R_4 ist außerordentlich gering und liegt in der Größenordnung von 1 V.

tan δ-Messung mit Wattmeter. Mißt man in der Schaltung der Abb. 125 mit sehr genauen Wandlern (Klasse 0,1) Strom und Spannung sowie mit Hilfe eines hochempfindlichen Wattmeters (Endausschlag bei cos $\varphi = 0,1$) die Wirkleistung, so läßt sich bei größeren Kapazitäten, wie sie die Wicklungskapazität gegen das Ständereisen meist darstellt, auch eine Verlustfaktormessung mit einiger Genauigkeit ausführen. Bei niedrigen

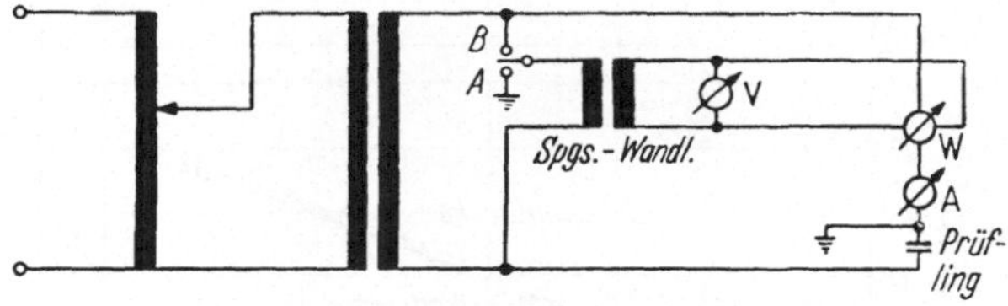

Abb. 125. tan δ-Messung mit Wattmeter

Schaltung A: Wandlerverluste werden mitgemessen; Schaltung B: Wandlerverluste werden nicht mitgemessen;

$$\sin\delta = \frac{N_w}{N_s} \approx \tan\delta \text{ bei kleinem Winkel } \delta;$$

$$N_s = U\,I; \quad N_w = \gamma_{\text{Wattmeter}}\,U_{\text{Wandler}}$$

Spannungen von $1 \cdots 2$ kV ist allerdings oft der Meßfehler so groß, daß völlig einwandfreie tan δ-Kurven in Abhängigkeit von der Spannung nicht immer erreichbar sind.

Für die Messung ist außerdem eine zweipolig isolierte Spannungsquelle oder ein für die volle Meßspannung isolierter Stromwandler erforderlich, falls man nicht die Meßgeräte während der Messung auf Hochspannung bringen will. Abb. 126 zeigt eine Verlustfaktormessung, die parallel mit Wattmeter und Scheringbrücke ausgeführt wurde, an einer Ständerwicklung, deren Kapazität 0,9 µF betrug.

Eine tan δ-Messung an kapazitätsarmen Gebilden, wie z. B. der Wickelkopfisolierung zwischen den Strängen einer Drehstrommaschine, ist wegen der geringen Ströme mit dem Wattmeter nicht ausreichend genau möglich.

Die wattmetrische tan δ-Messung findet daher auch nur sehr begrenzt Anwendung.

tan δ-Messungen an Maschinenwicklungen. Messungen des Verlustfaktors und der Kapazität einzelner Wicklungselemente und kompletter

Wicklungen von Maschinen, deren Ständer z. B. in der Fabrik isoliert aufgestellt werden können, erfordern eine Anwendung der Prüfschaltung nach Abb. 123, oder bei größeren Kapazitätswerten nach Abb. 124.

Zwischen der Messung an einzelnen Wicklungselementen und ganzen Wicklungen besteht lediglich der Unterschied, daß sich bei ganzen Wicklungen aus praktischen Gründen allgemein die Anwendung einer Schutzringschaltung nach Abb. 123 verbietet. Die Wicklung ist einerseits

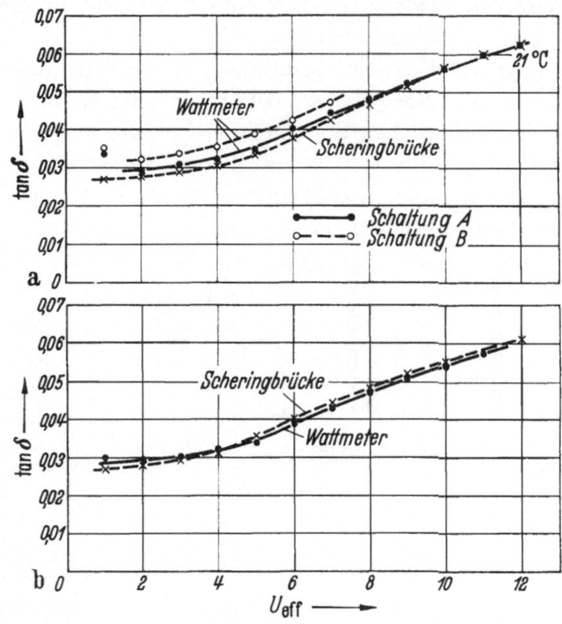

Abb. 126a u. b. tan δ-Messung mit Scheringbrücke und Wattmeter
a) ein Strang einer Generatorwicklung;   b) alle drei Stränge der gleichen Wicklung parallel

meist schlecht zugänglich, andererseits würde die Anbringung von Schutzringen an jedem einzelnen Stab- oder Spulenende unzumutbar lange Zeit erfordern.

Bei Drehstromwicklungen mit auftrennbarem Sternpunkt, gegebenenfalls mit mehreren parallelen Wicklungszweigen, kann man außer der zwischen Wicklungskupfer und Ständereisen liegenden Nutisolierung auch die zwischen den Strängen liegende Wickelkopfisolierung mit C-tan δ-Messungen erfassen.

Abb. 127a bis c zeigt das Ersatzschaltbild der Kapazitäten einer Drehstromwicklung bei aufgetrenntem Sternpunkt. C_u, C_v und C_w stellen die Kapazitäten zwischen dem Kupfer der drei Wicklungsstränge U–X, V–Y und W–Z und dem Ständereisen, d. h. die Nutisolierung dar. C_{uv}, C_{uw} und C_{vw} sind die Kapazitäten zwischen den drei Wicklungssträngen im Wickelkopf der Maschine. Eine Messung dieser Kapazitäten bzw. ihrer Verlustfaktoren gibt Aufschluß über Eigenschaften der Wickelkopfisolierung. Will man die Nutisolierung einer Wicklung allein erfassen, so legt man nach Abb. 127a alle drei Stränge parallel über die an Hochspannung liegende und über Isolierstangen zu bedienende Scheringbrücke an Spannung. Der Sternpunkt braucht hierbei nicht offen zu sein. Da das gesamte Wicklungskupfer dabei als eine Elektrode der Kapazität $C_{\text{ges}} = C_u + C_v + C_w$ auf die

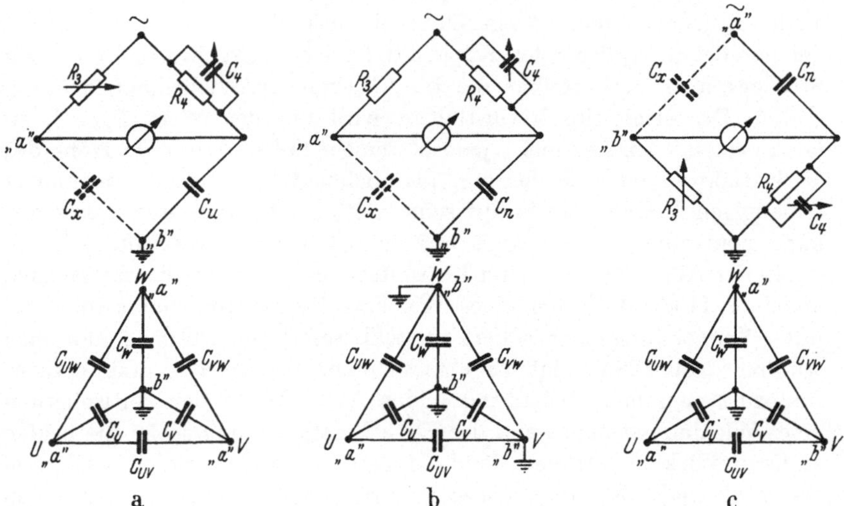

Abb. 127 a—c. tan δ-Messung an Drehstromwicklungen

a) tan δ der Nutisolierung

$$C_x = C_u + C_v + C_w$$

U, V, W an Brückenpunkt a; Ständereisen an Punkt b;

b) tan δ von Nut- und Wickelkopfisolierung

$$C_x = C_u + C_{uv} + C_{uw}$$

c) tan δ der Wickelkopfisolierung

$$C_x = C_{uv} + C_{vw}$$

U, W an a, V an b; Ständereisen geerdet

Achtung! C_v liegt parallel zu R_3: tan δ-Korrektur

gleiche Meßspannung gegen das auf Erdpotential befindliche Ständereisen kommt, liegt an der Wickelkopfisolierung C_{uv}, C_{uw} und C_{vw} keine Spannung. Der gemessene Verlustfaktor tan δ_{ges} ist eine Mittelwertbildung über die Verlustfaktoren der einzelnen Nutisolierungen aller Wicklungselemente. Sie erfaßt daher z. B. auch keine einzelnen Stellen der Isolierung mit besonders hohem oder niedrigem tan δ.

Legt man (Abb. 127b) bei ebenfalls auf Hochspannung befindlicher Scheringbrücke nur einen Wicklungsstrang über R_3 an Spannung und erdet die beiden anderen Stränge, so erfaßt die C-tan δ-Messung Kapazität C und Verlustfaktor tan δ der Nutisolierung eines Stranges, z. B.

des Stranges U–X und die Wickelkopfisolierung dieses Stranges gegen die beiden anderen. Wegen der vergleichsweise niedrigen Kapazitätswerte der Wickelkopfisolierung sind die Unterschiede von C und $\tan\delta$ nach Messung a und b meist gering.

Nach Abb. 127 c kann man die Wickelkopfisolierung eines Stranges gegen die beiden anderen, z. B. $C_{uv} + C_{vw}$, für sich ohne parallelgeschaltete Nutisolierung erhalten, wenn man zwei Stränge (U–X) und (W–Z) direkt an die Meßspannung und das Wicklungskupfer des dritten an den Brückeneckpunkt b legt. Zu beachten ist, daß diese Messung wegen der parallel zu R_3 liegenden Kapazität C_v der Nutisolierung des dritten Stranges nicht unmittelbar die $\tan\delta$-Werte der Wickelkopfisolierung ergibt. Der ermittelte Verlustfaktor wird um den Wert $R_3\,\omega\,C_v$ zu hoch gemessen. Da es meist jedoch weniger auf die absolute Höhe des Verlustfaktors einer Isolierung, als vielmehr auf seinen spannungsabhängigen Verlauf, sowie auf seine zeitliche Veränderung ankommt, kann man ohne weiteres auch auf diese Korrektur verzichten.

In der Abb. 128a u. b sind Kapazitäts- und Verlustfaktormessungen an einer 11 kV-Wicklung eines Wasserkraftgenerators dargestellt, die unter Verwendung einer isoliert aufstellbaren Scheringbrücke gewonnen wurden. Abb. 128a zeigt Ergebnisse einer Kapazitäts- und Verlustfaktormessung nach Schaltung b der Abb. 127 an der Nutisolierung eines Wicklungsstranges und der Wickelkopfisolierung gegen die beiden anderen Wicklungsstränge. Beide Meßgrößen steigen in der bekannten Weise oberhalb der *Glimmeinsatzspannung* (vgl. S. 146) an. Der schon unterhalb der Glimmeinsatzspannung erfolgende konstante Anstieg des $\tan\delta$ ist darauf zurückzuführen, daß die einzelnen Nutisolierungen nicht in Schutzringschaltung vorliegen. Vielmehr werden ohmsche Verluste in den spannungsabhängigen Widerständen der halbleitenden, zur Unterdrückung von Gleitfunken dienenden Oberflächenschichten am Nutaustritt bei der Messung mit erfaßt.

Bei der Auswertung von $\tan\delta$-Messungen kann man jedoch derartige ohmsche Verluste von Glimmentladungsverlusten in der angegebenen Weise graphisch trennen, da im Bereich der ohmschen Verluste die Kapazität nicht zuzunehmen pflegt. Mit der Ermittlung des Anstieges des $\tan\delta$ mit der Spannung (vgl. S. 147) will man die Intensität von Glimmentladungen innerhalb der Nutisolierung beurteilen. Daher muß der durch den sog. Endenglimmschutz-Belag bedingte Anteil in der gezeigten Weise in Abzug gebracht werden.

Mit der Verlustfaktor- und Kapazitätsmessung an der Wickelkopfisolierung sollte im vorliegenden Beispiel (Abb. 128b) nachgewiesen werden, daß bis weit über die verkettete Spannung hinaus keine Glimmentladungen im Wickelkopf zwischen den Strängen stattfinden. Ein horizontaler Verlauf von C und $\tan\delta$ wäre zu erwarten gewesen, bzw.

ein Ionisationsknick, sobald Glimmentladungen einsetzen. Tatsächlich wurden die stetig abfallenden Kurven gemessen, deren Verlauf sich wieder durch die halbleitenden Endenglimmschutz-Beläge am Nutaustritt erklärt. Da zur praktischen Auswertung von $\tan\delta$-Messungen an Maschinenwicklungen, besonders aber für Wickelkopfisolierungen

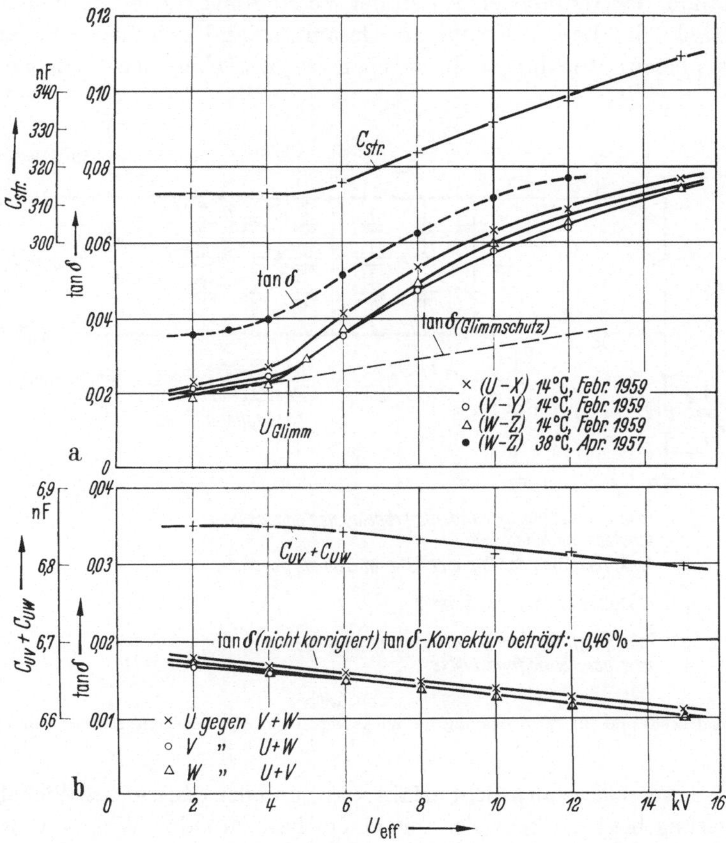

Abb. 128a u. b. Verlustfaktor- und Kapazitätsmessungen an einer 11 kV-Wicklung
a) C und $\tan\delta$ der Wicklungsstränge;   b) C und $\tan\delta$ der Wickelkopfisolierung

bisher nur sehr wenig Angaben vorliegen [*39, 71, 103*], soll dieses Beispiel einmal näher erläutert werden, da es deutlich macht, wie sehr zur Beurteilung von C-$\tan\delta$-Messungen eine genaue Kenntnis des Aufbaues der Isolierung in allen Einzelheiten gehört.

Der völlig gleichförmige fallende Verlauf von C und $\tan\delta$ zeigt zunächst, daß bis 15 kV praktisch keine Glimmentladungen zwischen den Strängen auftreten. Einsetzende Glimmentladungen würden sich als Ansteigen der Verlustfaktorkurve bemerkbar machen.

Das Absinken von Verlustfaktor und Kapazität der Wickelkopfisolation wird an Hand der Abb. 129 erklärbar, die ein Ersatzschaltbild für die Anordnung der Teilkapazität im Wickelkopf außerhalb der Nut bei $\tan\delta$-Messung zwischen den Wicklungssträngen darstellt.

Der äußere Wickelkopf enthält Kapazitäten, die durch die Luftabstände, den räumlichen Anteil der Versteifungsklötze und den Anteil der Dicke der Bandisolierung am Gesamtabstand zwischen dem Kupfer benachbarter Wicklungsteile gegeben ist. Zwischen der Nutisolierung,

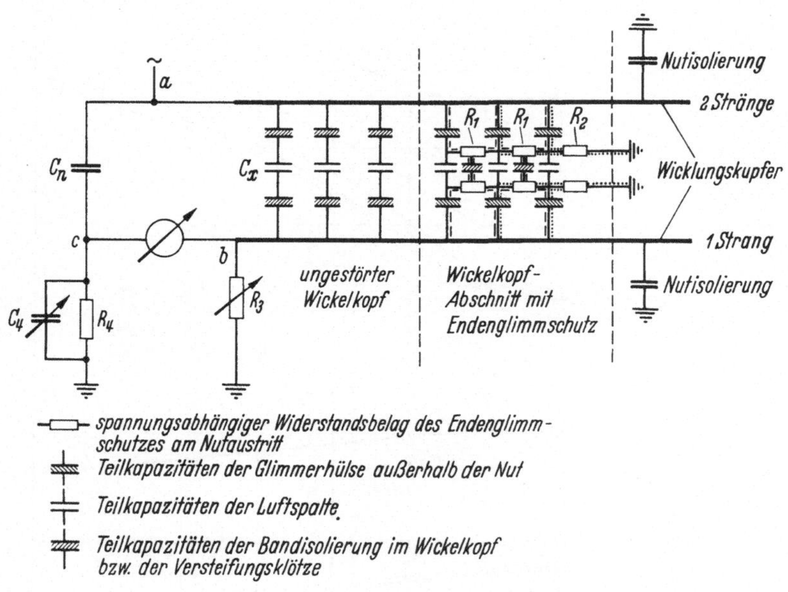

Abb. 129
Ersatzschaltbild für $\tan\delta$-Messung im Wickelkopf einer Maschine mit Endenglimmschutz

die bei dieser Messung nicht erfaßt wird, und der *ungestörten* Wickelkopfisolierung liegt der teilweise mit einem halbleitenden Widerstandsbelag versehene Hülsenüberstand, der den Übergang von der Nut- zur Wickelkopfisolierung bildet. Da an dieser Stelle auch Versteifungsklötze eingebaut sind, ist die kapazitive Kopplung benachbarter Hülsenüberstände relativ eng. Die Kopplung verläuft z. T. über den Endenglimmschutz-(EGS)-Widerstand. Dieser Teil des Wickelkopfes stellt daher eine Reihenschaltung von Teilkapazitäten und spannungsabhängigen Widerständen dar. Der Widerstandsbelag ist außerdem leitend mit dem Erdpotential des Ständereisens verbunden.

In der Abb. 129 sind die Stromwege angedeutet, in denen spannungsabhängige Widerstände R_1 liegen. Die gestrichelt gekennzeichneten Wege sind verantwortlich für den fallenden $\tan\delta$-Verlauf: Die in Reihe mit der Kapazität der Leiterisolierung und der Kapazität der Versteifungsklötze liegenden Widerstände R_1 nehmen mit zunehmender Spannung ab. Der $\tan\delta$ dieser Reihenschaltung von R_1 und C ist proportional dem Widerstand R_1, d. h. auch $\tan\delta$ nimmt mit der Spannung ab.

Die punktiert gekennzeichneten Stromwege sind für die fallende Kapazität verantwortlich: In die Kapazitätsmessung gehen nur die kapazitiven Ströme ein, die vom Brückenpunkt a über b durch R_3, den Brückenwiderstand, nach Erde abfließen. Durch die Verbindung des EGS-Widerstandes (mit R_2 bezeichnet) mit dem Ständereisen fließt jedoch ein gewisser Anteil dieses Stromes, ohne den Brückenwiderstand R_3 zu passieren, nach Erde ab. Dieser Anteil wird wegen des absinkenden Widerstandes R_2 mit steigender Spannung größer, d. h. die gemessene Kapazität sinkt.

In der Praxis wird man zunächst immer sicherstellen müssen, wieweit ein bestimmter Verlauf oder Absolutwert des $\tan\delta$ auf derartige konstruktiv bedingte Verhältnisse zurückzuführen ist. Erst danach kann man darangehen, die C-$\tan\delta$-Messungen als Grundlage für die Beurteilung der gemessenen Isolierungen zu machen. Dabei gibt es naturgemäß die begrenzte Aussagekraft der zerstörungsfreien Messung zu berücksichtigen. In den nachfolgenden Abschnitten wird versucht, Aussagekraft und Grenzen der C-$\tan\delta$-Messung zu erläutern.

Einfluß der dielektrischen Verluste auf Wicklungstemperatur und Maschinenwirkungsgrad. Eine einfache rechnerische Abschätzung ergibt, daß auch die höchsten bei gegenwärtig ausgeführten Isolationsarten vorkommenden $\tan\delta$-Werte — $\tan\delta \approx 0{,}5$ bei Schellackmikafoliumumpressungen bei $90 \cdots 120\,^\circ\mathrm{C}$ — für den praktischen Betrieb der Maschinen keine Rolle spielen. Die dielektrischen Verluste beeinflussen weder die Berechnung des Maschinenwirkungsgrades, noch führen sie zu einer nennenswerten zusätzlichen Erwärmung der Wicklung. Zur Berechnung der Kupferverluste und der dielektrischen Verluste werden folgende Annahmen gemacht:

Kupferquerschnitt	q	$1 \cdot 5\ \mathrm{cm^2}$
Strom	J	$1600\ \mathrm{A}$
Kupfertemperatur	ϑ	$100\,^\circ\mathrm{C}$
Spez. Widerstand bei $100\,^\circ\mathrm{C}$	ϱ	$2{,}27 \cdot 10^{-6}\ \Omega\ \mathrm{cm}$
$\dfrac{\text{Wicklungslänge im Wickelkopf}}{\text{Wicklungslänge in Nut}} = 1$		
Umpressungsdicke	δ	$0{,}3\ \mathrm{cm}$
Mittlere Fläche der Isolation je cm Umpressungslänge	F	$13{,}2\ \mathrm{cm^2}$
Elektrische Feldstärke (am Wicklungsanfang)	E_0	$20\ \mathrm{kV_{eff}/cm}$
Dielektrizitätskonstante bei $90 \cdots 100\,^\circ\mathrm{C}$	ε	15
Verlustfaktor $\tan\delta$		$0{,}5$
Wärmeleitfähigkeit der Isolierung	λ	$0{,}2\ \mathrm{W/m\ grd.}$

Die Kupferverluste, $Q = \dfrac{J^2 \varrho}{q}$, je cm Wicklungslänge ergeben sich unter diesen Annahmen zu 1,16 W, zu denen noch Zusatzverluste hinzutreten, die vereinfachend zu 10% angenommen werden; damit müssen je cm Wicklungslänge durch die Nutisolierung 1,27 W abgeführt werden. Das entspricht einer Wärmestromdichte von $Q_{Cu} = 970$ W/m². Bei einem Wärmewiderstand $\dfrac{\delta}{\lambda} = \dfrac{3 \cdot 10^{-3}}{0,2}$ $\dfrac{\text{m}^2\,\text{grd}}{\text{W}}$ ergibt sich ein Temperaturgefälle an der Nutisolierung von $Q_{Cu} \dfrac{\delta}{\lambda} = 14,3\,°\text{C}$.

Die dielektrischen Verluste im Nutteil der Isolierung sind am Wicklungsende (Sternpunkt) gleich Null und nehmen, da die dielektrische Beanspruchung zum Wicklungsanfang linear steigt, quadratisch längs der Wicklung zu. Mit $E_0 = 20$ kV/cm werden unter den oben genannten Bedingungen am Wicklungsanfang je Zentimeter Stablänge

$$Q_{\text{diel}} = U^2\,\omega\,C\,\tan\delta \quad \left[\frac{\text{Watt}}{\text{cm (Stablänge)}}\right] \qquad (25)$$

erzeugt; d. h.

$$Q_{\text{diel}} = \mathfrak{E}_0^2\,\delta\,\omega\,\varepsilon_0\,\varepsilon\,F\,\tan\delta \quad \left[\frac{\text{Watt}}{\text{cm (Stablänge)}}\right]; \qquad (26)$$

mit den oben angegebenen Werten ergibt sich:

$$Q_{\text{diel}} = 0,33 \quad \left[\frac{\text{Watt}}{\text{cm (Stablänge)}}\right] \quad \text{bzw.} \quad Q_{\text{diel}} = 250 \quad \left[\frac{\text{W}}{\text{m}^2}\right].$$

Dieser Wärmestrom entsteht in der Isolierung, durchfließt sie also nicht in ihrer ganzen Dicke und verursacht daher auch einen geringeren Temperaturabfall an der Isolierung als ein gleich großer, aus dem Kupfer kommender Wärmestrom.

Eine kurze Rechnung[1] zeigt, daß ein Wärmestrom, dessen Quellen gleichmäßig über die Isolationsdicke verteilt sind, gerade die Hälfte des Temperaturabfalles erzeugt, wie ein gleich großer, vom Kupfer

---

[1] Der dielektrische Wärmestrom (Abb. 130a u. b) nimmt von $\delta = 0$ (Trennfläche Kupfer–Isolierung) bis $\delta = \delta_0$ (Trennfläche Isolierung–Eisen) linear zu: $Q_{\text{diel}}(\delta) = Q_0 \dfrac{\delta}{\delta_0}$; auf dem Wegelement $d\delta$ durch die Isolation wird durch den an dieser Stelle fließenden Wärmestrom ein Beitrag zur gesamten Temperaturdifferenz $\varDelta\delta_{\text{isol}}$ von $d(\varDelta\vartheta) = \dfrac{Q_0\,\delta}{\lambda\,\delta_0}\,d\delta$ geleistet. Die gesamte — durch dielektrische Verluste erzeugte — Temperaturdifferenz ergibt sich aus dem Integral

$$\varDelta\vartheta_{\text{isol}} = \int_0^{\delta} \frac{Q_0\,\delta}{\lambda\,\delta_0}\,d\delta = \frac{1}{2}\,Q_0\,\frac{\delta_0}{\lambda},$$

das die je Wegelement $d\delta$ von $\delta = 0$ bis $\delta = \delta_0$ erzeugten Temperaturdifferentiale $d(\varDelta\vartheta)$ summiert.

herrührender Wärmestrom:

$$\Delta\vartheta_{\mathrm{isol}} = \frac{1}{2}\,Q_{\mathrm{diel}}\,\frac{\delta}{\lambda}\,. \qquad (27)$$

Durch dielektrische Verluste wird im vorliegenden Beispiel die Kupfertemperatur selbst bei Schellackmikafolium mit $\tan\delta = 0{,}5$ höchstens — am Wicklungsanfang — um rd. 2 °C erhöht.

Zur Abschätzung der Bedeutung der dielektrischen Verluste für den Maschinenwirkungsgrad sollen nur grob die gesamten Kupferverluste mit den gesamten dielektrischen Verlusten verglichen werden. Im Nutteil der Wicklungen betragen die dielektrischen Verluste, summiert über die Nutlänge l_0 vom Wicklungsende (Sternpunkt) bis zum Wicklungsanfang bei von $0\cdots 2\ \mathrm{kV/mm}$ steigender Feldstärke

$$Q_{\mathrm{diel}} = \varepsilon_0\,\varepsilon\,\delta F \tan\delta\,\frac{E_0^2}{l_0^2}\int_0^{l_0} l^2\,dl \quad [\mathrm{Watt}] \quad (28)$$

oder

$$Q_{\mathrm{diel}} = \varepsilon_0\,\varepsilon\,\delta F\,E_0^2 \tan\delta\,\frac{l_0}{3} \quad [\mathrm{Watt}], \qquad (28\,\mathrm{a})$$

Abb. 130a u. b. Zur dielektrischen Erwärmung der Isolierung

a) vom Kupfer zum Eisen zunehmender dielektrischer Wärmestrom; b) Isolierung zwischen Kupfer und Eisen (schematisch)

d. h. der mittlere dielektrische Verlust je cm Stablänge in der Nut beträgt — bezogen auf die ganze Wicklung — nur ein Drittel des in Gl. (25) für den Wicklungsanfang ermittelten Wertes.

Im Nutteil der Wicklung betragen danach die mittleren dielektrischen Verluste — immer für das Beispiel von S. 141 — nur rd. 0,11 W/cm Stablänge, das sind 8% der Kupferverluste (vgl. S. 142). Im Wickelkopf entstehen praktisch keine dielektrischen Verluste, jedoch — unter der getroffenen Annahme gleicher Kupferlänge in- und außerhalb der Nut — Kupferverluste in etwa gleicher Höhe wie im Nutteil. Damit betragen die dielektrischen Verluste auch in diesem angenommenen Extremfall für $\varepsilon = 15$ und $\tan\delta = 0{,}5$ nur noch rd. 4% der Kupferverluste der Maschine, d. h. sie sind vernachlässigbar klein.

Die Spannungsabhängigkeit des dielektrischen Verlustfaktors. Sobald in Isolierstoffen durch äußere Einflüsse, z. B. durch die Steigerung der einwirkenden elektrischen Spannung, die Zahl oder die Beweglichkeit der an verlusterzeugenden Vorgängen beteiligten Ladungsträger (Elektronen, Ionen oder Dipole) verändert wird, ändert sich auch der dielektrische Verlustfaktor. Besonders ausgeprägt ist die Veränderung des

Verlustfaktors, wenn oberhalb einer bestimmten, durch Ionisierungs-
vorgänge gegebenen Spannung plötzlich ein völlig neuer Verlustmecha-
nismus auftritt. Die Änderung des Verlustfaktors mit der Spannung
tritt dann praktisch als Unstetigkeit der Verlustfaktor–Spannungs-
funktion durch den sog. Ionisierungsknick in Erscheinung. Für die
Maschinenisolierungen sind vor allem die Ionisierungserscheinungen
— meist als Glimmentladungen bezeichnet — innerhalb von Luftspalten von Interesse, die sich praktisch unvermeidbar in allen in Luft

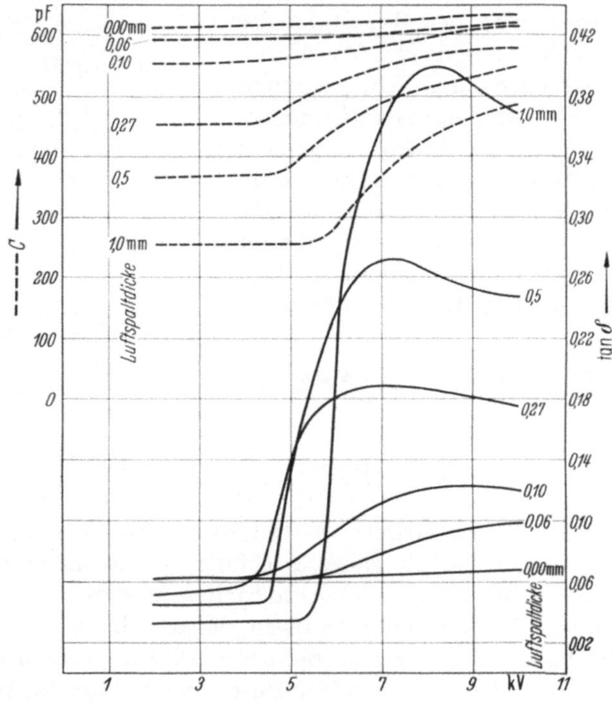

Abb. 131

Kapazitäts- und Verlustfaktormessungen an einem Glasplattenmodell mit variablem Luftspalt
2 Glasplatten, $\varepsilon = 8{,}15$, $F = 491$ cm³, $d_{\text{Glas}} = 5{,}7$ mm, Luftspalt 0,00 ··· 1,0 mm

hergestellten oder betriebenen Isolierungen bilden. Andere spannungsabhängige Verlustmechanismen, die sich in der Praxis zeitweilig zeigen,
sind von geringerer Bedeutung, haben stetigen Verlauf und können
daher von Ionisierungserscheinungen meist deutlich getrennt werden.
Bei rein organischen Isolierungen sind innere Glimmentladungen mit
Recht wegen ihrer zerstörenden Wirkung gefürchtet, z. B. in Kabeln
und Kondensatoren mit ölgetränktem Papierdielektrikum, und dürfen
im Betrieb nicht auftreten.

Hochspannungsisolierungen elektrischer Maschinen auf der Grundlage von anorganischem Spaltglimmer sind jedoch unempfindlich gegen den Angriff von Entladungen. Lediglich in den Anfängen des Elektromaschinenbaues, als noch kein Glimmer verwendet wurde, und noch einmal später durch den kriegsbedingten Mangel an einwandfreiem Glimmer und durch unzureichende Verarbeitungsbedingungen in den vierziger Jahren, entstanden Schäden an Hochspannungswicklungen als Folge von Glimmentladungen.

Die Beurteilung der Messung der Spannungsabhängigkeit des Verlustfaktors liegt für Glimmerisolierungen daher weniger im Nachweis von Entladungen überhaupt als darin, daß sich in gewissen Grenzen aus dem Verlauf des Verlustfaktors mit steigender Spannung Aussagen über den Aufbau und gegebenenfalls über Veränderungen der Isolierung gewinnen lassen.

Der Luftgehalt der Isolierungen. Abb. 131 zeigt an einem Glasplattenmodell mit variablem Luftspalt den Einfluß des Luftgehaltes auf den $\tan\delta$-Verlauf mit steigender Spannung. Der $\tan\delta$-Anstieg und die Höhe des $\tan\delta$-Maximums steigen mit dem Luftgehalt stark an und werden daher auch als Maß für ihn herangezogen.

Die im Luftspalt erzeugte Glimmverlustleistung ist proportional der Fläche F des Luftspaltes und steigt oberhalb der Glimmeinsatzspannung U_0 linear an [71], da die Zahl der Teildurchschläge je Sekunde im Luftspalt proportional mit der Spannung steigt und jedem Durchschlag ein bestimmter Energieumsatz zugeordnet ist.

Die Glimmverlustleistung beträgt daher $N_\text{glimm} = \text{const}\, F(U - U_0)$; mit der kapazitiven Blindleistung $N_\text{bl} = U^2\,\omega\,C$ ist der durch Glimmen verursachte $\tan\delta$-Anteil

$$\frac{N_\text{glimm}}{N_\text{bl}} = \frac{\text{const}\,F(U - U_0)}{U^2\,\omega\,C}\;; \tag{29}$$

die gesamte $\tan\delta$-Kurve ergibt sich aus der Summe des konstanten Anfangswertes $\tan\delta$ des Verlustfaktors der Isolierstoffanordnung und dem Glimmanteil:

$$\tan\delta\,(U) = \tan\delta_0 + \frac{\text{const}\,F(U - U_0)}{U^2\,\omega\,C}\,. \tag{30}$$

Die Differentiation dieses Ausdruckes — unter der vereinfachenden Voraussetzung, daß $C = \text{const}$ ist — ergibt, daß die $\tan\delta$-Kurve bei $U = 2\,U_0$, der zweifachen Glimmeinsatzspannung, ein Maximum hat, wie es in den Kurven der Abb. 131 auch ungefähr zum Ausdruck kommt und in Abb. 132 schematisch dargestellt ist. Dies gilt besonders bei geringen Spaltdicken, bei denen die Vereinfachung $C = \text{const}$ noch am ehesten zulässig ist. Die Höhe des $\tan\delta$-Maximums erweist sich als proportional dem im Einzelluftspalt konzentrierten Luftvolumen der geschichteten Anordnung aus Isolierstoff und Luft.

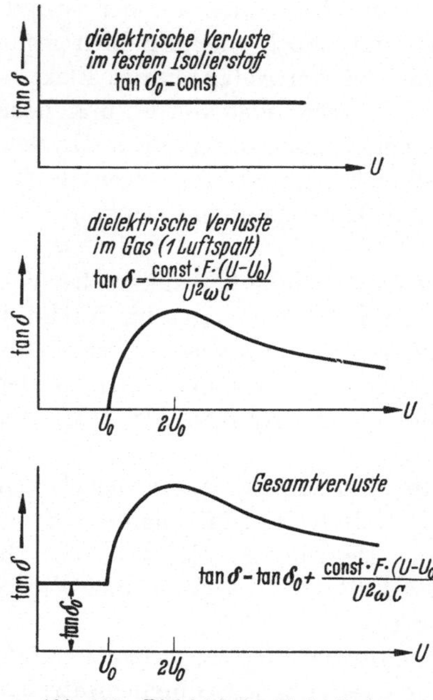

Abb. 132. Dielektrische Verluste in geschichteten Isolierstoffen (schematisch)

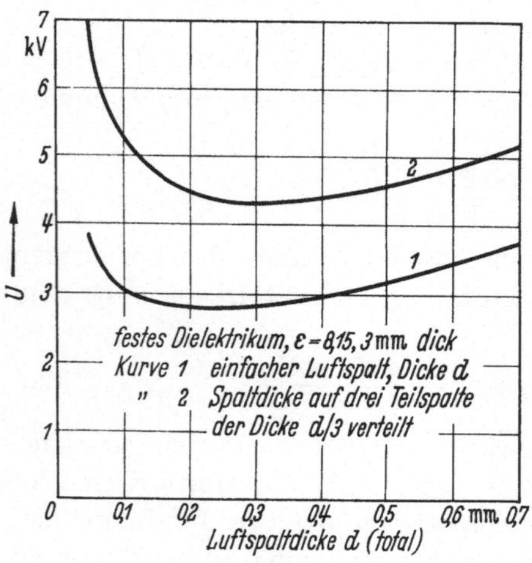

Abb. 133
Glimmeinsatzspannung und Luftspaltdicke

In den realen Isolierungen sind die Verhältnisse wesentlich unübersichtlicher; die Lufteinschlüsse verteilen sich auf viele Teilspalte unterschiedlicher Dicke und Fläche und sind teilweise in Reihe geschaltet. Eine Reihenschaltung mehrerer Luftspalte kann z. B. eine Erhöhung der Glimmeinsatzspannung bewirken (Abb. 133); ebenso haben Spalte verschiedener Dicke unterschiedliche Glimmeinsatzspannungen. Der nacheinander bei Spannungssteigerung erfolgende Glimmeinsatz in den verschiedenen Lufteinschlüssen der praktischen Isolierungen ist verantwortlich dafür, daß die tan δ-Kurven von Mikafoliumisolierungen z. B. meist kein ausgeprägtes Maximum zeigen und sich nicht so einfach ausdeuten lassen, wie die des oben erläuterten Glimmmodells.

Außerdem kommt noch die in Abb. 131 bereits erkennbare Tatsache hinzu, daß die Kapazität C einer Isolierung mit Lufteinschlüssen zunimmt, sobald Glimmentladungen einsetzen, so daß auch die unter Annahme einer konstanten Kapazität C abgeleiteten Formeln nicht mehr streng gültig sind. Könnte man den Verlustfaktor lufthaltiger Isolierungen bis zu beliebig hohen Spannungen messen, so daß schließlich ein Endwert C_∞ der Kapazität erreicht würde, so ließe sich aus dem Verhältniswert von

Kapazität C_0 im glimmfreien Zustand und Kapazität C_∞ der Luftgehalt der Isolierung bestimmen. Die Höhe der Meßspannung ist jedoch begrenzt, und da man weder den Prüfling schädigen, noch den vorzeitigen

Überschlag des Prüflings herbeiführen will, verwendet man den in ungefährlichen Spannungsbereichen gemessenen Verlustfaktor für die Beurteilung des Luftgehaltes der Isolierungen.

Der Verlustfaktoranstieg als Maß für den Luftgehalt. In der Praxis der Isolationsprüfung und -überwachung hat sich die Beurteilung der Spannungsabhängigkeit des $\tan\delta$ eingeführt, und zwar nimmt man als Kenngröße meist den maximalen Anstieg der $\tan\delta$-Spannungskurve. Gemeint ist hiermit der maximale Anstieg an einem Punkt der $\tan\delta$-Kurve innerhalb eines bestimmten Intervalls der Meßspannung. Dieser Anstieg wird durch Tangentenbildung am steilsten Punkt der kontinuierlich gemessenen oder aus gemessenen Einzelpunkten zeichnerisch ermittelten $\tan\delta$-Kurven gewonnen (Abb. 134). Liegen die Meßpunkte genügend eng, z. B. im Abstand von $1 \cdots 2$ kV, so kann auch ohne Zeichnung der Kurve aus der $\tan\delta$-Differenz zwischen zwei aufeinanderfolgenden Meßpunkten der maximale $\tan\delta$-Anstieg mit genügender Genauigkeit bestimmt werden.

Aus der sehr unanschaulichen Größe des Verlustfaktoranstieges mit der Spannung lassen sich einige praktische Angaben über

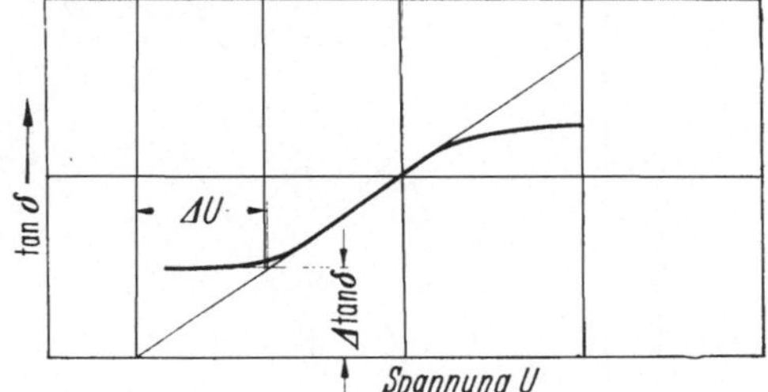

Abb. 134
Definition des maximalen Verlustfaktoranstieges

den inneren Aufbau der Isolierung gewinnen. Es gibt eine Reihe von Versuchen, auf rechnerischem Wege den Zusammenhang zwischen der Verlustfaktor-Spannungskurve und der in den realen Isolierungen vorliegenden Luftspaltverteilungen zu gewinnen [*32, 34*]. Der dazu erforderliche Rechenaufwand steht allerdings in keinem günstigen Verhältnis zu der relativ begrenzten Bedeutung der erzielbaren Aussagen. Daher genügt es, sich an einigen experimentell gewonnenen Ergebnissen[1] zu orientieren.

Es wurden an Abschnitten von Nutisolierungen durch Verlustfaktormessungen der maximale $\tan\delta$-Anstieg mit der Spannung ermittelt. Anschließend wurde durch Abmanteln der Nutisolierung Lage für Lage unter Öl die eingeschlossene Luft aufgefangen und so der prozentuale Luftgehalt der Isolierung bestimmt. In Abb. 135 sind die an 0,7 bzw. 3,2 und 3,5 mm dicken Schellackmikafoliumisolierungen und 4,3 bzw. 4,6 mm starken kunstharzimprägnierten Glimmerbandisolierungen ermittelten Zusammenhänge dargestellt. Trotz der relativ großen Streuung

---

[1] Nach Messungen des Verfassers im Labor für Hochspannungsisolierung elektrischer Maschinen im Dynamowerk der SSW.

der einzelnen Meßpunkte erkennt man besonders bei den dickeren Isolierungen eine deutliche Proportionalität von Verlustfaktoranstieg und prozentualem Luftgehalt. Ein bestimmter prozentualer Luftgehalt

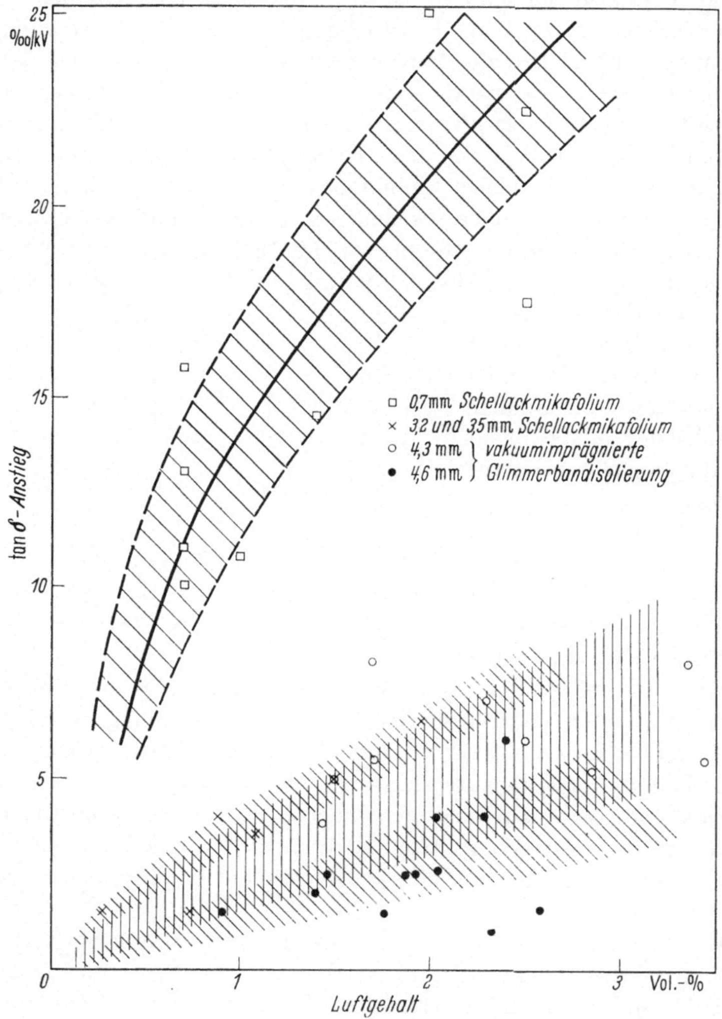

Abb. 135. tan δ-Anstieg und Luftgehalt verschieden dicker Isolierungen

drückt sich allerdings um so stärker in einem hohen tan δ-Anstiegswert $\varDelta \tan \delta / \varDelta U$ aus, je dünner die Isolierung ist. Für Isolierungen, in denen die Luft etwa gleichmäßig über die ganze Dicke verteilt ist, läßt sich dieses Verhalten an einem einfachen Modell relativ leicht verstehen: Denkt man sich eine solche, hinsichtlich der Verteilung der Lufteinschlüsse homogene Isolierung der Dicke d_0 in n Schichten der Dicke d_0/n mit je einem gleich dicken Luftspalt zerlegt, so gelten für jede Schicht die in den Gln. (29) und (30) S. 145, dargestellten Verhältnisse: Jeder Schicht kommt eine bestimmte Glimmeinsatzspannung u_0 zu; das $\tan\delta$-Maximum liegt bei $2u_0$.

Fügt man die n gleichen Schichten in einer Reihenschaltung zu einer Isolierung der Dicke d_0 zusammen, so setzen Glimmentladungen erst bei einer äußeren Spannung von $U_0 = n\,u_0$ ein und das $\tan\delta$-Maximum wird erst bei einer äußeren Spannung $2U_0 = 2nu_0$ erreicht. Bei der äußeren Spannung von $2U_0 = 2nu_0$ wird in jeder Teilschicht der Verlustfaktor–Maximalwert $\tan\delta\,(2u_0)$ erreicht. Da der Verlustfaktor ein Verhältniswert zwischen umgesetzter Wirk- und Blindleistung im Volumen der Isolierung ist, gilt auch für das Gesamtvolumen der zu-

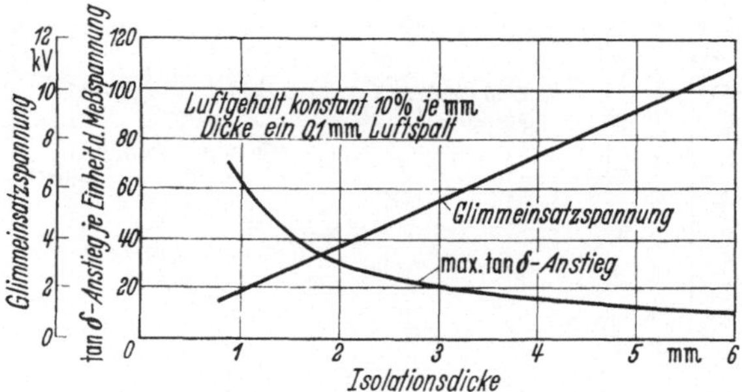

Abb. 136. tan δ-Anstieg und Isolationsdicke, Luftgehalt verteilt und konstant

sammengesetzten Isolierung dieser Verhältniswert bei der entsprechend höheren Gesamtspannung $2U_0 = 2nu_0$. Der Verlustfaktor der dickeren Isolierung steigt daher bei der Gesamtisolierung von $\tan\delta_0\,(U_0)$ auf $\tan\delta_{\max}\,(2U_0)$ im Spannungsintervall $U_0 = n\,u_0$ an, während bei der Teilschicht der gleiche Anstieg von $\tan\delta_0\,(u_0) = \tan\delta_0\,(U_0)$ auf $\tan\delta\,(2u_0)$ $= \tan\delta\,(2U_0)$ innerhalb eines Spannungsintervalls von u_0 stattfindet. Die $\tan\delta$-Kurve der Isolierung der Dicke d_0 ist also im Spannungsmaßstab auf das n-fache gedehnt und der maximale $\tan\delta$-Anstieg ist dementsprechend bei gleichem prozentualem Luftgehalt nur $1/n$-mal so groß, wie bei der Isolierung der Dicke d_0/n. Abb. 136 zeigt den rechnerisch ermittelten Verlauf des $\tan\delta$-Anstiegswertes mit steigender Isolationsdicke bei Zusammensetzung der Isolierungen aus gleichartigen, 1 mm dicken Teilschichten.

Daß der Verlustfaktoranstieg nicht notwendigerweise bei steigender Isolationsdicke und gleichem prozentualem Luftgehalt abnehmen muß, zeigt Abb. 137; diese Darstellung wurde rechnerisch unter der Annahme gewonnen, daß immer nur ein einzelner, der Gesamtdicke der Isolierung proportionaler Luftspalt vorhanden ist. Dabei nimmt also der $\tan\delta$-

Anstieg bei gleichem prozentualem Luftgehalt mit steigender Isolationsdicke zu.

Die dem ersten Beispiel entsprechende, sich gleichmäßig über die
Isolationsdicke erstreckende Luftverteilung wird bei selbstverständlich
stark variierender absoluter Höhe des Luftgehaltes ganz allgemein für
die eigentliche Umpressung gelten. Darüber hinaus ist aber bei allen
Isolationsarten die Grenzfläche zwischen Umpressung und dem Leiterverband der Spulen oder Stäbe ein bevorzugter Ort für Lufteinschlüsse.
Der Einfluß solcher Luftspalte wird durch das zweite Beispiel am ehesten
charakterisiert, so daß man für den in der Praxis ermittelten Zusammenhang zwischen Luftgehalt, $\tan\delta$-Anstieg und Isolationsdicke zwei gegen-
läufige Einflüsse annehmen muß; die starken Streuungen der einzelnen
Meßpunkte in Abb. 135 dürften auch darauf zurückzuführen sein, daß

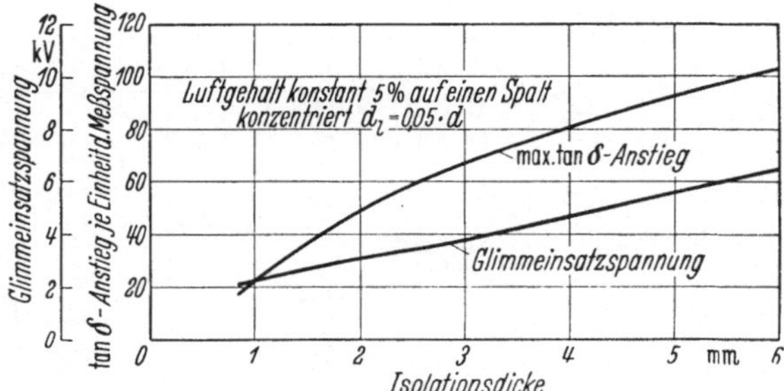

Abb. 137. $\tan\delta$-Anstieg und Isolationsdicke, Luftgehalt konzentriert und konstant

die Luftspalte einmal mehr in der Umpressung, das andere Mal mehr
am Leiterverband liegen.

$\tan\delta$-Anstieg als Abnahmebedingung. In mehreren Veröffentlichungen
[*32, 39, 46, 71, 103*] der letzten Jahre ist die Frage behandelt worden,
in welchem Maße Lufteinschlüsse in Hochspannungsisolierungen elektrischer Maschinen schädlich sind. Es wurde in allen Fällen deutlich
gemacht, daß auch intensive Glimmentladungen in Lufteinschlüssen
von Mikafoliumisolierungen praktisch ohne Bedeutung sind. Trotzdem
werden den Herstellern seit etwa 1950 in steigendem Maße z. T. äußerst
scharfe Forderungen auf Glimmfreiheit der Isolierungen gestellt, ausgedrückt in Werten eines maximal zulässigen Anstieges des Verlustfaktors mit der Meßspannung in bestimmten Spannungsintervallen.
Hinsichtlich der zu setzenden Grenzen für den maximalen Verlustfaktoranstieg herrschen dabei noch sehr unterschiedliche Auffassungen. Zu
allgemein verbindlichen Festsetzungen im Rahmen gültiger Vorschriften
ist es daher auch noch nicht gekommen. Die Lösung des Problems läuft
darauf hinaus, daß die Hersteller der Maschinen den Luftgehalt der
Isolierungen durch verbesserte oder neuartige Fertigungsverfahren so

weit herabsetzen, wie es mit vertretbarem wirtschaftlichem Aufwand möglich ist.

Die untere Grenze der bisher in der Praxis geforderten und auch in einigen Fällen erfüllten $\tan\delta$-Anstiegswerte liegt bei $1{,}7^0/_{00}/\mathrm{kV}$. Abb. 135 demonstriert, was diese extreme Forderung zunächst für den Hersteller bedeutet: Je nach Dicke der Isolierung und Verteilung der Luft darf die Isolierung im Mittel nur etwa 1% Luft enthalten. Stellt man sich diese Luft auf die gesamte Isolationsfläche verteilt und in einem Spalt konzentriert vor, so bedeutet das z. B. für eine 3 mm-Isolierung einen

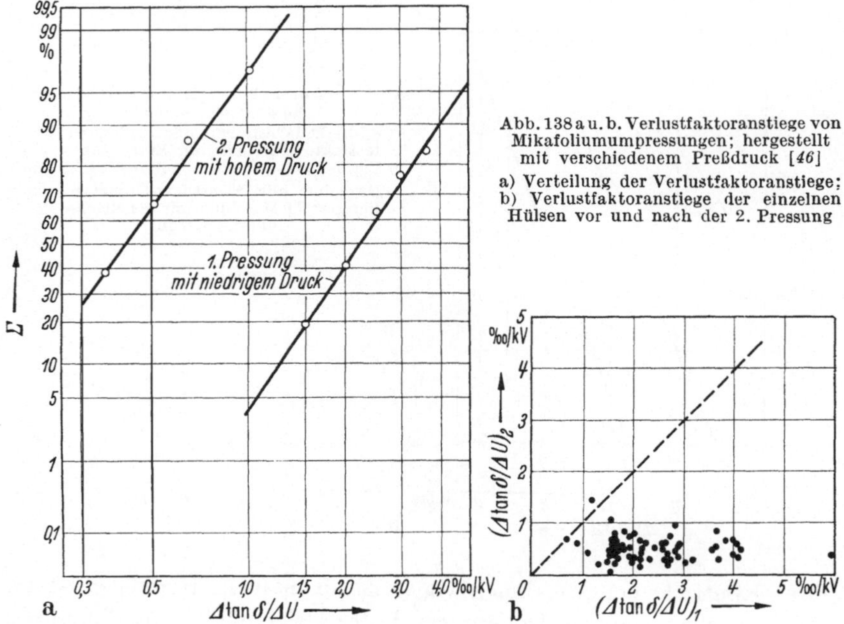

Abb. 138 a u. b. Verlustfaktoranstiege von Mikafoliumumpressungen; hergestellt mit verschiedenem Preßdruck [46]

a) Verteilung der Verlustfaktoranstiege; b) Verlustfaktoranstiege der einzelnen Hülsen vor und nach der 2. Pressung

maximalen zulässigen Luftspalt von nur $30\,\mu$, d. h. von der Stärke eines einfachen Isolierpapiers. Da die Luft sich in den geschichteten Isolierungen meist auf mehrere Schichten verteilt, bedeutet dies z. B. bei Mikafoliumisolierungen, die an freier Atmosphäre hergestellt werden, ganz besondere Anstrengungen zur Vermeidung der Lufteinschlüsse. Abb. 138 zeigt, wie beispielsweise an Schellackmikafoliumumpressungen durch einen zusätzlichen Preßvorgang der Verlustfaktoranstieg außerordentlich stark gesenkt werden kann, wobei zu berücksichtigen ist, daß allzu hoher Preßdruck auch schädlich sein kann.

Einem anderen Problem sieht sich der Hersteller bei kunstharzimprägnierten, ausgehärteten Isolierungen gegenüber. Eine derartige Isolierung enthält etwa 30% Kunstharz, das bei der Aushärtung um mehrere Prozent seines Volumens schrumpft; da die Aushärtung in Formpressen mit vorgegebenen Abmessungen erfolgt, entsteht innerhalb der Preßform bei der Härtung ein entsprechendes Luftvolumen, das sich zumindest teilweise auch innerhalb der Isolierung befindet. Aus einer kunstharzimprägnierten, ausgehärteten Isolierung lassen sich jedoch durch nachträgliches Pressen und ähnliche Maßnahmen Lufteinschlüsse nicht entfernen.

In der praktischen Anwendung von $\tan\delta$-Bedingungen gilt es, was nicht immer klar erkannt wird, zwei voneinander verschiedene Zielsetzungen deutlich zu trennen. Eine Aufgabe der $\tan\delta$-Bedingungen und

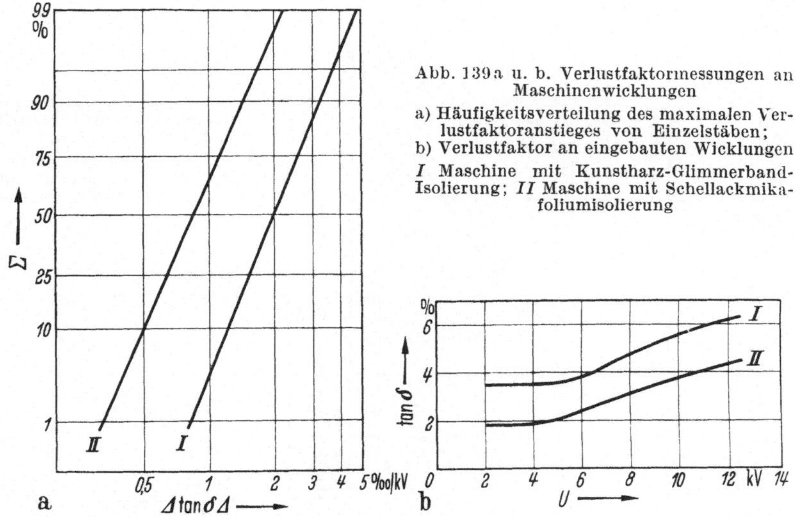

Abb. 139a u. b. Verlustfaktormessungen an Maschinenwicklungen

a) Häufigkeitsverteilung des maximalen Verlustfaktoranstieges von Einzelstäben;
b) Verlustfaktor an eingebauten Wicklungen
I Maschine mit Kunstharz-Glimmerband-Isolierung; *II* Maschine mit Schellackmikafoliumisolierung

ihrer Kontrolle bei Abnahmen von Maschinen beim Hersteller ist es, sicherzustellen, daß die Isolierungen unter gleichmäßigen Bedingungen gefertigt werden. Hierzu genügt der Nachweis, daß die Meßwerte des $\tan\delta$-Anstieges der Einzelstäbe einer GAUSSschen statistischen Verteilung genügen. Nachgeprüft wird dies durch Auftragung der an einer repräsentativen Stückzahl der Spulen oder Stäbe einer Wicklung gewonnenen Meßergebnisse im sog. Summenhäufigkeitsnetz. In Abb. 139a sind zwei derartige Summenhäufigkeitskurven für die Stabisolierungen zweier nahezu gleicher Wicklungen von 40 MVA-Pumpspeichergeneratoren dargestellt. Index I weist auf eine kunstharzimprägnierte Glimmerbandisolierung, Index II auf eine Schellackmikafoliumisolierung herkömmlicher Art hin.

Beide Wicklungen genügen der Bedingung, daß die Stäbe in einheitlicher Qualität hergestellt werden, jedoch liegen die $\tan\delta$-Anstiegswerte der Schellackmikafoliumisolierungen durchweg nur halb so hoch, wie die der kunstharzimprägnierten Isolierungen. Die eingebauten Wicklungen zeigen jedoch praktisch gleiche $\tan\delta$-Kurven (Abb. 139 b).

Hier wird die zweite Aufgabe der $\tan\delta$-Bedingungen deutlich, nämlich die Festlegung der Grenzwerte, um die z. Z. noch der Streit der Meinungen geht.

Die Bedeutung der $\tan\delta$-Anstiegsbedingungen. Eine ganze Reihe von Veröffentlichungen [*18, 52, 71, 103*] zeigt, daß die Bedeutung eines hohen $\tan\delta$-Anstieges für den Betrieb einer Wicklung und die Lebens-

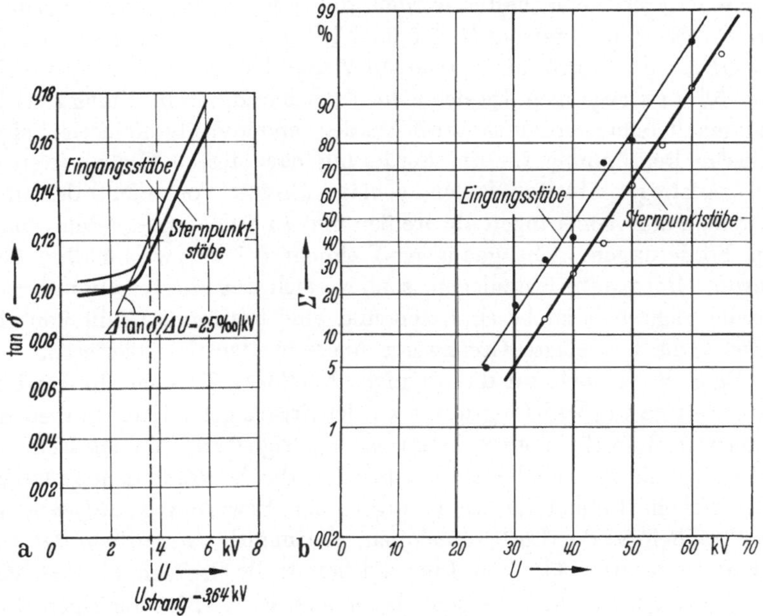

Abb. 140 a u. b. Vergleich von Eingangs- und Sternpunktstäben einer 6,3 kV-Wicklung nach 27 Betriebsjahren
a) Verlustfaktor, spannungsabhängig; b) 1 min-Durchschlagspannung

dauer ihrer Isolierung nicht allzu groß ist und meist überschätzt wird. LIEBSCHER [*71*] wies dies durch einen Vergleich der $\tan\delta$-Kurven und 1 min-Durchschlagsspannungen von Eingangs- und Sternpunktsstäben eines 6 kV-Generators nach, der nach 27 Betriebsjahren eine neue Wicklung erhielt. Nur die innerste Mikafoliumlage der Eingangsstäbe war durch Glimmen zerstört und der Mittelwert der Durchschlagsspannung der Eingangsstäbe lag nur um rd. 12% unter dem der Stäbe vom Sternpunkt (Abb. 140). Die Verlustfaktorkurven der Eingangs- und Sternpunktspartien der Wicklung waren nur sehr wenig verschieden; der maximale $\tan\delta$-Anstiegswert lag jedoch bei allen Stäben bei etwa 0,025/kV. Aus dem ausgezeichneten Betriebsverhalten einer Isolierung mit einem derartig hohen $\tan\delta$-Anstieg erkennt man, daß Forderungen nach

Anstiegswerten von 0,0017/kV sicher über das notwendige Maß hinausgehen. SIEMER [*103*] urteilte auf Grund ähnlicher Erfahrungen: *Einwandfreie, physikalisch begründete Zahlenwerte für die noch zulässige Spannungsabhängigkeit der dielektrischen Verluste können nicht angegeben werden. Die bisherigen Betriebserfahrungen haben aber gelehrt, daß man in dieser Hinsicht nicht zu ängstlich sein sollte.*

EDWIN [*32*] kommt in seiner Dissertation zu dem Ergebnis, daß die von verschiedenen Stellen geforderten $\tan\delta$-Anstiegswerte von manchen Herstellern nicht eingehalten werden; dabei wurde von den Forderungen des RWE[1] mit $\Delta \tan\delta/\Delta U \leq 0{,}0017/\mathrm{kV}$ bis zur Nennspannung U_n, der ÖDK mit $\Delta \tan\delta/\Delta U \leq 0{,}0025/\mathrm{kV}$ und der EdF mit $\Delta \tan\delta/\Delta U \leq 0{,}0015/\mathrm{kV}$ ausgegangen. Da sich jedoch aus dem Zusammenhang zwischen Luftgehalt einerseits und $\tan\delta$-Anstieg andererseits keinerlei physikalische Begründung für die Forderung nach festen Grenzwerten des $\tan\delta$-Anstieges ableiten lassen, schlägt EDWIN vor, nicht darauf zu bestehen, alle Isolierungen abzureißen und zu erneuern, die den genannten Forderungen nicht genügen. Vielmehr sei es zweckmäßig, keine starren Grenzwerte festzulegen, sondern sich auf eine bestimmte statistische Sicherheit zu beschränken und eine bestimmte Zahl von *Ausreißern*, die festgelegte Grenzwerte überschreiten, zu tolerieren.

Endlich sei noch auf die oft nicht beachtete Tatsache hingewiesen, daß niedrige $\tan\delta$-Anstiegswerte an den frisch gefertigten Stäben oder Spulen noch nicht notwendigerweise niedrige $\tan\delta$-Anstiegswerte der Wicklung im Betrieb bedeuten, da z. B. die herkömmlichen Asphalt- oder Schellackmikafoliumisolierungen bei Erwärmung *aufgehen* und nachträglich wieder Luft aufnehmen, gleichgültig, wie gering der Luftgehalt vorher war [*33*]. Abb. 139 zeigt bereits die Grenzen der Bedeutung von $\tan\delta$-Anstiegsbedingungen besonders klar. Die niedrigen $\tan\delta$-Anstiegswerte, $\Delta \tan\delta/\Delta U \leq 0{,}002/\mathrm{kV}$, der Wicklungsstäbe mit Schellackfoliumisolierung konnten nur durch erheblichen Mehraufwand in der Fertigung und Fertigungsüberwachung erreicht werden. Die eingelegte Wicklung hatte nach einigen Wochen Betrieb, infolge des nicht völlig vermeidbaren Aufgehens der Isolierung bei Erwärmung, einen maximalen $\tan\delta$-Anstieg von rd. $0{,}004 \cdots 0{,}005/\mathrm{kV}$ (Abb. 139 b).

Bei der zweiten, mit kunstharzimprägnierter Isolierung versehenen Wicklung wurde im eingebauten Zustand praktisch die gleiche, an sich recht günstige $\tan\delta$-Kurve gemessen, obwohl zuvor die Einzelstäbe im Mittel 2fach höhere $\tan\delta$-Anstiegswerte aufwiesen. Dieses günstigere Verhalten der Kunstharz-Glimmer-Isolierung ist auf die feste Kunstharzverklebung der Schichten der Isolierung zurückzuführen, die auch bei Erwärmung ein Aufgehen verhindert.

---

[1] ÖDK = Österreichische Draukraftwerke AG, EdF = Electricité de France, RWE = Rheinisch-Westfälische Elektrizitätswerke AG.

Ginge man also davon aus, daß ein bestimmter $\tan\delta$-Anstieg an eingebauten Wicklungen erfahrungsgemäß zulässig ist, so könnten die zuvor an den Einzelstäben zu fordernden Anstiegswerte bei Kunstharz-Glimmer-Isolierungen doppelt so hoch sein wie bei herkömmlichen Isolierungen mit thermoplastischen Bindemitteln, wie Asphalt und Schellack.

$\tan\delta$-Anstiegswerte und Durchschlagspannung. Einen sehr aufschlußreichen Beitrag zur Frage der Bedeutung des $\tan\delta$-Anstieges für die wichtigste Eigenschaft von Isolierungen, nämlich die Spannungsfestigkeit, lieferten JOHNSON und SEXTON [52]. An einer großen Zahl von

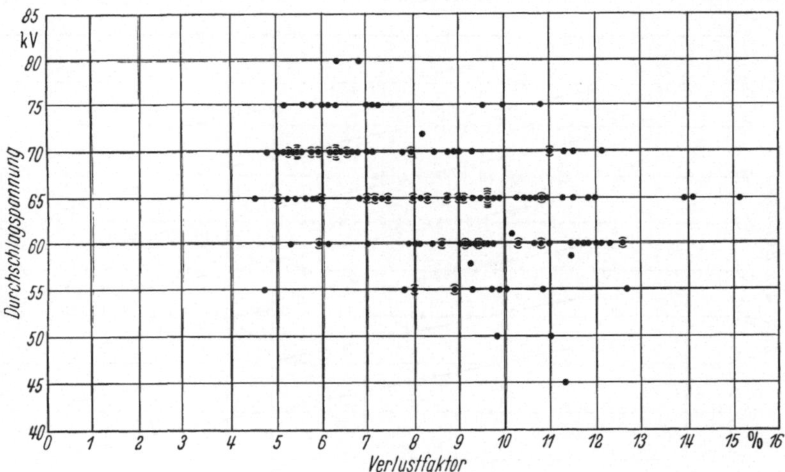

Abb. 141. Durchschlagspannung, abhängig vom Verlustfaktor bei 16 kV

Versuchsstäben wurde der Verlustfaktor bei 2, 4, 6, 8, 12 und $16\ \mathrm{kV_{eff}}$ gemessen und anschließend die 1 min-Durchschlagspannung ermittelt. Die Durchschlagswerte sind in Abb. 141 über dem Absolutwert des $\tan\delta$ bei 16 kV, in Abb. 142 über dem Verhältniswert $\tan\delta(16\ \mathrm{kV})/\tan\delta(2\ \mathrm{kV})$ aufgetragen. Sowohl $\tan\delta(16\ \mathrm{kV})$, als auch $\tan\delta(16\ \mathrm{kV})/\tan\delta(2\ \mathrm{kV})$ sind praktisch dem $\tan\delta$-Anstieg proportional. Aus Abbildung 142 entnimmt man, daß die mittlere Durchschlagspannung bei Zunahme des Verhältniswertes $\tan\delta(16\ \mathrm{kV})/\tan\delta(2\ \mathrm{kV})$ von 1 auf 6 von $70\ \mathrm{kV_{eff}}$ auf rd. 58 kV, d. h. um etwa 17% abnimmt.

Dabei entspricht die Zunahme des Verhältniswertes $\tan\delta(16\ \mathrm{kV})/\tan\delta(2\ \mathrm{kV})$ von 1 auf 6, wie ein Vergleich der minimalen und maximalen $\tan\delta(16\ \mathrm{kV})$-Werte und der Verhältniswerte $\tan\delta(16\ \mathrm{kV})/\tan\delta(2\ \mathrm{kV})$ zeigt, etwa einer Zunahme des mittleren $\tan\delta$-Anstieges im Bereich von $2 \cdots 16\ \mathrm{kV}$ von 0 auf 0,009/kV. Wegen der Krümmung der $\tan\delta$-Kurven liegen die Maximalwerte des $\tan\delta$-Anstieges noch etwa um den Faktor 2 höher.

Eine grobe Abschätzung läßt erkennen, daß die Durchschlagspannung mit zunehmendem $\tan\delta$-Anstieg etwa linear sinkt, und zwar größenordnungsmäßig etwa um 1% je 0,001/kV. Verglichen mit der durch den allgemeinen Aufbau der Isolierung bedingten Streuung der Durchschlagswerte um $\pm 18\%$ vom Mittelwert bei konstantem $\tan\delta$-Anstieg — ausgedrückt durch gleiches Verhältnis $\tan\delta(16\,\text{kV})/\tan\delta$ (2 kV) — ist der Einfluß des $\tan\delta$-Anstieges auf die Durchschlagspannung sehr gering. Vom Gesichtspunkt der elektrischen Festigkeit erscheint daher eine Diskussion über $\tan\delta$-Anstiegswerte interessant, wenn sie $0,01 \cdots 0,02$/kV überschreiten, ob jedoch die Begrenzung des

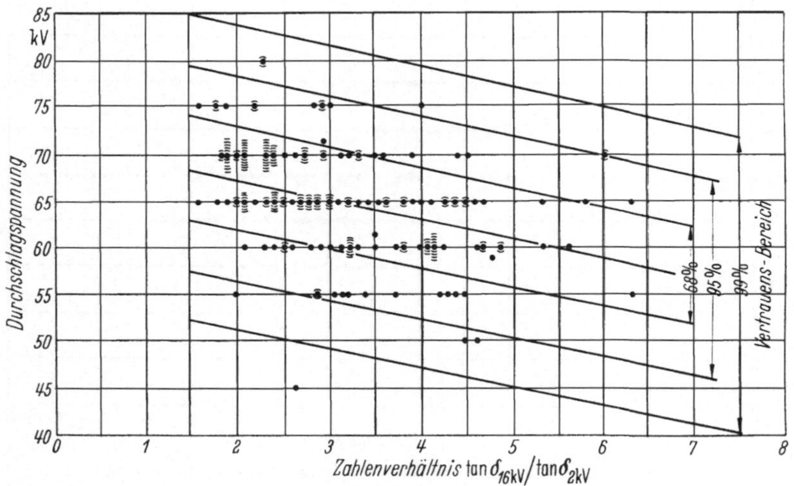

Abb. 142
Durchschlagspannung, abhängig von der Verlustfaktoränderung zwischen 2 und 16 kV

$\tan\delta$-Anstieges auf 0,0015, 0,0017 oder 0,0025/kV festgelegt wird, spielt für die elektrische Festigkeit keine Rolle.

Die Temperaturabhängigkeit des Verlustfaktors. Der dielektrische Verlustfaktor von Isolierungen und Isolierstoffen ist von der Temperatur weitgehend abhängig. Verluste, die auf die ohmsche Leitfähigkeit der Isolierstoffe zurückzuführen sind, nehmen allgemein mit steigender Temperatur monoton zu, können jedoch in zusammengesetzten Isolierstoffanordnungen nach Erreichen eines Maximums mit steigender Temperatur auch wieder abnehmen. Dipolverluste durchlaufen bei Temperaturänderungen auch in homogenen Isolierstoffen Maximalwerte und sind vor allem durch eine Änderung der DK im Bereich des $\tan\delta$-Maximums erkennbar. Die Verlustfaktoren zusammengesetzter Isolierungen elektrischer Maschinen entstehen aus der Überlagerung der Verlustfaktoren der einzelnen Isolierstoffkomponenten gemäß den auf S. 17 beschriebenen Formeln.

Glimmer hat nur sehr geringe dielektrische Verluste. Tan δ liegt bei 50 Hz und Temperaturen von 20 bis 120 °C im Bereich von 0,00016 ··· 0,002. Trockenes Isolierpapier hat unter gleichen Bedingungen Verlustfaktorwerte von 0,0016 ··· 0,0025; in Maschinenisolierungen ist das Papier jedoch meist nicht völlig trocken. Alkalifreie Glasseide, die als Trägermaterial von Glimmerisolierungen ebenfalls benutzt wird, zeichnet sich durch geringe Verlustfaktorwerte von rd. 0,001 ··· 0,003 zwischen 50 und 250 °C aus.

Große Unterschiede hinsichtlich des tan δ-Verlaufes mit der Temperatur bestehen bei den verschiedenen Natur- und Kunstharzen, die als Bindemittel in den geschichteten Glimmerisolierungen dienen. Wegen der geringen dielektrischen Verluste des Glimmers wird der Verlauf des Verlustfaktors der geschichteten Isolierungen im wesentlichen durch das Bindemittel und zu einem geringen Teil vom Trägermaterial bestimmt. Die Verlustfaktorkurven einiger typischer Harze sind in

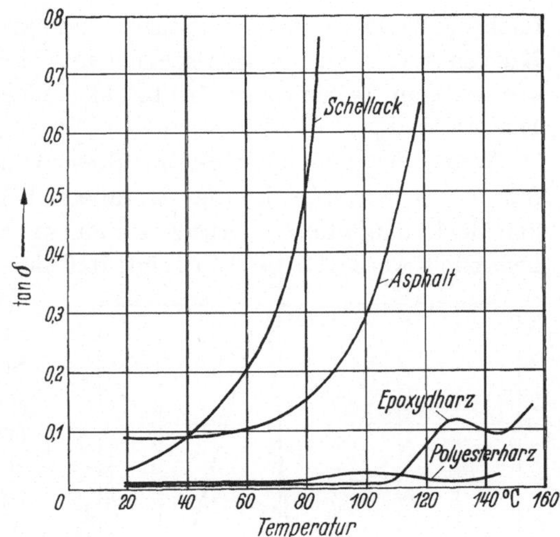

Abb. 143. Verlustfaktor von Natur- und Kunstharzen

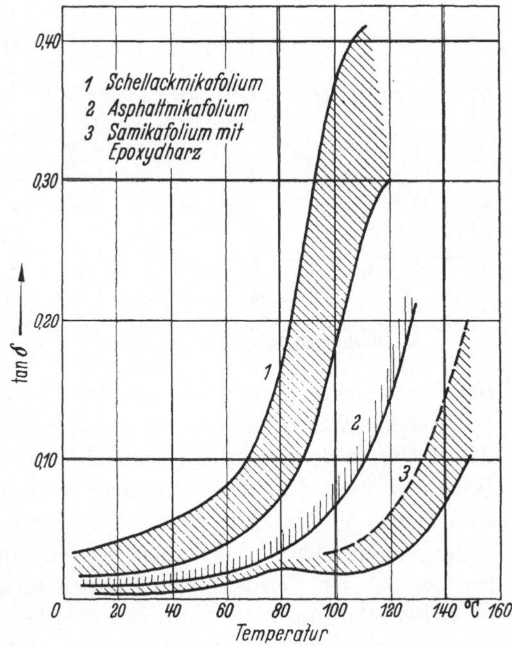

Abb. 144. Verlustfaktor verschiedener Mikafolien (nach ABBEG [16])

Abb. 143 nebeneinander dargestellt. Schellack wird bei hohen Temperaturen stark leitfähig, Asphalt verhält sich etwas günstiger und besonders flache, z. T. durch charakteristische Dipolmaxima gekennzeichnete $\tan\delta$-Kurven weisen die synthetischen Kunstharze auf. In den $\tan\delta$-Kurven der fertigen Isolierungen (Abb. 144) spiegelt sich das Verhalten der Harze wider.

Wegen der großen Verbreitung dieser Isolationsart soll die in Abb. 144 nur in einem relativ breiten Streubereich gezeichnete $\tan\delta$-Kurve der Schellackmikafoliumisolierung an einem Einzelbeispiel noch genauer behandelt werden. Abb. 145 zeigt, daß der Verlustfaktor zunächst entsprechend den steigenden Verlusten des weich werdenden Schellacks stark zunimmt, jedoch dann ein Maximum erreicht und schließlich wieder steil absinkt. Dieses Verhalten ist im geschichteten Aufbau der Isolierung begründet, der reine Schellack zeigt kein derartiges $\tan\delta$-Maximum; vielmehr wird er so leitfähig, daß die Schellackpapierschichten praktisch keine Spannung mehr tragen, und somit auch keine Verlustwärme mehr in ihnen erzeugt wird. Da die Spannung in diesen Temperaturbereichen praktisch ausschließlich am Glimmer liegt, der etwa $^{1}/_{4}$ der Gesamtdicke der Isolierung ausmacht, steigt auch die Kapazität der Isolierung entsprechend stark auf rd. das $4\cdots5$fache des Anfangswertes an.

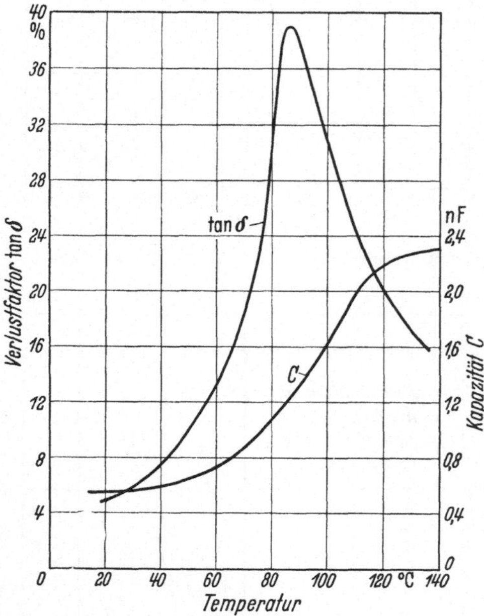

Abb. 145. Verlustfaktor und Kapazitäten einer Schellackmikafoliumumpressung

Aus den Abschätzungen auf S. 143 ging bereits hervor, daß die hohen Absolutwerte des $\tan\delta$ bei Schellackmikafolium für die Erwärmung der Wicklung eine durchaus untergeordnete Rolle spielen. Von Interesse sind jedoch Veränderungen, die sich durch unterschiedliche Fertigungsbedingungen oder durch längere Einwirkung von Betriebserwärmungen im Verlauf der Verlustfaktor-Temperaturkurve zeigen.

Schellack büßt durch Einwirkung hoher Temperaturen seinen thermoplastischen Charakter allmählich ein, und der Bereich der Harzerweichung verschiebt sich nach höheren Temperaturwerten. Damit wird auch der Anstieg des $\tan\delta$ mit der Temperatur flacher und das Maximum verschiebt sich nach höheren Temperaturen. Die Wirkung von Betriebserwärmungen unterschiedlicher Dauer auf die Lage des $\tan\delta$-Maximums zeigt Abb. 146. Selbstverständlich ist die Verschiebung des Maximums zu höheren Temperaturen kein absoluter Maßstab für die Betriebsdauer einer Wicklungsisolierung, da die Höhe der Betriebserwärmung die Geschwindigkeit der Schellackhärtung bestimmt.

Auch bei neuen Isolierungen (Abb. 147) liegt das $\tan\delta$-Maximum bei unterschiedlichen Temperaturen von $90\cdots110\,°C$, je nach Verarbeitungstemperatur. Falls nach dem Bügelvorgang noch eine Heißhärtung von Schellackmikafoliumumpressungen vorgenommen wird,

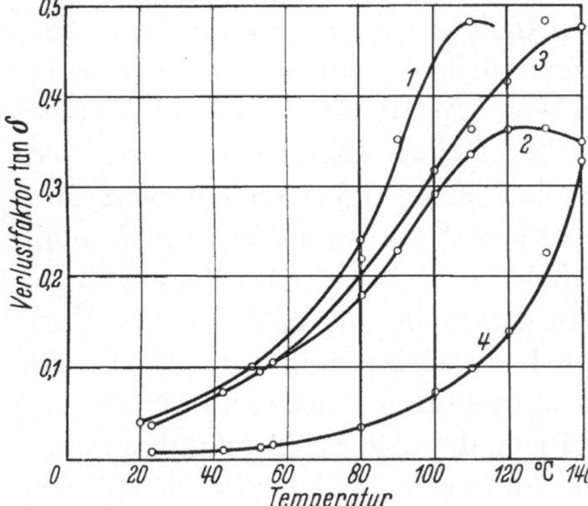

Abb. 146. Temperaturabhängigkeit des Verlustfaktors von Schellackmikafoliumhülsen aus vier verschiedenen Hochspannungswicklungen [74]
1 neue Wicklung; 2, 3 und 4 Wicklungen thermisch gealtert; 2 entsprechend 18 Jahren; 3 entsprechend 25 Jahren und 4 entsprechend 43 Jahren Betrieb

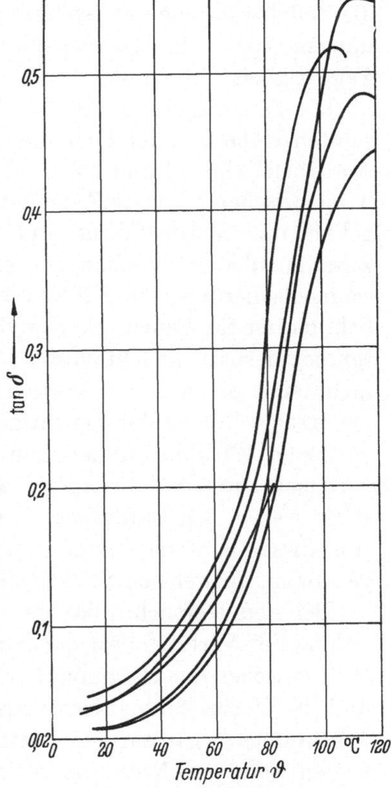

Abb. 147. Verlustfaktor neuer Schellackmikafoliumumpressungen

kann sogar eine noch weitere Verschiebung zu höheren Temperaturen und eine Verringerung des Absolutwertes erreicht werden.

Eine derartige Härtung von Schellack-Glimmer-Isolierungen in Heißpressen darf nun nicht mit den Vorgängen der thermischen Alterung verwechselt werden, die im Betrieb ähnliche Veränderungen der $\tan\delta$-Kurven bewirken. Im Betrieb geht nämlich der Schellackaushärtung durch Erwärmung das Aufgehen der Isolierung voraus, wobei der innere Verband der Umpressungen gelockert wird. Beim Härten in Heißpressen — u. U. unter Zusatz härtender synthetischer Harze [75] — wird jedoch gerade eine festere Struktur der Isolierung erreicht. Bei der Beurteilung der Temperaturabhängigkeit des Verlustfaktors von älteren Isolierungen ist es daher unbedingt erforderlich, die $\tan\delta$-Kurve im Neuzustand zu kennen.

Verlustfaktor und Feuchtigkeitsgehalt von Isolierungen. Isolierungen von großen rotierenden elektrischen Maschinen sind je nach Aufstellungsort und Belüftungsart sehr unterschiedlichen klimatischen Bedingungen ausgesetzt. Der Praktiker ist gewohnt, Wicklungen nach längerem Stillstand oder vor der ersten Inbetriebnahme zu trocknen, da vor allem die Zelluloseanteile der Isolierungen, wie Baumwollbänder und -bespinnungen, sowie das Isolierpapier des Mikafoliums aus der Umgebung Feuchtigkeit aufnehmen.

Die Feuchtigkeitsaufnahme der Isolierungen findet auch in der absoluten Höhe und der Temperaturabhängigkeit des Verlustfaktors ihren Ausdruck. Abb. 32 und 33, S. 49 zeigen für Isolierpapier den Zusammenhang zwischen relativer Feuchte und Wassergehalt einerseits und Wassergehalt und Verlustfaktor andererseits. Genaue Messungen über den Zusammenhang zwischen prozentualem Feuchtigkeitsgehalt von Maschinenisolierungen und ihrem Verlustfaktor sind praktisch nicht möglich, da der für Feuchtigkeit undurchlässige Glimmer eine gleichmäßige, reproduzierbare Feuchteverteilung in der Isolierung nicht zuläßt. Vielmehr sind die äußeren Partien der Isolierungen und ihre Oberfläche bevorzugte Stellen der Feuchtigkeitsaufnahme. WICHMANN [*120*] hat an einzelnen Wicklungsspulen und -stäben, die mit Schellackmikafolium-Nut-Isolierung und Lackgewebebandisolierung in den Stirnseiten versehen waren, den Einfluß der Feuchte auf den Verlustfaktor untersucht. Aus diesen Untersuchungen lassen sich gleichzeitig Angaben darüber gewinnen, an welchen Stellen die Feuchtigkeit besonders wirksam wird.

Bei den Versuchsobjekten wurde durch geeignete Elektrodenaufteilung der Verlustfaktor der Nutisolierung, der Verlustfaktor der *Stoßstelle* zwischen Schellackmikafoliumumpressung und Stirnseitenisolierung und der Verlustfaktor der Stirnseitenisolierung vor, während und nach Trocknungsvorgängen gemessen. Dabei waren die in der Messung erfaßten Teile der Nut- und Stirnseitenisolierung zwischen Eisenplatten gespannt, um Verfälschungen der Messungen durch Aufgehen der Isolierungen zu verhindern. Durch eine Trocknung wird vor allem der Verlustfaktor der mit Tuchlack verklebten Stirnseiten und der Verlustfaktor der Stoßstelle verringert (Abb. 148). Der Verlustfaktor des Nutteiles der Isolierung verändert sich durch die Trocknung nur geringfügig. An eingebauten Wicklungen lassen sich Verlustfaktor von Nutteil und Stoßstelle nicht getrennt ermitteln, vielmehr mißt man beide gemeinsam und der hohe $\tan\delta$ der Stoßstelle kommt wegen ihres relativ geringen Kapazitätsanteiles an der Gesamtisolierung nicht sehr stark zur Geltung. $\tan\delta_{(\text{Hülse und Stoßstelle})}$ verringert sich von rd. 0,038 auf 0,029, d. h. um 23%, während $\tan\delta_{\text{Hülse}}$ von rd. 0,032 auf 0,025, d. h. um 22% abnimmt. $\tan\delta_{\text{Stoßstelle}}$ allein nimmt dagegen von 0,138 auf 0,04, d. h. um rd. 71% des Wertes im feuchten Zustand ab. Ebenso wie aus der Stoßstelle und aus der Wickelkopfbandisolierung durch Trocknung die Feuchtigkeit relativ leicht herausgetrieben werden kann, dringt sie auch bei feuchter Umgebung an diesen Stellen leicht wieder ein; feste Nutisolierung dagegen wird wenig davon betroffen.

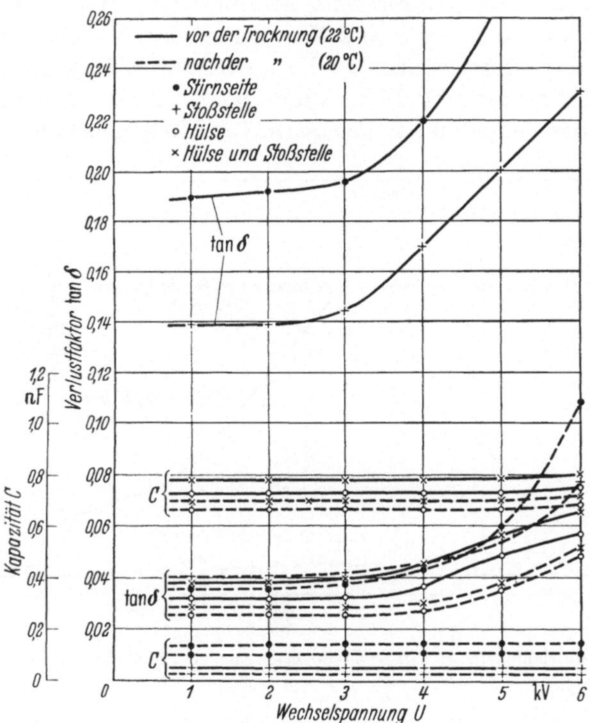

Abb. 148. Verlustfaktor und Kapazität einer Spulenisolierung vor und nach Trocknung [120]

Das Eindringen der Feuchtigkeit in die Stoßstelle zwischen Nut- und Stirnseitenisolierung macht besonders eine Verlustfaktormessung an vollisolierten Spulen deutlich, die versuchsweise in Wasser gelagert wurden (Abb. 149)[1]. Der Verlustfaktor $\tan\delta_{\text{(Hülse und Stoßstelle)}}$ der herkömmlichen Spulenisolierung aus Schellackmikafolium und Lackgewebebändern steigt auf über Eins, da Wasser in die Stoßstelle eindringt.

Ein wesentlicher Teil des in die Stoßstelle eingedrungenen Wassers verdunstet bei der herkömmlichen Isolierung nach Beendigung der Wasserlagerung schon bei Raumtemperatur; der letzte Rest muß jedoch durch Trocknung bei erhöhter Temperatur herausgetrieben werden. Bei

---

[1] Nach Messungen des Verfassers.

einer in der gleichen Weise untersuchten Isolierung aus durchgehend
gewickelten und mit Kunstharz imprägnierten Glimmerbändern steigt
$\tan\delta$ nur auf maximal 0,1, da die Isolierung dem Wasser keine Möglichkeit zum Eindringen bietet.

Ein anschauliches Beispiel für die Feuchtigkeitsaufnahme von
Isolierungen gibt die Verlustfaktormessung an einer 6 kV-Wicklung
eines 27 Jahre alten Wasserkraftgenerators [76]. Nach Stillsetzung des
Generators konnte die erste $\tan\delta$-Messung bei einer Wicklungstemperatur
von 49 °C ausgeführt werden. Der Verlustfaktor bei 1 kV betrug rd. 0,05.
Mit fortschreitender Abkühlung wurde bei 36 °C zunächst die erwartete
Abnahme des Verlustfaktors gemessen. Tan δ betrug bei 36 °C etwa 0,04.

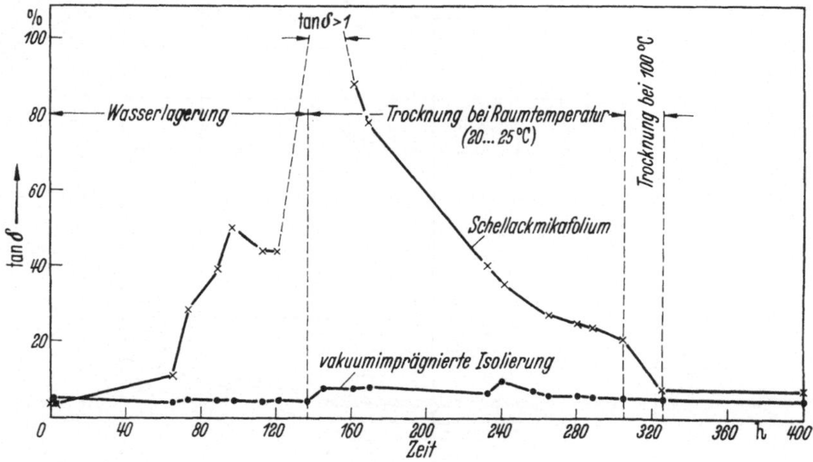

Abb. 149. Verlustfaktor $\tan\delta$ (2 kV) von isolierten Spulen bei Wasserlagerung und Trocknung

Nachdem jedoch die Wicklung am vierten Tag völlig auf Raumtemperatur, d. h. 23 °C abgekühlt war, hatte der Verlustfaktor anstatt weiter
abzunehmen, einen Wert von rd. 0,1 bei 1 kV angenommen (Abb. 150a
u. 150b). Die Kapazität C der Wicklung gegen Eisen zeigte das gleiche,
zunächst unerwartete Verhalten. Die Ursache für die $\tan\delta$- und Kapa-
zitätszunahme bei 23 °C war eine außerordentlich hohe relative Luftfeuchte (über 90 %) zur Zeit der Messung im Hochsommer. Die Maschine
in einem Flußkraftwerk hatte Frischluftkühlung, wobei die Kühlluft
dicht über dem Wasserspiegel in die Zuluftkanäle eintrat. Infolge der
Auskühlung der Maschine in der Nacht bis auf 23 °C konnte es tagsüber
bei höheren Außenlufttemperaturen und hoher relativer Feuchte zu
Feuchtigkeitsniederschlägen in der stillgesetzen, für Frischluft voll zugänglichen Maschine kommen. Für den Praktiker fehlen z. Z. noch exakte
Untersuchungen, die den Zusammenhang zwischen der jederzeit meß-

baren Luftfeuchte und den elektrischen Werten der verschiedenen Isolierungen zeigen. Derartige Messungen müßten u. a. auch die zeitliche Änderung des $\tan\delta$ und der Kapazität der Isolierungen bei Lagerung bei konstanter Temperatur ϑ und Feuchte f für verschiedene Wertepaare von ϑ und f umfassen und würden wertvolle Unterlagen für die Betriebsführung von Maschinen schaffen, z. B. Angaben über die Notwendigkeit von Stillstandsheizungen, über maximale zulässige Stillstandszeiten der Wicklungen ohne nachfolgende Trocknung u. dgl.

b) Nachweis von Glimmentladungen durch Hochfrequenzmeßmethoden. Neben der $\tan\delta$-Messung in Abhängigkeit von der Spannung werden in verhältnismäßig großem Umfang Methoden zum Nachweis von Glimmentladungen in Hochspannungswicklungen benutzt, die auf der Messung der hochfrequenten Glimmströme beruhen. Schlägt ein mit festem Isolierstoff in Reihe liegender Luftspalt bei einer bestimmten äußeren Spannung U_0 durch, so erhöht sich durch den elektrischen Kurzschluß die Gesamtkapazität um einen Betrag ΔC und es fließt eine zusätzliche Ladung $Q = U_0\,\Delta C$ auf die Elektroden des durch die Isolationsordnung gebildeten Kondensators. Steigt die äußere Spannung weiter, so erfolgt bei

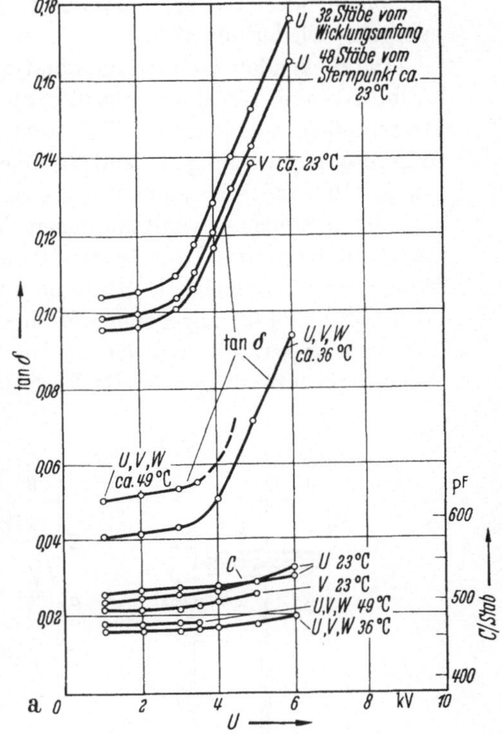

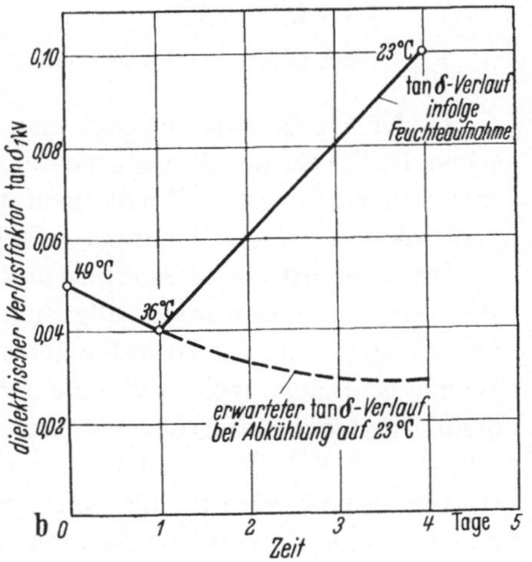

Abb. 150a u. b. Verlustfaktor und Kapazität einer 27 Jahre alten Wicklung bei Abkühlung in feuchter Umgebung
a) Spannungsabhängigkeit von C und $\tan\delta$;
b) zeitabhängige Veränderung des $\tan\delta$

11*

entsprechender Luftspaltspannung ein zweiter Durchschlag und der Vorgang wiederholt sich.

Die fließenden Ladeströme kann man in sehr einfacher Weise gemäß Abb. 151 und 152 durch Oszillogramme sichtbar machen[1]. Die jedem Durchschlag zugeordneten Teilströme verlaufen allgemein in Form gedämpfter Schwingungen ziemlich hoher Frequenz. Tatsächlich mißt man ein kontinuierlich bis zu den höchsten Werten reichendes Frequenzband.

Mit ausreichend empfindlichen Verstärkern und Aussiebung der Grundfrequenz des Ladestromes kann man so sehr empfindliche Messungen der Glimmeinsatzspannung ausführen. LIEBSCHER [69] hat eine von GEMANT [42] angegebene Methode zur Oszillographie von Glimmströmen angewandt, bei der in der ganz oder teilweise abgeglichenen Scheringbrückendiagonale die Verlustströme oszillographiert werden.

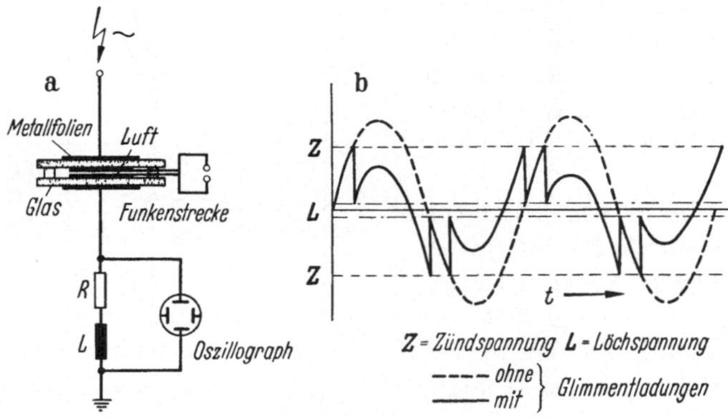

Abb. 151a u. b. Spannungsverlauf am glimmenden Luftspalt [116]

In der Praxis unterscheidet man prinzipiell zwischen dem summarischen Nachweis der Einsatzspannung und der Intensität von Glimmentladungen für ganze Wicklungen oder einzelne Wicklungsstränge und dem lokalisierenden Nachweis einzelner Glimmstellen.

Die summarische Messung ist mit den verschiedensten Meßschaltungen vorgenommen worden; allgemein wird ein Resonanzkreis im Hochfrequenzgebiet an die zu untersuchende, auf Hochspannung befindliche Wicklung angekoppelt und eine meist nur durch die Meßanordnung definierte Quantitätsgröße als Maß für die Glimmintensität ermittelt [49, 60, 92, 93]. Zum Teil werden dabei Geräte benutzt, die als Störspannungsmeßgeräte für die Nachrichtentechnik bereits seit langem im Handel sind. Japanische Autoren haben als Meßgröße die Zahl aller

---

[1] Besonders bei den an der Modellanordnung der Abb. 151a gewonnenen Oszillogrammen ist die stufenweise Zunahme der Zahl der einzelnen Durchschläge bei Spannungssteigerung erkennbar (vgl. Abb. 152a), weil nur ein Durchschlagsweg über die Funkenstrecke existiert.

eine bestimmte Störspannung übersteigende Spannungsimpulse gezählt [106]. Die Bedeutung dieser summarischen Meßmethoden ist jedoch nicht sehr groß, da sie gegenüber der tan δ-Messung keinen entscheidenden Vorteil bieten. Sie sind vielmehr anfällig gegen fremde Störspannungen, so daß der Gewinn an etwas höherer Empfindlichkeit des Glimmnachweises nicht ohne weiteres ausgenutzt werden kann.

Einen wirklichen Gewinn gegenüber der summarischen tan δ-Messung bringt die Hochfrequenz-Störfeldmessung erst, wenn sie mit Hilfe von Meßsonden zur Lokalisierung von Glimmentladungen angewendet wird.

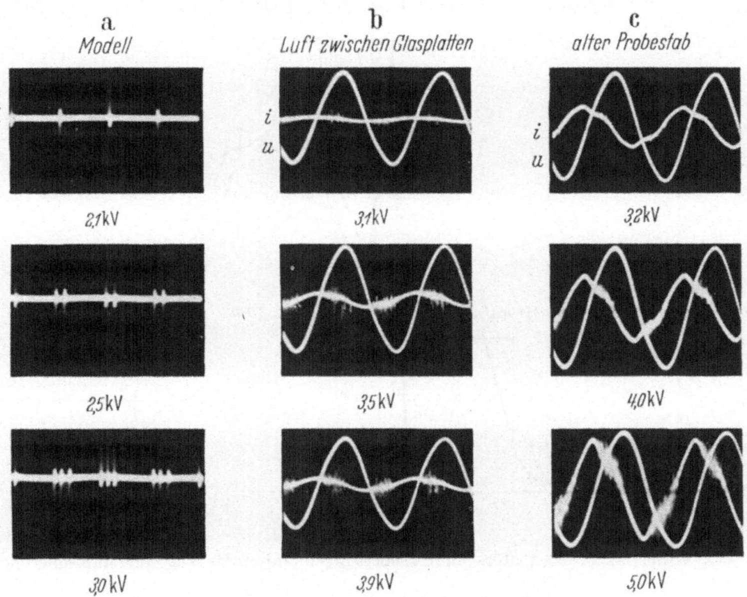

Abb. 152a—c. Glimmoszillogramme [116]

Tastet man z. B. die schwach leitende Oberfläche einer einzelnen, auf hoher Spannung befindlichen Wicklungsstabisolierung mit einer geeigneten Sonde ab, so kann man Abschnitte unterschiedlicher Glimmintensität erkennen. Verwendet man ein Anzeigegerät mit Rahmenantenne, so genügt es, die Antenne induktiv an die mit schiebbarem Kontakt an der Staboberfläche befestigte Erdleitung anzukoppeln [60]. Andere Sonden haben isolierte, als Kopplungskapazität wirkende Metallspitzen [92]; bei geerdetem Prüfling kann man auch mit metallischem Kontakt an die halbleitende Oberfläche eines Stabes herangehen und über eine L–C- oder R–C-Kopplung die Hochfrequenzspannung an ein geeignetes Meßgerät geben. Abb. 153 zeigt eine derartige Hochfrequenzspannungsmessung an einem ausgebauten Einzelstab bei 2,4 kV. Zum Vergleich wurde abschnittsweise der Verlustfaktor bei 1 und 2,4 kV gemessen, so daß die in willkürlichen Einheiten angegebene Glimmintensität der HF-Messung mit der auf Glimmentladungen zurückzuführenden tan δ-Zunahme tan δ (2,4 kV) — tan δ (1 kV) verglichen werden kann.

Die Übereinstimmung ist qualitativ sehr gut und zeigt, daß ohne Zerstörung des Stabes und ohne Verletzung der leitenden Oberfläche mit derartigen Störspannungsmessungen Aussagen [44, 60, 74, 116] über die Verteilung der inneren Hohlräume in der Isolierung gemacht werden können. HF-Spannungsmessungen mittels einer kapazitiv über die Nutverschlußkeile an die Oberstäbe eines 10 kV-Wasserkraftgenerators herangeführte Tastsonde sind von FINDEISS [38] beschrieben worden. Sie

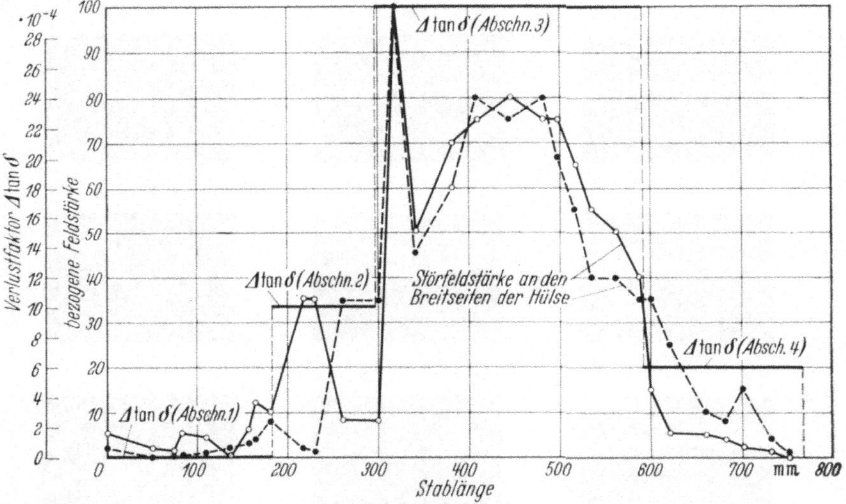

Abb. 153. Verlustfaktor- und Störspannungsmessungen an einer Wicklungsstabisolierung [74]

gestatten zumindest, die Oberstäbe auf unterschiedliche Glimmintensität zu untersuchen, beispielsweise auch bei periodischer Überwachung der Wicklungen. Wieweit man z. B. von der Rückseite des Ständerblechpaketes her durch die Luftschlitze hindurch auch die Unterstäbe erfassen kann, bedarf noch der Klärung und dürfte auch von den baulichen Gegebenheiten abhängen.

JOHNSON [49] beschreibt ebenfalls eine Sondenmethode zum Nachweis von Entladungen zwischen Isolationsoberfläche und Nutwand bei defektem Außenglimmschutz einzelner Wicklungsspulen. Es wird im Gegensatz zu den bisher beschriebenen HF-Messungen mit einer Frequenz von nur 2 kHz gearbeitet, da sie zum Nachweis dieser speziellen Entladungsart besonders geeignet ist. Die Sonde wird an einer zugänglichen Stelle mit der leitenden Spulenoberfläche in Verbindung gebracht und entsprechend Abb. 154 wird die Entladung auf einem Kathodenstrahloszillographen zur Anzeige gebracht.

c) Isolationsstrom, Isolationswiderstand. Das dielektrische Verhalten der Maschinenisolierung bei Gleichspannungsbeanspruchung unterhalb des Bereiches des dielektrischen Durchschlages wird in der Praxis durch Stromspannungscharakteristiken gekennzeichnet. Der beim Anlegen einer Gleichspannung an eine Isolierung fließende Strom erweist sich außer von der Spannungshöhe als abhängig von der Zeit ihrer Einwirkung, von der Temperatur der Isolierung und von ihrem Feuchtigkeitsgehalt.

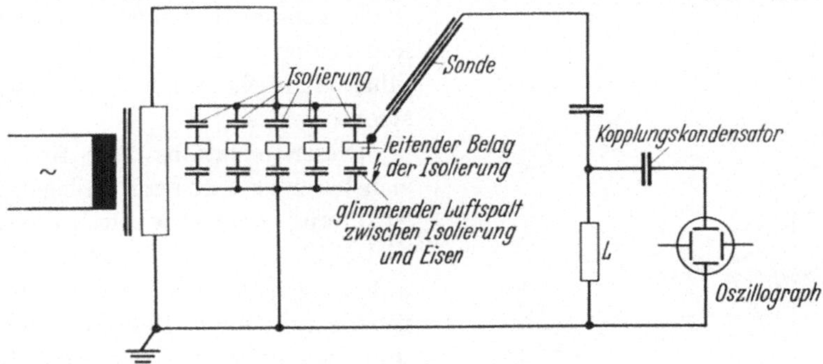

Abb. 154. Lokalisierung von Nutentladungen (nach JOHNSON [*49*])

Die Zeitabhängigkeit des Isolationsstromes. Nach dem Anlegen einer Gleichspannung U_0 an eine Isolierung mit der Kapazität C_0 fließt ein kurzer Ladestrom, der entsprechend den im Stromkreis liegenden ohmschen Widerständen mit einer Zeitkonstante $\tau = R\,C_0$ exponentiell abklingt:

$$I = \frac{U_0}{R_0}\,e^{-\frac{t}{\tau}}. \tag{31}$$

Für $C_0 = 1\ \mu\text{F}$ und $R = 10\ \text{k}\Omega$ ergibt sich z. B. eine Zeitkonstante von $\tau = 10^{-2}$ sek, d. h. die Aufladung der Kapazität auf die Spannung U_0 ist innerhalb von Bruchteilen einer Sekunde beendet, wenn nur die Spannungsquelle genügend leistungsfähig ist.

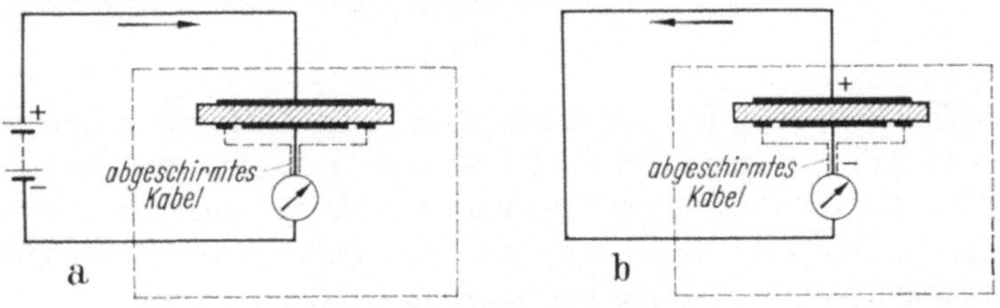

Abb. 155a u. b. Anordnung für die Prüfung von Isolierstoffen mit Gleichspannung
a) bei Aufladung; b) bei Entladung [*114*]

Schaltet man jedoch in den aus Spannungsquelle und der Kapazität der Isolierung bestehenden Stromkreis ein empfindliches Amperemeter (Abb. 155a), so mißt man u. U. noch nach Minuten und evtl. Stunden einen zeitlich abnehmenden sog. Nachladestrom.

Entläd man die Kapazität der Isolierung nach Entfernen der Spannungsquelle, was wieder gemäß der Zeitkonstante $\tau = R\,C_0$ geschieht, so mißt man ebenfalls wieder einen sehr viel langsamer abklingenden Nachentladestrom (auch oft Rückstrom genannt), wenn man entsprechend Abb. 155 b einen Kurzschlußkreis für das Dielektrikum bildet.

Abb. 156 zeigt in linearem Maßstab schematisch den zeitlichen Stromverlauf und macht außerdem deutlich, daß es bei der Aufladung nach genügend langer Zeit einen konstanten Endwert des Stromes I_∞ gibt, den eigentlichen Isolationsstrom.

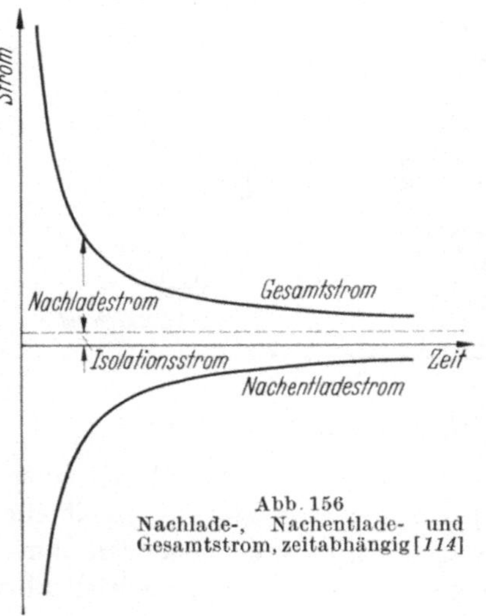

Abb. 156
Nachlade-, Nachentlade- und
Gesamtstrom, zeitabhängig [*114*]

Dieser Isolationsstrom fließt an sich bereits sofort nach Anlegen der Spannung, wird aber durch die sehr viel größeren Anfangswerte des zeitabhängigen Nachladestromes meist überdeckt. Durch Meßspannung U_0 und Reststrom ist der eigentliche Isolationswiderstand $U_0/I_\infty = R_\infty$ einer Isolierung gegeben. Tatsächlich muß man sich aber oft aus rein praktischen Erwägungen wegen des Zeitaufwandes der Messung mit einem nach wenigen Minuten gemessenen Stromwert zur Widerstandsmessung an Isolierungen begnügen. VDE 0303, Teil 3, 1055, § 5d schreibt z. B. zur Bestimmung des Isolationswiderstandes an Isolierstoffen die Verwendung des 1 min-Wertes des Stromes vor.

Nachlade- und Nachentladestrom lassen sich mit guter Näherung durch ein Potenzgesetz

$$i(t) = i_0 \left(\frac{t}{T}\right)^{-n} \tag{32}$$

darstellen [*109, 114*]. In doppeltlogarithmischer Auftragung ergeben sich daher Geraden, solange der zeitlich konstante Reststrom klein im Vergleich zu den zeitabhängigen Strömen ist. Abb. 157 zeigt die Abweichungen des zeitlichen Stromverlaufes von der Geraden in log-log-Darstellung, bei unterschiedlicher Größe des konstanten Reststromes.

Für die Bewertung und Ausführung von Nachladestrommessungen sind zwei Prinzipien zu beachten:

1. Zwischen Höhe der Nachladeströme und Spannung besteht ein linearer Zusammenhang, d. h. es gilt das Oнmsche Gesetz.

2. Es gilt das sog. Superpositionsgesetz, d. h. ein einmal mit einer bestimmten Spannung in Gang gesetzter Nachladevorgang ist als un-

abhängig von weiteren Spannungssteigerungen anzusehen. Er läuft bei
Steigerung nach dem Potenzgesetz weiter und wird von einem neuen im

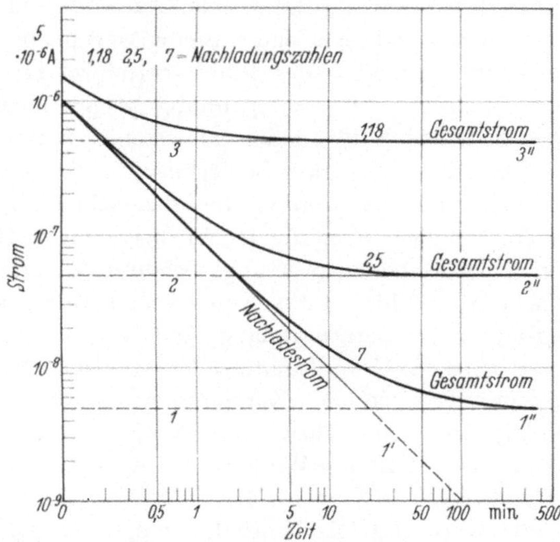

Abb. 157. Isolationsströme (Kurven *1*, *2* und *3*), Nachladestrom (Kurve *1'*) und Gesamtstrom
(Kurven *1"*, *2"* und *3"*), abhängig von der Zeit, für verschiedene Nachladungszahlen [*114*]

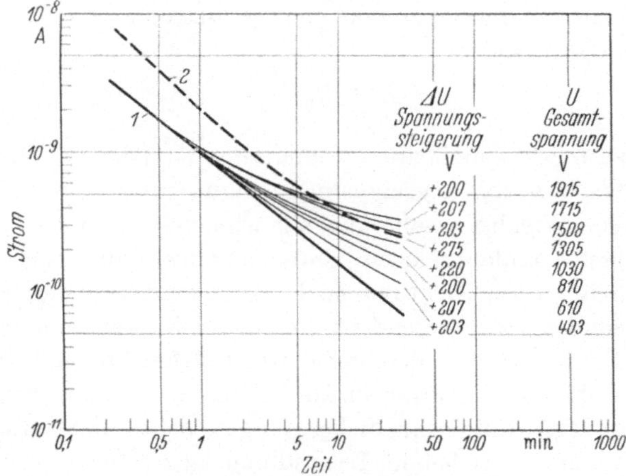

Abb. 158. Nachladestrom und Isolationsstrom bei Schellackmikafolium, abhängig von der Zeit,
bei stufenweiser Spannungssteigerung [*114*]
Kurve *1*: bei Spannungsstufen von etwa 200 V; Kurve *2*: bei Spannungssteigerung um 275 V

Zeitpunkt der Spannungssteigerung einsetzendem Nachladevorgang
überlagert. Für die Höhe des superponierten Nachladestromes gilt der
ohmsche Zusammenhang von Strom und Spannung, jedoch wird nicht
die Gesamtspannung für den zweiten Nachladevorgang wirksam, sondern
nur der Steigerungsbetrag der Spannung. WICHMANN hat dieses Ver-

halten des Nachladestromes experimentell nachgeprüft (Abb. 158). Bei Steigerung der Spannung in praktisch gleich großen Stufen wird nach jeder Steigerung der Spannung die gleiche Nachladegerade gemessen, wenn nur der vorhergehende Nachladevorgang weit genug abgeklungen ist, im Beispiel auf etwa 2,5% des 10 min-Stromwertes; da der reine Isolationsstrom jedoch der Gesamtspannung proportional ist, macht sich dieser von Stufe zu Stufe in den gemessenen Kurven bei Zeiten von mehr als 1 min immer stärker bemerkbar.

Es sind Versuche gemacht worden, die im zeitabhängigen Stromverlauf enthaltenen Aussagen über die Isolierungen durch Definition bestimmter Kenngrößen und Auswertungsverfahren zu erfassen und so für die praktische Anwendung nutzbar zu machen. Durch Einbeziehung der Spannungs- und Temperaturabhängigkeit der verschiedenen Meßgrößen wird versucht, die Grundlagen der Isolationsbeurteilung noch zu erweitern. Zu den interessierenden Kenngrößen gehören vor allem:

1. Der Polarisationsindex bzw. die Nachladezahl, definiert als Quotient von 1 min- und 10 min-Wert des bei Aufladung der Isolierung gemessenen Stromes.

2. Der 1 min-Wert des Nachentladestromes, bezogen auf Meßspannung U und Kapazität C der Isolierung.

3. Der Isolationswiderstand.

4. Die relative Abweichung des Isolationsstromes I_∞ vom OHMschen Gesetz; die Kenngröße

$$E = R_0 \frac{d\,i}{d\,U}. \tag{33}$$

Diese zerstörungsfrei meßbaren Kenngrößen sind in der Hoffnung gewählt worden, aus ihnen geeignete Auskünfte über den Lebensdauerverbrauch von Wicklungsisolierungen gewinnen zu können. Tatsächlich haben die sehr umfangreichen Untersuchungen an neuen und alten Wicklungen in dieser Richtung noch keine entscheidenen Erfolge gebracht. Besonders erschwerend ist in diesem Zusammenhang, daß die jeweiligen Parameter der Messungen wie Luftfeuchte und Temperatur nicht frei wählbar sind. Außerdem ist die Vergleichbarkeit verschiedener Wicklungen wegen unterschiedlicher Vorgeschichte nicht ohne weiteres gegeben. Es kann daher bei der Behandlung der zerstörungsfreien Gleichspannungsmessungen zunächst nur versucht werden, Umfang und Grenzen der mit ihrer Hilfe gewinnbaren Informationen darzustellen und auf offene Problemstellungen hinzuweisen. Tatsächlich werden ja derartige Verfahren auch dann einen Wert für die Isolationsbeurteilung behalten, wenn sie die hochgesteckten Ansprüche, den Verbrauch von Lebensdauer wie eine Uhr anzuzeigen, nicht erfüllen.

Der Polarisationsindex (PI). Der Messung sehr einfach zugänglich ist der Polarisationsindex bzw. die Nachladezahl, die das Zahlenverhältnis des 1 min- und 10 min-Nachladestromes darstellt. Ihr Wert ist von der Steilheit der Nachladekurve abhängig sowie davon, ob der konstante Isolationsstrom bereits in der gleichen Größenordnung liegt wie der 10 min-Wert des reinen Nachladestromes. Die Nachladezahl nimmt bei überwiegendem konstantem Isolationsstrom Werte um Eins an und kann bei verschwindend kleinem Isolationsstrom Werte um Zehn erreichen.

Gemessen bei Temperaturen um 20 °C ist der Polarisationsindex als Kriterium für den Trocknungszustand von Maschinenisolierungen bereits allgemein anerkannt. Amerikanische Angaben nach AIEE Standard Nr. 56 nennen für trockene, saubere Wicklungen Werte des PI für

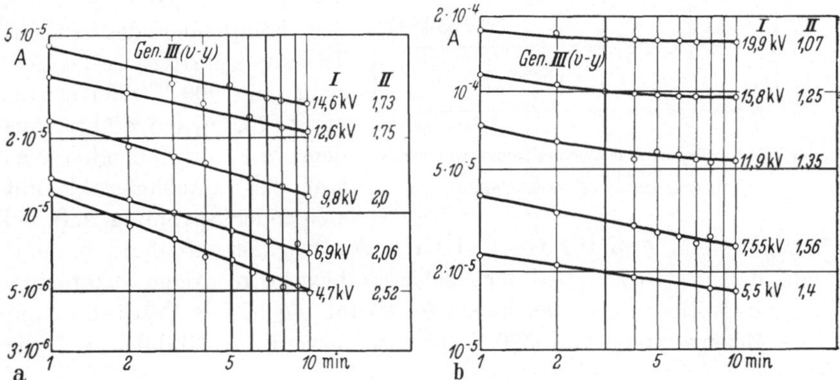

Abb. 159a u. b. Nachladeströme an einer 6,3 kV-Wicklung eines Wasserkraftgenerators bei Abkühlung in feuchter Umgebung
a) Messung nach Stillsetzung der Maschine bei 33 °C; b) Messung nach 4 Tagen bei 23 °C; I Meßspannung; II Nachladezahl

Klasse A-Isolierungen von 1,5; für Klasse B-Isolierungen von 2,5 oder mehr. Die Angaben beziehen sich dabei auf mit Lack bzw. Bitumen imprägnierte Isolierungen. Die amerikanischen Werte entsprechen aber etwa auch den in sonstigen Veröffentlichungen für Schellackmikafolium und Asphaltmikafolium genannten Zahlen [35, 76].

An trockenen Maschinenisolierungen auf Schellackmikafoliumbasis mißt man bei Temperaturen um 20 °C Nachladezahlen von Vier und mehr, bei sehr feuchten Wicklungen Nachladezahlen von nur wenig mehr als Eins. Die Auswirkung der Feuchtigkeitsaufnahme auf den Verlauf von Nachladestromkurven wird am Beispiel deutlich, das Abb. 159a u. 150b zeigt. Durch Abkühlung der Wicklung auf die Temperatur der Umgebung nahm die Isolierung Feuchtigkeit auf[1]. Während die Nachladezahl PI unter 1,5 sank, stieg der Absolutwert des gemessenen — aus zeitabhängigem Nachlade- und konstantem Isolationsstrom zusammen-

---

[1] Es handelt sich um die gleiche Maschine, an der bereits auf S. 163 der Feuchtigkeitseinfluß auf den Verlustfaktor erläutert werden konnte.

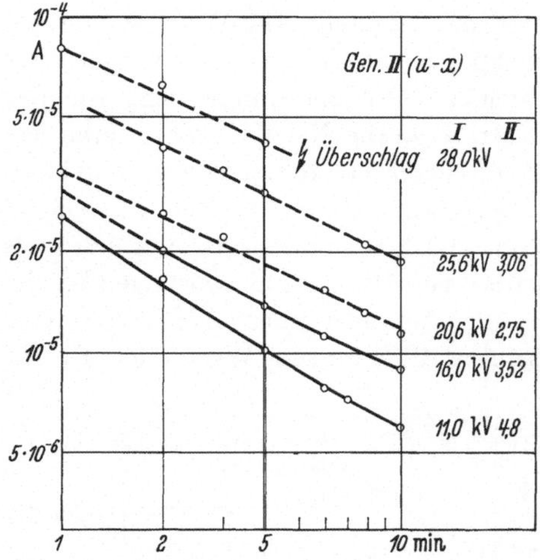

Abb. 160. Nachladeströme an einer trockenen 6,3 kV-Wicklung [76]
I Meßspannung; *II* Nachladezahl

gesetzten — Gesamtstromes trotz der 10 °C geringeren Temperatur deutlich an.

Nachladeströme an einer relativ trockenen Wicklung zeigt Abb. 160. Man erkennt aber, daß bei der Messung der Nachladezahl die Spannungsabhängigkeit dieser Größe beachtet werden muß. Tatsächlich hat sich daher auch bei der Ermittlung des PI als Trocknungskriterium die Messung mit 500 V Gleichspannung [*15, 35*] eingeführt. Aus dem verzögert fallenden Verlauf der Nachladezahl mit steigender Spannung, z. B. bei Wicklung I in Abb. 161 vor und nach Feuchtigkeitsaufnahme, erkennt man, daß der Unterschied der Nachladezahlen im niedrigen Spannungsbereich größer ist als bei hohen Meßspannungen. Die Festlegung auf eine Meßspannung von 500 V ist also sowohl im Hinblick auf die

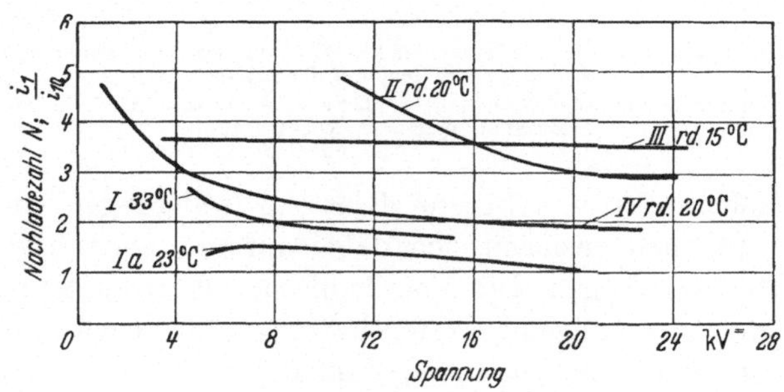

Abb. 161. Spannungsabhängigkeit der Nachladezahl

Wicklung   *I*: 1 Strang einer 6,3 kV-Wicklung, Schellackmikafolium, 27 Betriebsjahre;
Wicklung   *Ia*: wie *I*, nach Feuchtigkeitsaufnahme;
Wicklung   *II*: 1 Strang einer 6,3 kV-Wicklung, Schellackmikafolium, 8 Betriebsjahre;
Wicklung *III*: 3 Stränge einer 11,5 kV-Wicklung, Schellackmikafolium, 2 Betriebsjahre;
Wicklung *IV*: Gesamtwicklung eines 10,5 kV-Turbogenerators; Schellackmikafolium. 9 Betriebsjahre

Einfachheit der Messung, als auch in bezug auf die Empfindlichkeit des Feuchtigkeitsnachweises als günstig anzusehen.

Immerhin scheint auch die Anwendung höherer Meßspannungen nicht zu groben Fehlern in der Beurteilung des Trocknungszustandes zu führen. Einer wirklich feuchten Wicklung (I a) fehlt offenbar der steile Anstieg der Nachladezahl bei niedriger Meßspannung. Relativ gut getrocknete Schellackmikafoliumisolierungen wie bei Wicklung I und IV (Abb. 161) zeigen mit der Spannung abnehmende Nachladezahlen, was auf die stärker als ohmisch erfolgende Zunahme des reinen zeitunabhängigen Isolationsstromes zurückzuführen ist. Nur an der noch praktisch neuwertigen Wicklung III fehlt jede Spannungsabhängigkeit, sowohl der Nachladezahl, als auch der 10 min-Werte des Isolationswiderstandes. Diese Wicklung war in sehr trockener Umgebung betrieben worden, die Wickelkopfisolierung war infolge niedriger Betriebstemperaturen völlig neuwertig. Vor der Messung war Öldunst von der Wicklungsoberfläche abgewaschen und eine neue Lackschicht aufgebracht worden.

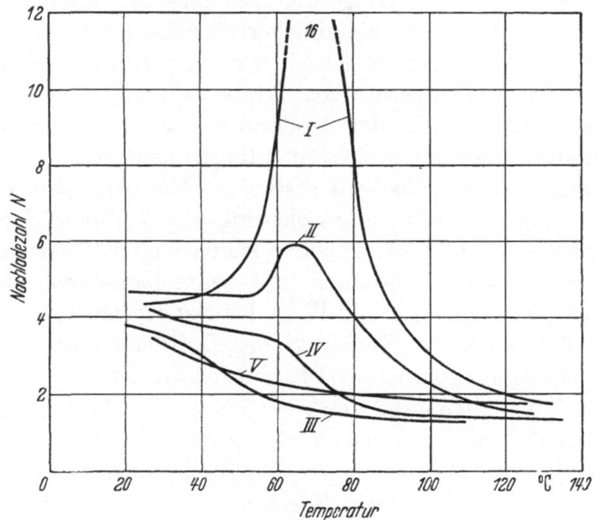

Abb. 162. Temperaturabhängigkeit der Nachladezahl [119]
I Asphaltmikafolium; II Schellackmikafolium (neu); III Schellackmikafolium (alt);
IV Epoxydharzmikafolium; V Polyesterharzimprägnierung

Die bisher bekannten Werte von Nachladezahlen und ihre Deutung als Maß für die Feuchtigkeitsgehalte von Wicklungsisolierungen sind vornehmlich auf Schellack- und Asphaltmikafolium sowie auf asphaltimprägnierte Glimmerbandisolierungen bezogen. Für die neuen Isolationsarten mit Kunstharzbindemitteln liegen bisher wenig Angaben vor.

Die Temperaturabhängigkeit der Nachladezahl verschiedener Isolierungen ist erst kürzlich behandelt worden, mit der Absicht, Unterlagen für die Umrechnung von Meßwerten auf Raumtemperatur zu gewinnen, die bei erhöhten Temperaturen gewonnen werden mußten [119]. Aus diesen Messungen an Einzelstäben (Abb. 162) geht hervor, daß die Unterschiede der Nachladezahlen bis etwa 30 °C nicht sehr groß sind, daß sich jedoch besonders zwischen 50 und 80 °C charakteristische Unterschiede im Verhalten der verschiedenen Isolationsarten zeigen, die entscheidend durch Eigenart und Zustand des Bindemittels der Isolierungen bedingt sind. Die auftretenden Maxima des PI liegen ganz ähnlich wie die Maxima des $\tan\delta$ oder wie die mechanische Dämpfung von Torsionsschwingungs-Prüfstäben [86] in bestimmten Temperaturbereichen, in denen durch die Erwärmung eine Änderung des inneren, molekularen Gefüges der Natur- oder Kunstharze eintritt. Diese Gefügeänderung kann sich äußerlich durch eine plastische Erweichung, z. B. bei Asphalt und Schellack, bemerkbar machen, sie kann aber auch auf die Beweglichkeit einzelner Moleküle und Molekülgruppen innerhalb der vernetzten Kunstharze beschränkt sein.

Ebenso wie aus der Verlagerung des $\tan\delta$-Maximums zu höheren Temperaturen bei der herkömmlichen Schellackmikafoliumisolierung eine thermische Alterung ersichtlich wird (vgl. S. 159), lassen sich aus Veränderungen der Temperaturcharakteristik des PI Aussagen über die thermische Vorgeschichte der Isolierungen gewinnen. Systematische Untersuchungen hierüber stehen allerdings noch aus.

Der 1 min-Wert des Nachentladestromes. Aus dem nach ausreichend langer Aufladung einer Wicklungsisolierung gemäß Abb. 156b gemessenen Entladestromes haben französische Autoren eine Kenngröße definiert, die von der Größe der Maschine und deren Isolationsbemessung unabhängig ist [35, 67]. Der 1 min-Wert des Nachentladestromes wird auf die bei 50 Hz gemessene Kapazität der Isolierung und auf die Meßspannung bezogen und in (mA/VF) angegeben. Aus den französischen Meßwerten sowie den ergänzend eingetragenen Werten nach WICHMANN [118] und Verwertung beim Verfasser vorliegender Untersuchungen, ergibt sich der in Abb. 163 dargestellte Zusammenhang zwischen spez. 1 min-Nachentladestrom und Maschinenbetriebszeit. Die Meßwerte nehmen zwar mit steigendem Maschinenalter deutlich zu, jedoch innerhalb eines so großen Streubereiches, daß die Meßgröße zur wirklichen Beurteilung des Alterungszustandes einer Wicklung nur unter größten Vorbehalten herangezogen werden darf.

Es wird zu klären sein, welcher Art die Veränderungen der Isolierungen sind, die zur Erhöhung des spez. Nachentladestromes führen, bevor man diese Größe zu weiteren Aussagen über die Isolierung benutzt.

Der Isolationswiderstand. Messungen an Maschinenwicklungen. Die Wicklungsisolierung großer Drehstrommaschinen ist für die Gleichspannungsuntersuchungen als eine Ersatzschaltung aus Widerständen anzusehen, die sich entsprechend Abb. 164 aus den drei Widerständen R_1 zwischen dem Wicklungskupfer der drei Wicklungsstränge und dem Ständereisen, sowie den drei Widerständen R_2 zwischen den einzelnen Wicklungssträngen zusammensetzt. Das Ersatzschaltbild ist ganz analog dem bei der $\tan\delta$-Messung (vgl. S. 137) verwendeten. Teilkapazitäten sind lediglich durch Teilwiderstände ersetzt. R_1 charakterisiert daher den

Widerstand der Nutisolierung einschließlich des Kriechweges am Nutaustritt; R_2 ist im Wickelkopf der Maschinen lokalisiert und stellt den

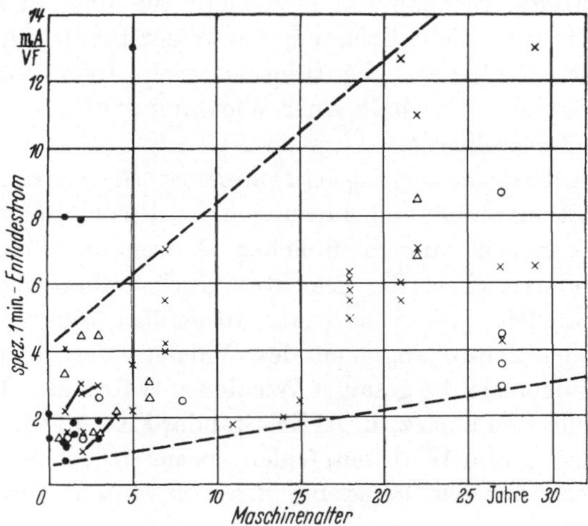

Abb. 163

Spezifischer 1 min-Entladestrom von Wicklungsisolierungen, abhängig vom Maschinenalter

△ nach LANGLOIS-BERTHELOT [67];
● nach FABRE u. Mitarbeitern [35];
o nach unveröffentlichten Unterlagen des Verfassers;
× nach WICHMANN [118], Turbogeneratoren

Schellack- oder Asphaltmikafoliumisolierungen

Widerstand der Bandisolierung und der Verschnürungs- und Versteifungsteile zwischen räumlich benachbarten Wicklungselementen verschiedener Wicklungsstränge dar. Einzeln meßbar sind diese Widerstände, sofern der Sternpunkt der Maschinen auftrennbar ist; gemäß der Formel

$$R' = \frac{R_1 R_2}{2 R_1 + R_2}, \qquad (34)$$

nach Abb. 164 wird eine zusammengesetzte Widerstandsgröße R' und außerdem der Widerstand R_2 direkt gemessen, wenn man einen Strang an Spannung legt, den zweiten über ein μA-Meter und den dritten direkt

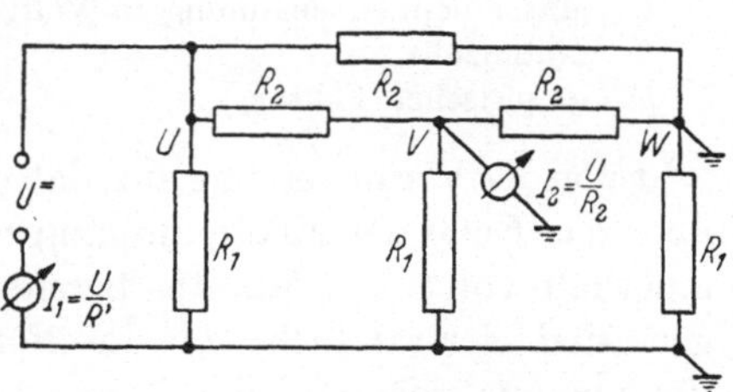

Abb. 164. Ersatzschaltung für Wicklungsisolierung
R_1 Widerstand der Nutisolierung einschließlich Hülsenausladungen; R_2 Widerstand der Wickelkopfisolierung zwischen zwei Strängen; R' resultierender Widerstand bei Messung eines Stranges

$$R' = \frac{R_1 R_2}{2 R_1 + R_2}$$

erdet. R_1 läßt sich unter der nicht notwendigerweise immer gültigen Voraussetzung, daß alle drei Widerstände R_1 untereinander gleich sind, direkt messen, wenn man alle drei Stränge gleichzeitig an Spannung legt, so daß als Widerstandsgröße der Wert $R_1/3$ ermittelt wird.

Während man z. B. bei der Messung des Polarisationsindex und des spez. 1 min-Entladestromes mit niedrigen Spannungen meist alle drei Stränge gleichzeitig an Spannung legt, bietet die Messung der einzelnen Stränge und die zusätzliche Erfassung des Widerstandes der Wickelkopfisolierung wertvolle zusätzliche Informationen. Insbesondere gewinnt man die Möglichkeit, innerhalb einer Wicklung die Gleichmäßigkeit der Isolierung zu kontrollieren.

Isolationswiderstandsmessung mit niedriger Gleichspannung (500 ⋯ 5000 V). Isolationswiderstandsmessungen in diesem Spannungsbereich entsprechen der seit langem üblichen Anwendung handelsüblicher, bereits in Widerstandswerten geeichter Kurbelinduktoren. Messungen dieser Art schließen, sofern sie exakt ausgeführt werden, naturgemäß die Messung der Zeitabhängigkeit des Widerstandes ein (Nachladung) und erfassen allgemein die gesamte Wicklung. Während z. B. VDE 0303, Teil 3/10.55 § 5d und auch z. B. AIEE-Standard Nr. 43 für vergleichende Messungen den 1 min-Wert empfehlen, basieren verschiedene andere Untersuchungen auf der Erfassung des konstanten Anteiles des Isolationsstromes.

Die Beurteilung von Absolutwerten der Isolationswiderstände bei niedrigen Meßspannungen hat allgemein den Zweck, Feuchtigkeit und Verschmutzung der Wicklungen zu erkennen. WICHMANN [*120*] hat eine Faustformel für Isolationswiderstandswerte von Schellackmikafoliumisolierungen angegeben. Diese Widerstandsformel

$$R_{i(75°)} = f\,\frac{U_n}{Z} \quad [\mathrm{M}\Omega], \tag{35}$$

U_n Maschinennennspannung in Volt,
Z　Nutenzahl,
f　empirischer Faktor,

geht von der Voraussetzung aus, daß die Isolationsströme im wesentlichen über das Ende der Mikafoliumumpressung fließen und Nachladeströme innerhalb von 5 ⋯ 7 Minuten bereits abgeklungen sind. Diese Bedingungen sind verständlich, da die Formel nur die Minimalforderungen für eine zur sicheren Inbetriebnahme ausreichenden Trocknung nennen soll, nicht aber Widerstandswerte vollständig trockener Wicklungen. Für die Umrechnung der bei beliebigen Temperaturen gemessenen Widerstandswerte auf 75 °C soll die 10°-Regel gelten, nach der sich der Isolationswiderstand jeweils bei 10 °C-Temperaturerhöhung halbiert.

Nach den vorliegenden Erfahrungen reichen Widerstandswerte zur sicheren Inbetriebnahme aus, die sich nach obiger Formel mit einem Faktor f in der Größenordnung von 10^{-2} [$\mathrm{M}\Omega/\mathrm{V}$] ergeben. Tatsächlich liegen jedoch die Faktoren f für getrocknete Wicklungen meist um eine bis zu zwei Größenordnungen höher.

Die amerikanischen Empfehlungen im AIEE-Standard Nr. 43 [*14*] für die Werte des Isolationswiderstandes nach Trocknung sehen eine 1 min-Widerstandsmessung mit 500 V Gleichspannung vor. Die empirische Formel für den Standardwiderstand, der als geringster zulässiger

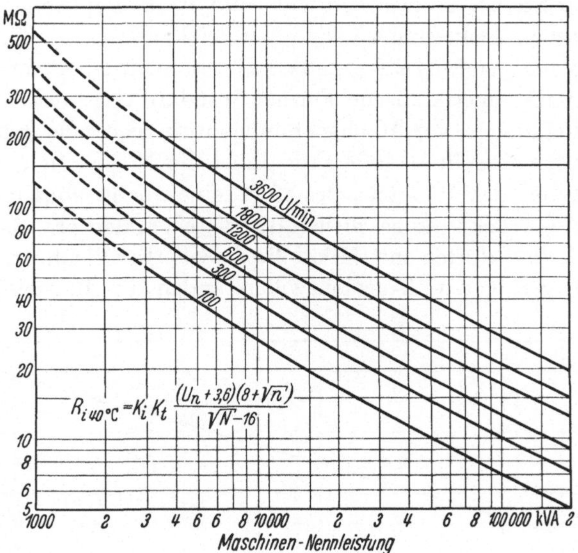

Abb. 165. Standardisolationswiderstand von Wechselstromwicklungen für 1000 kVA und mehr Werte gemessen mit V 500, nach 1 min bei 40 °C
Widerstand R_i für 13,8 kV-Wicklungen mit Kl. B-Isolierung ($K_i = 7$). Für andere Nennspannungen ist der aus den Kurven ermittelte Wert von R_i mit Faktoren gemäß Abb. 166 zu multiplizieren. Für andere Wicklungstemperaturen sind die aus den Kurven ermittelten R_i mit Temperaturkoeffizienten gemäß Abb. 167 zu multiplizieren

Wert des Widerstandes bei 40 °C nach einer Reinigung oder vor einer Hochspannungsprobe definiert ist, erfaßt eine Reihe von Kenngrößen der Maschine:

$$R_{i\,40\,°C} = K_i K_t \frac{(U_n + 3{,}6)\,(8 + \sqrt{n})}{\sqrt{N} - 16} \quad [\text{M}\Omega]. \tag{36}$$

Für die Faktoren K_i und K_t, die den Einfluß der Isolationsklasse bzw. Temperatur erfassen, werden gesonderte Angaben gemacht:

K_i 2,5 für Klasse A-Isolierung, U_n Maschinen-Nennspannung in [kV],
   7 für Klasse B-Isolierung, n Drehzahl in [U/min],
K_t Temperaturkoeffizient des Wider- N Nennleistung in [kVA].
   standes (Abb. 167)

In Abb. 165 ist die AIEE-Formel für 13,8 kV-Klasse-B-Isolierung graphisch dargestellt. Mit Hilfe der ergänzenden Kurven in Abb. 166 und 167 kann man hieraus praktisch für jede Wicklung den Standardisolationswiderstand entnehmen.

Bei der Anwendung dieser Formel muß beachtet werden, daß sie auf Grund amerikanischer Erfahrungen an Wicklungen gewonnen wurde, die vorwiegend mit einer durchgehend gewickelten, im Vakuum mit Asphalt imprägnierten Isolierung versehen waren. Schon wegen des Fehlens der Stoßstelle zwischen Nut- und Wickelkopfisolierung bei der amerikanischen Isolierung ist eine Vergleichbarkeit der Formeln nach WICHMANN und nach AIEE-Standard Nr. 43 nicht zu erwarten. Darüber hinaus gibt die amerikanische Formel Standardwerte des Widerstandes an, die Wicklungen vor Hochspannungsprüfungen oder nach erfolgter Reinigung haben sollten, läßt aber dabei die Frage offen, bei welchen Minimalwerten des Widerstandes z. B. eine Inbetriebnahme von Maschinen ohne Trocknung geschehen dürfte. Nach den praktischen Erfahrungen [77, 120] dürfen mit Mikafolium isolierte Wicklungen u. U. mit wesentlich geringeren Isolationswiderständen in Betrieb genommen

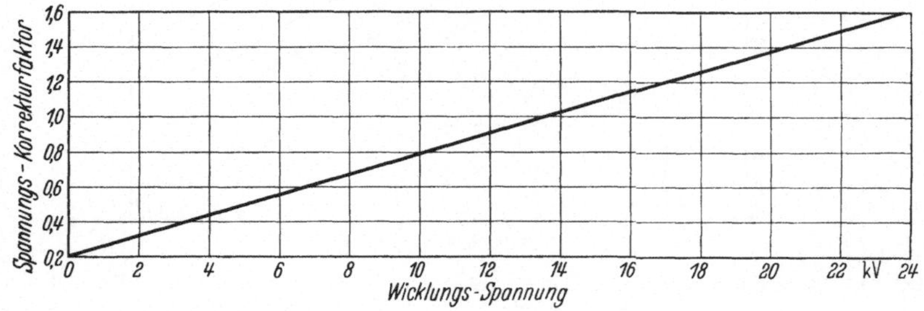

Abb. 166. Spannungskorrekturfaktor zu AIEE-Formel (Abb. 165)

werden, als sich aus der AIEE-Formel ergeben würden. Eine Nachtrocknung kann bei langsam gesteigerter Belastung der Maschine ohne Gefahr für die Isolierung im Betrieb erfolgen.

Isolationswiderstandsmessung mit hoher Gleichspannung. Die Messung des Isolationswiderstandes von Maschinenwicklungen mit hoher Gleichspannung wurde in allen Teilen der Welt versuchsweise in großem Umfang betrieben, nachdem A. W. CAMERON [23] auf Grund seiner Untersuchungen an Maschinenwicklungen mitteilte, man könne aus der Spannungsabhängigkeit des Isolationswiderstandes die Durchschlagspannung einer Isolierung zerstörungsfrei ermitteln. Abb. 168 zeigt eine solche Messung, bei der die Gleichspannung stufenweise jeweils nach Ablesung des konstanten Isolationsstromes bis zum Durchschlag der Isolierung gesteigert wurde. Die Widerstandskurve zeigt oberhalb 10 kV ein stetiges Absinken und legt den von CAMERON vertretenen Gedanken nahe, die Messung beispielsweise bei 15 kV abzubrechen und die Durchschlagspannung durch Extrapolation zu ermitteln, ohne dabei den Prüfling wirklich durchzuschlagen.

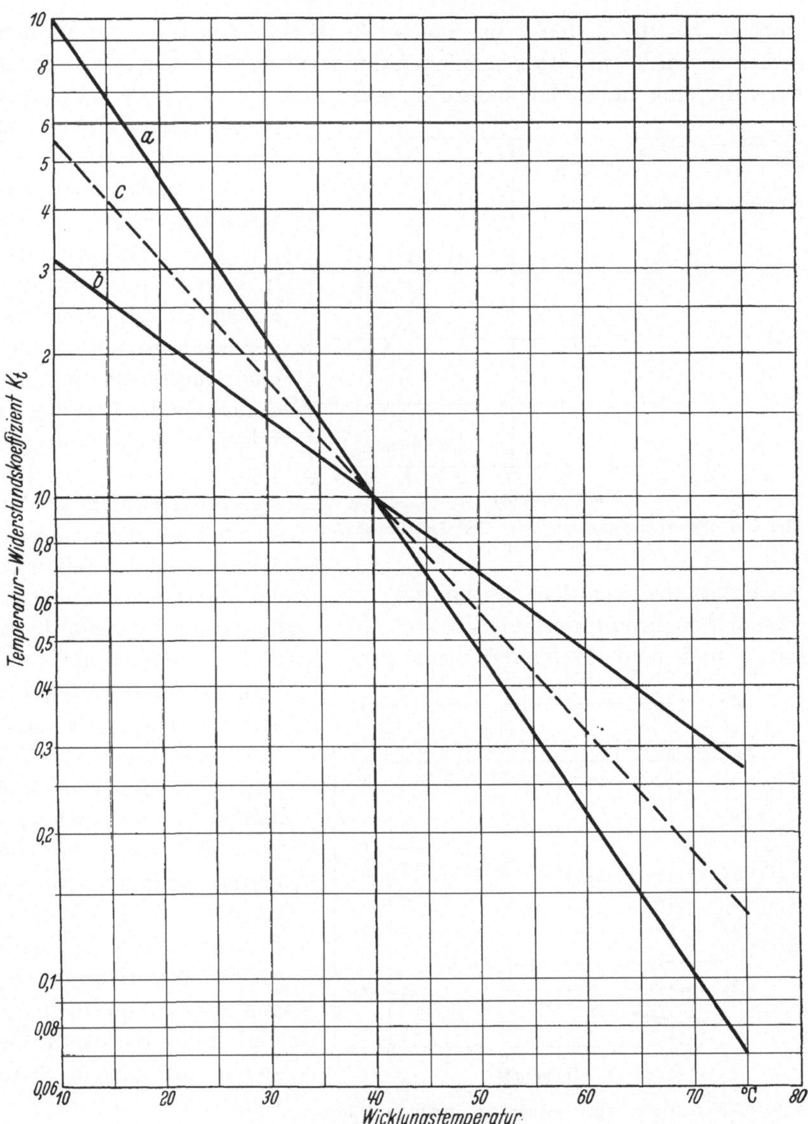

Abb. 167. Temperaturwiderstandskoeffizient K_t zur AIEE-Formel in Abhängigkeit von der Wicklungstemperatur

a Isolationsklasse A, Wechselstromwicklung; b Isolationsklasse B, Wechselstromwicklung; c Gleichstromwicklung

Neben der oben beschriebenen stufenweisen Spannungssteigerung ohne Entladung des Prüflings in den Zwischenzeiten, die sehr vielen Veröffentlichungen zugrunde liegt (z. B. [23, 31, 104]), sind zur Isolationswiderstandsmessung andere Verfahren angegeben oder verwendet worden, bei denen nicht bis zur tatsächlichen Konstanz des Stromes gemessen wird. Dies ist besonders bei trockenen Wicklungen von Interesse, die eine hohe Nachladezahl haben und bei denen der konstante Strom sich erst nach sehr langer Zeit einstellt.

So wurde beispielsweise bei einigen Messungen [115 ··· 117] prinzipiell in keiner Spannungsstufe länger als 10 min lang gemessen, auch wenn noch eine merkliche zeitliche Abnahme des Stromes erfolgte. Eine Entladung des Prüflings zwischen zwei Spannungsstufen erfolgte nicht. Vom gleichen Autor wurde auch der Fehler abgeschätzt, der bei der Bestimmung des Isolationswiderstandes nach diesem Verfahren unterläuft. Je nach Neigung der reinen Nachladestromkurve und dem Zahlenverhältnis von reinem Isolationsstrom i_i und reinem 10 min-Nachladestrom ergeben sich die in Abb. 169 skizzierten Verhältnisse. Bei Nachladezahlen von beispielsweise $N = 5{,}5$ wird in der ersten Spannungsstufe nur rd. 50%, in der sechsten Stufe rd. 70% des wirklichen Widerstandes R_∞ gemessen, wenn Nachlade- und Isolationsstrom, bezogen auf gleiche Spannung nach 10 min gleich groß sind. Man kann auf diese Weise also 10 min-Isolationswiderstandswerte messen, die mit der Spannung ansteigen. Dies erklärt sich aus dem Superpositionsprinzip, das für die Nachladeströme gilt: Während nämlich der Anteil des reinen ohmschen Isolationsstromes je Spannungsstufe um den gleichen, der Steigerungsspannung proportionalen Wert zunimmt, und sich die einzelnen Stromsteigerungen zu einem der Gesamtspannung proportionalem Gesamtstrom addieren, klingen die

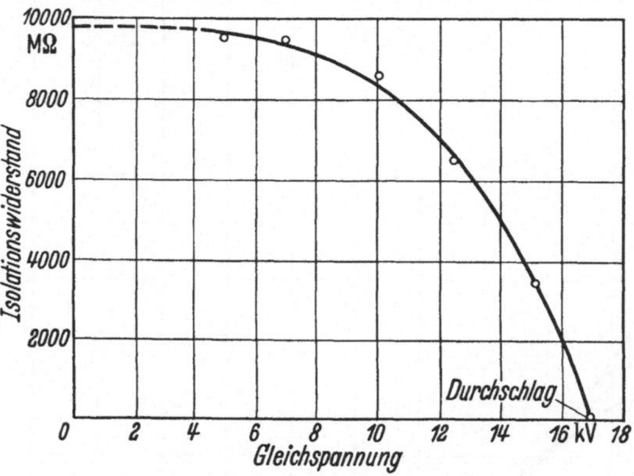

Abb. 168. Spannungsabhängigkeit des Isolationswiderstandes [23]

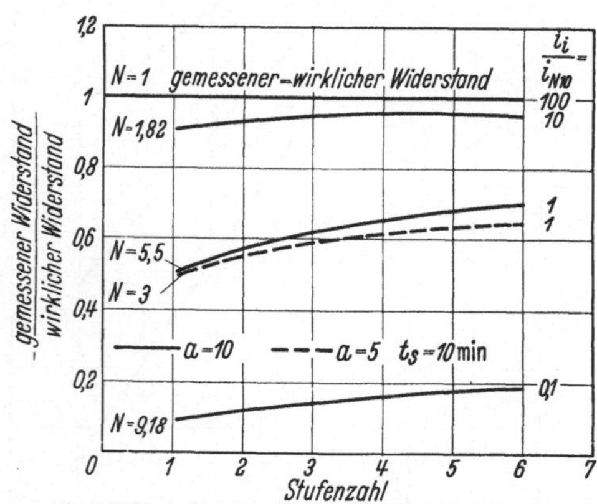

Abb. 169. Verhältnis des gemessenen zum wirklichen Widerstand bei stufenweiser Spannungssteigerung [116]

bei jeder Spannungsstufe ebenfalls der Stufenspannung proportionalen Nachladestromzunahmen mit der Zeit ab und addieren sich in der letzten Stufe zu einem der Gesamtspannung nicht mehr proportionalem kleineren Wert (vgl. auch Abb. 158, S. 169). Der Einfluß der Nachladeströme auf die Widerstandsbestimmung verringert sich bei wachsender Stufenzahl. Abb. 170 zeigt eine nach diesem Verfahren an einer alten Wicklung gemessene 10 min-Widerstands-Spannungscharakteristik und den zugehörigen, durch rechnerische Auswertung [117] ermittelten Verlauf des wirklichen Isolationswiderstandes.

Die Messung eines scheinbar ansteigenden Isolationswiderstandes bei zeitlicher Begrenzung der Meßzeit kann man vermeiden, wenn man den Prüfling nach jeder Spannungsstufe ausreichend lang entläd. Auf diese Weise wird gewährleistet, daß bei jeder Stufe Nachlade- und Isolationsströme in ihrer wirklichen Spannungsabhängigkeit gemessen werden. Praktisch läßt sich dieses bei Dreiphasenwicklungen ohne wesentlichen zusätzlichen Zeitaufwand dadurch erreichen, daß man jeweils einen Wicklungsstrang an Spannung legt, nacheinander die drei Stränge mit der gleichen Spannungsstufe beansprucht und bei Spannungserhöhung wieder mit dem zuerst gemessenen Strang beginnt. Bei dieser zyklischen Vertauschung der Stränge geht einer jeden Messung jeweils eine Entladungszeit von mindestens der doppelten Meßzeit voraus [76].

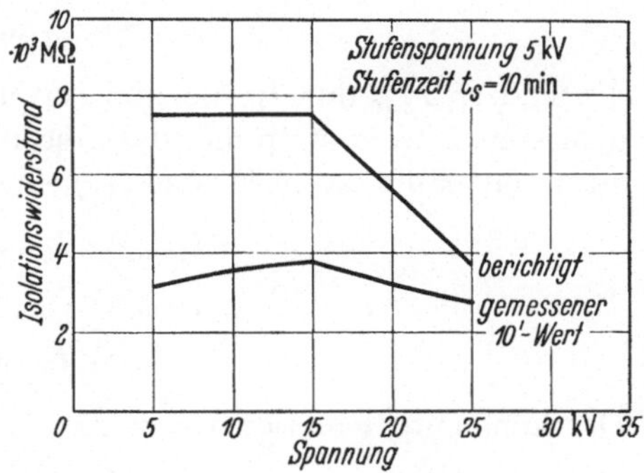

Abb. 170. Isolationswiderstand, abhängig von der Spannung [116]

Bei hohen Nachladezahlen, d. h. bei im Verhältnis zum reinen Nachladestrom kleinen Isolationsströmen, verliert nach diesem Verfahren die Anzeige einer Spannungsabhängigkeit des reinen Isolationswiderstandes an Empfindlichkeit, jedoch reicht die Messung des 10 min-Widerstandswertes offenbar meist zur Urteilsbildung aus, besonders wenn man noch das begrenzte Aussagevermögen der Widerstands-Spannungscharakteristik berücksichtigt.

Ebenfalls auf nicht bis zur zeitlichen Konstanz ausgedehnten Messungen des Isolationsstromes beruhen einige durch mathematische Analyse ergänzte Verfahren, bei denen aus der gemessenen Nachladekurve in log-log-Darstellung reiner Isolationsstrom und Nachladestrom getrennt ermittelt werden [50, 98]. Dabei wird mit stufenweise erhöhter Gleichspannung ohne Entladung zwischen den Stufen gemessen, wobei die Zeit in jeder Spannungsstufe so errechnet wird, daß der Absorptionsstrom am Ende jeder Spannungsstufe der Gesamtspannung proportional ist. Das bedeutet, daß mit wachsender Stufenzahl die Meßzeit laufend verkürzt wird.

Unter der Voraussetzung, daß der zeitliche Verlauf des reinen Nachladestromes der Formel (37) genügt

$$i_t = i_{1\,\mathrm{min}}\, t^{-n} \qquad (37)$$

bzw.

$$i_{10\,\mathrm{min}} = i_{1\,\mathrm{min}}\, 10^{-n}\,, \qquad (37\,\mathrm{a})$$

gelten auch die weiteren Formeln (nach JOHNSON und ZWIENER [50])

$$i_{3,16\,\mathrm{min}} = i_{1\,\mathrm{min}}\, 3{,}16^{-n}\,, \qquad (38)$$

$$(i_{3,16})^2 = (i_{1\,\mathrm{min}})^2\, 10^{-n}\,, \qquad (39)$$

$$(i_{3,16\,\mathrm{min}})^2 = i_{1\,\mathrm{min}}\, i_{10\,\mathrm{min}}\,. \qquad (40)$$

Sind I_1, $I_{3,16}$ und I_{10} die zum Zeitpunkt 1 min, 3,16 min bzw. 10 min gemessenen Gesamtströme, dann ergibt sich der konstante Isolationsstrom mit Hilfe der in Formel (40) eingesetzten Ausdrücke (41) bis (43):

$$i_{1\,\mathrm{min}} = I_{1\,\mathrm{min}} - C\,, \qquad (41)$$

$$i_{3.16\,\mathrm{min}} = I_{3,16\,\mathrm{min}} - C\,, \qquad (42)$$

$$i_{10} = I_{10\,\mathrm{min}} - C\,. \qquad (43)$$

Der konstante Isolationsstrom zu

$$C = \frac{(I_1\, I_{10}) - (I_{3,16})^2}{(I_1 + I_{10}) - 2\,I_{3,16}}\,. \qquad (44)$$

Subtrahiert man C von I_1 und I_{10}, so erhält man die reinen Nachladestromwerte bei 1 und 10 min, kann aus ihnen die Verhältniszahl i_1/i_{10}, deren Logarithmus den Exponenten n in Formel (37) darstellt, gewinnen. Mit Abb. 171 läßt sich dann praktisch während der Messung die erforderliche Meßzeit für die nächste Spannungsstufe in Prozenten der Meßzeit der ersten Stufe finden.

Dies ist ohne Zweifel die bisher am weitesten verfeinerte Methode zur gleichzeitigen Messung der Spannungsabhängigkeit des Isolationswiderstandes und der Nachladeströme. Sie hat ihre Grenzen einmal in der Genauigkeit der Strommessung, d. h. es dürfte sich empfehlen, die Werte I_1, $I_{3,16}$ usw. nicht der Einzelablesung am Instrument, sondern einem während der Messung gezeichnetem Kurvenzug $i = f(t)$ zu entnehmen, damit die bei Nachladestrommessungen auftretenden kurzzeitigen Stromschwankungen ausgeglichen werden. Sodann ist es nicht möglich, die stufenweise Spannungserhöhung in unendlich kurzer Zeit vorzunehmen, so daß ein gewisser Teil des Nachladestromes der Messung verlorengeht. Möglichst schnelle Spannungssteigerung und im Verhältnis zur Zeitdauer der Spannungserhöhung lange Meßzeit können diese Einflüsse klein halten. Endlich basiert die Methode auf der Annahme, daß die Nachladeströme dem einfachen Potenzgesetz der Formel (37) genügen. Tatsächlich ist dies nicht durchgehend im ganzen Zeitbereich

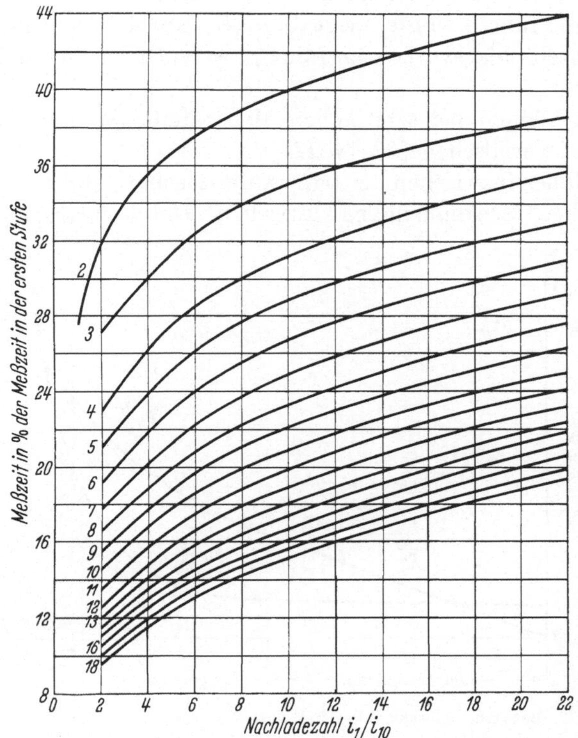

Abb. 171. Meßzeitwerte für Isolationsstrommessungen mit aufeinanderfolgenden Spannungsstufen bei Steigerungsbeträgen von 20% [50]

der Fall [36], so daß durch die unterschiedlichen Meßzeiten bei verschiedenen Spannungsstufen gewisse Verfälschungen in der Auswertung möglich sind.

Die Bedeutung der Widerstands-Spannungscharakteristiken. Die praktische Nachprüfung der von CAMERON [23] angegebenen Möglichkeit, die Gleichspannungsfestigkeit zerstörungsfrei aus Isolationswiderstandsmessungen zu bestimmen, zeigte sehr bald, daß eine Verallgemeinerung dieses Verfahrens nicht zulässig ist. Es gibt ohne Zweifel viele Fälle, in denen die Durchschlagsgleichspannung von einem gleichmäßig mit der Spannung abfallenden Isolationswiderstand angezeigt wird. Dies scheint besonders für solche Durchschlagstellen zu gelten, bei denen Isolierungen in Schichtrichtung oder entlang möglicherweise stark verschmutzter Oberflächen beansprucht werden.

Zu sehr starken Fehldeutungen können jedoch S-förmige $R(U)$-Kurven führen, wie sie besonders bei mäßig feuchten Isolierungen gemessen wurden [74]. Nach einem zunächst stark fallenden Verlauf des Isolationswiderstandes, der zu sehr niedrigen extrapolierten Durchschlagswerten führen würde, biegt die $R(U)$-Kurve wieder horizontal ab und eine Durchschlagsvorhersage führt zu wesentlich höheren Spannungswerten.

Endlich können bei sehr hohen Meßspannungen Sprühströme das Meßergebnis verfälschen [50, 74, 114].

Es ist daher inzwischen als erwiesen anzusehen, daß ein allgemeiner physikalischer Zusammenhang zwischen Durchschlagspannung und

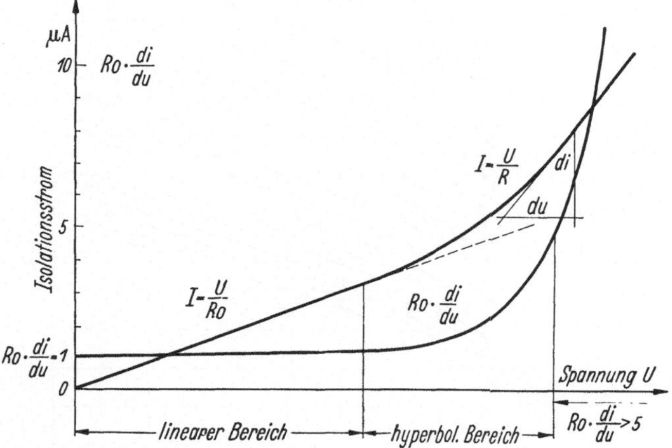

Abb. 172. Bezogene Abweichung des Isolationsstromes vom OHMschen Gesetz
$E = R_0 \cdot di/du$ [36]

Widerstands-Spannungscharakteristik nicht existiert. A. W. CAMERON hat daher auch seine zunächst vertretene Ansicht von der Extrapolierbarkeit der Durchschlagspannung dahingehend eingeschränkt, daß die Bedeutung der Meßmethode nicht in der exakten Vorhersage einer Durchschlagspannung, sondern in der Warnung vor einem Durchschlag liege [24]. In diesem Sinne kommt der spannungsabhängigen Isolationswiderstandsmessung ein diagnostischer Wert für die Isolationsbeurteilung zu, wobei viele Einzelheiten noch der Aufklärung bedürfen.

Die relative Abweichung des Isolationsstromes vom Ohmschen Gesetz. In Kenntnis der Tatsache, daß aus der Spannungsabhängigkeit des Isolationswiderstandes eine sichere Vorhersage von Durchschlagsgleichspannungen nicht möglich ist, haben französische Autoren versucht, die Spannungsabhängigkeit selbst genauer zu definieren. Aus Messungen des reinen Leitungsstromes wurde entsprechend Abb. 172 eine Kenngröße E

gewonnen, die als bezogene Abweichung vom OHMschen Gesetz bezeichnet wird.

$$E = R_0 \frac{di}{dU} . \tag{33}$$

Darin ist R_0 der bei niedriger Spannung ermittelte Isolationswiderstand und di/dU die Steilheit der Tangente an die Stromspannungscharakteristik am jeweils betrachteten Punkt der Kurve. Bei rein ohmschem Verhalten des Stromes ist dieser Wert gleich Eins, steigt aber sehr steil an, sobald der Isolationsstrom stärker zu steigen beginnt.

Steigt der Wert von E über Fünf, so soll ein Bereich von nicht reversiblen Leitungsvorgängen erreicht und die Gefahr von Durchschlägen vorhanden sein. Wieweit die Aussagen dieses Kriteriums tatsächlich reichen, ist z. Z. noch nicht abzusehen; die Festlegung auf einen Grenzwert von Fünf erscheint jedenfalls recht willkürlich, wenn man die statistische Verteilung der Werte E ansieht, die aus 40 Untersuchungen gewonnen wurden [36] und zwischen 1 und 200 lagen bei Spannungen von 90 ··· 100% der Durchschlagsgleichspannung.

Grundsätzlich gilt natürlich für die Kennzahl E das gleiche wie für die Spannungsabhängigkeit des Isolationswiderstandes: Beide geben Hinweise auf vom OHMschen Gesetz abweichende Leitungsvorgänge, die bei trockenen, neuwertigen Isolierungen normalerweise nicht auftreten und können als Warnung vor etwaigen Durchschlägen dienen.

3. Nicht zerstörungsfreie Prüfverfahren

Im gesamten technischen Prüfwesen werden zerstörende Prüfungen, die den Prüfling zur Erlangung eines Meßergebnisses notwendigerweise zur weiteren Verwendung unbrauchbar machen, entweder an einzelnen Exemplaren eines in großer Stückzahl hergestellten Produktes ausgeführt oder aber an Probekörpern, die dem zur Herstellung des Produktes verwendeten Material entnommen werden.

Bei den zerstörend ermittelten Größen handelt es sich fast ausschließlich um Festigkeitswerte, die ihrer Natur nach nicht anders feststellbar sind. Auch die entscheidende Eigenschaft von Wicklungsisolierungen ist so eine Festigkeitsgröße, nämlich die elektrische Festigkeit.

Die Festigkeitsgrößen selbst sind allgemein durch Meßvorschriften definiert, durch welche Form und Vorbehandlung des Prüflings und die Art der Beanspruchung bestimmt werden. Die elektrische Festigkeit wird daher durch Angabe der Temperatur des Prüflings, durch die Zeitdauer der Prüfbeanspruchung, besonders aber durch die Art der Spannungsbeanspruchung — Gleichspannung, Wechselspannung bestimmter Frequenz und Stoßspannung von bestimmter Form — definiert.

Abgesehen von der bis zum elektrischen Durchschlag gesteigerten Prüfung der Isolierung von einzelnen zusätzlich gefertigten Wicklungselementen, die zuweilen bei neuen Maschinen ausgeführt wird, werden an fertigen Wicklungen keine wirklich zerstörenden Prüfungen vorgenommen. Vielmehr liegt der Charakter der allgemein üblichen Spannungsproben zwischen den zerstörungsfreien, d. h. beliebig oft anwendbaren und den zerstörenden, nur einmal anzuwendenden Prüfverfahren.

a) Die 1 min-Wechselspannungsprüfung. Die Spannungsprobe an neuen Hochspannungswicklungen (nach VDE 0530 mit $2\,U_n + 3\,\text{kV}$, nach ASA-C 50 mit $2\,U_n + 1\,\text{kV}$) hat den Zweck, unter möglichster Schonung der Isolierung einen Mindestwert elektrischer Festigkeit nachzuweisen. Mit dem Nachweis dieser Mindestfestigkeit sollen grobe

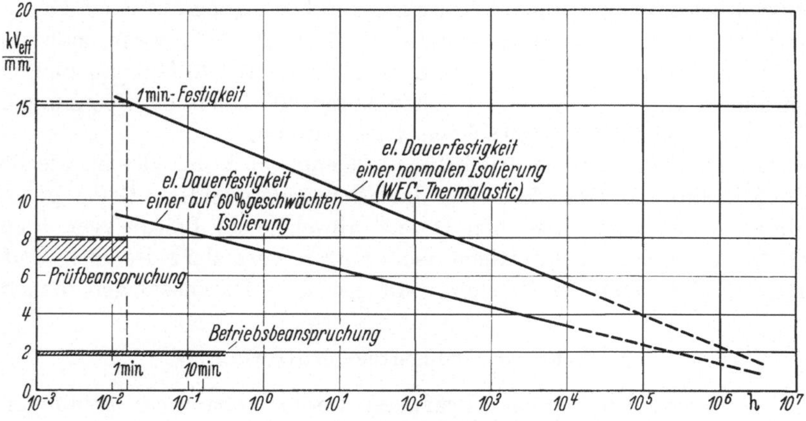

Abb. 173. Elektrische Dauerfestigkeit von Glimmernutisolierung

Fertigungsfehler, z. B. gebrochene Isolierungen, aufgedeckt und grobe Konstruktionsfehler, z. B. zu geringe Bemessung des Isolationsüberstandes am Nutaustritt, verhindert werden.

Zusammen mit den Erfahrungen an Isolierungen des gleichen Typs und des gleichen Herstellers kann man zwar an die überstandene 1 min-Prüfung die Folgerung knüpfen, daß die geprüfte Isolierung im praktischen Betrieb sich ausreichend bewähren wird, einen wirklich meßtechnischen Nachweis dafür liefert aber die 1 min-Wechselspannungsprüfung strenggenommen nicht.

Die wirkliche Aussagekraft der 1 min-Wechselspannungsprüfung läßt sich am besten mit Hilfe der Kurve der Spannungsdauerfestigkeit verstehen (Abb. 173). Die im halblogarithmischen Koordinaten linear verlaufende Kurve gibt an, wie lange eine bestimmte elektrische Beanspruchung von einer speziellen Isolierung, für welche die Kurve experimentell bestimmt wurde, ausgehalten wird, bis ein Durchschlag erfolgt.

Die Kurve gibt also die *elektrische Lebensdauer* einer Isolierung abhängig von der Höhe der elektrischen Beanspruchung an. Dabei kann man die Lebensdauergerade durch eine analytische Formel darstellen:

$$t\,10^{\mathfrak{E}/c_1} = 10^{c_2}. \tag{45}$$

c_1 gibt an, um wieviel kV/mm die Beanspruchung geändert werden muß, um eine Lebensdaueränderung um den Faktor 10 zu erhalten; c_2 gibt $\log t$ für $\mathfrak{E} = 0$, d. h. gibt den (linear extrapolierten) Schnittpunkt der Lebensdauergeraden mit der Abszisse im $\mathfrak{E}$-$\log t$-Netz an. Die Konstanten c_1 und c_2 charakterisieren das Verhalten einer Isolierung bei rein elektrischer Beanspruchung. Die Lebensdauer selbst wird am besten durch das Produkt $t\,10^{\mathfrak{E}/c_1} = 10^{c_2}$ definiert. Wenn das Produkt $t\,10^{\mathfrak{E}/c_1}$ den Wert 10^{c_2} erreicht hat, schlägt die Isolierung durch. Da nachgewiesen ist [*79*], daß unterbrochene Beanspruchungen zu gleichen Lebensdauerwerten führen wie kontinuierliche, d. h., da es keinen Erholungseffekt für die Isolierung gibt, kann man den Verbrauch des Lebensdauervorrates 10^{c_2} auch bei verschiedenen Spannungen oder in verschiedenen Zeitintervallen vor sich gehen lassen. Wenn eine Summe von Teilprodukten $\sum t_n\,10^{\mathfrak{E}/c_1}$ gleich 10^{c_2} wird, schlägt die Isolierung durch.

Prüfen der Nutisolierung. Die Prüfung mit $2\,U + 3$ kV, 1 min, bedeutet eine elektrische Beanspruchung der Nutisolierung mit rd. 7 bis 8 kV/mm, d. h. mit dem $0{,}45 \cdots 0{,}52$fachen der 1 min-Festigkeit (Werte für Thermalasticisolierungen der Fa. Westinghouse [*66*]) der unbeschädigten, neuwertigen Isolierung. Fehler werden daher nur nachgewiesen, wenn sie einer Schwächung der Isolierung um rd. 50% entsprechen.

Die Prüfung mit $7 \cdots 8$ kV/mm könnte, soweit nur die Lebensdauer der fehlerfreien Nutisolierung für diese Beanspruchung betrachtet wird, praktisch beliebig oft, genauer rd. $24\,000 \cdots 120\,000$mal wiederholt werden, bis ein Durchschlag bei der Prüfung mit Sicherheit eintritt. Eine einmalige VDE-Prüfung verbraucht vom elektrischen Lebensdauervorrat einer neuen Nutisolierung weniger als $^1/_{100}$%. Auch wenn man zunächst von den Überschlagsproblemen am Nutaustritt und von der Wickelkopfisolierung bei Wicklungen mit Mikafoliumumpressungen im Nutteil absieht, wird an dieser Stelle der Überlegungen das eigentliche Problem der Prüfung klar:

Wäre man tatsächlich sicher, daß sämtliche Nutisolierungen einer Wicklung die in Lebensdauerversuchen an Einzelstäben ermittelte Spannungsdauerfestigkeit besäßen, so könnte man getrost auf die Prüfung völlig verzichten! Das Problem der Spannungsprobe besteht aber darin, daß man mit einer gewissen, wenn auch meist sehr kleinen Wahrscheinlichkeit mit Fehlern rechnet und versucht, mit der Spannungsprobe die gröbsten zu finden. Die Praxis begnügt sich teils mit einer derartigen Auswertung der Spannungsprobe, teils werden ergänzende

Abnahmemessungen wie Durchschlagsmessungen an Einzelstäben, Glimmproben im Dunkelraum, tan δ-Messungen an Einzelstäben oder eingebauten Wicklungen ausgeführt, um die Qualität der Wicklungsisolierungen besser beurteilen zu können.

Tatsächlich bleibt aber strenggenommen nach jeder Prüfung mit hoher Wechselspannung der Isolationszustand der Wicklung, soweit es die weitere Lebenserwartung im Betrieb betrifft, grundsätzlich ungewiß! Dies ist auch der Grund für die Empfehlung in VDE 0530, § 46, eine zweite Spannungsprobe bereits mit um 20% reduzierter Prüfspannung vorzunehmen. Ein Beispiel soll dies erläutern: Die Isolierung eines elektrisch voll beanspruchten Eingangsstabes sei durch eine mechanische Beschädigung (Bruch, Schlag od. dgl.) so weit geschwächt, daß nur noch 60% der Isolationsdicke Spannung tragen. Dann wird diese Stelle im Betrieb und bei der Prüfung mit jeweils dem 1,6fachen der normalen elektrischen Feldstärke beansprucht. Bezogen auf die Nennmaße der Isolierung macht sich dies darin bemerkbar, daß für die Fehlerstelle nicht mehr der übliche Verlauf der Spannungsdauerfestigkeit gilt (Abb. 173, obere Kurve), sondern eine um den Faktor 0,6 nach niedrigen Spannungswerten verschobene Kurve der Spannungsdauerfestigkeit (Abb. 173, untere Kurve).

Liegt die Prüffeldstärke im angenommenen Fall z. B. bei 8 kV/mm,[1] so hat die Fehlerstelle nach Abb. 173 eine Lebensdauer von 10 min bei der Prüfbeanspruchung. Durch eine einmalige VDE-Prüfung wird die Stelle nicht gefunden, auch mit einer zweiten und dritten Prüfung nicht, sondern erst nach der zehnten Prüfung; jede Prüfung verbraucht dabei aber 10% der Gesamtlebensdauer der Fehlerstelle.

Nach einer Spannungsprobe ist also eine Wicklung mit einer derartigen Fehlerstelle weniger betriebssicher als vorher, ohne daß der Prüfende auch nur den geringsten Hinweis dafür hat. Wenn auch derart ungünstige Verhältnisse nicht die Regel sind, so bestimmt doch allein die Möglichkeit eines derartigen Falles grundsätzlich die Einstellung von Fertigungsingenieuren und auch von Betriebsingenieuren in Kraftwerken zum Prüfproblem, nämlich so wenig und so niedrig wie möglich zu prüfen.

Prüfung der Isolationsanordnung am Nutaustritt und der Wickelkopfisolierung. Bedeutung und Aussage der Wechselspannungsprüfung für neue Nutisolierungen sind mit Hilfe der *Lebensdauerkurve* klar zu definieren. Für die Isolationsanordnung am Nutaustritt und die Wickelkopfisolierung liegen die Verhältnisse etwas unübersichtlicher.

---

[1] Der Streubereich der möglichen Prüffeldstärken rührt daher, daß die Ausnutzung der Isolierung etwa zwischen 1,8 und 2 kV/mm schwankt und daß die additive Prüfspannung von 3 kV ($2U + 3$ kV) sich bei dünneren Isolierungen stärker auswirkt als bei dickeren.

Am Nutaustritt und im Wickelkopf liegen die höchsten elektrischen Beanspruchungen und die Grenzen der elektrischen Festigkeit nicht im festen Dielektrikum, sondern im angrenzenden Luftraum. Am Nutaustritt besteht das Problem in der Beherrschung hoher, tangential zur Oberfläche der Isolierung laufender elektrischer Feldstärken, die in der angrenzenden Luftschicht zu Gleitfunkenbildung und Überschlägen vom Ständereisen zum Wickelkopf führen können. Die elektrische Funktionstüchtigkeit der Isolationsanordnung am Nutaustritt ist daher zunächst eine Frage ausreichender Bemessung des Überstandes der Nutisolierung. Ein Lebensdauerproblem existiert für diese Isolationsanordnung nicht, da die entscheidenden Vorgänge in der sich ständig erneuernden Luft vonstatten gehen.

Praktisch erfolgt die Bemessung der Isolation am Nutaustritt nach der Höhe der anzuwendenden höchsten Prüfspannung, so daß die Spannungsprobe lediglich eine Aussage darüber macht, ob diese Bemessung richtig gewählt wurde. Diese einfachen Verhältnisse gelten allerdings nur, solange der reine geometrische Isolationsüberstand ausreicht, die Prüfspannung zu halten. Tatsächlich muß oberhalb etwa 6 kV durch spannungssteuernde Beläge die Überschlagspannung heraufgesetzt werden, um die zum Prüfen der Nutisolierung und der Wickelkopfisolierung vorgeschriebene Prüfspannung anlegen zu können (Abb. 106 u. 107). Die Prüfung läuft in diesem Falle nicht mehr einfach auf die Feststellung der ausreichenden Bemessung der geometrischen Anordnung am Nutaustritt hinaus, da ja die Funktion des spannungssteuernden Belages und damit ein fester Stoff geprüft wird, der im Gegensatz zur Luftstrecke Alterungsvorgängen unterworfen sein kann.

Diese Alterungsvorgänge an spannungssteuernden Belägen (Endenglimmschutz, EGS) haben jedoch dann keine Bedeutung und lassen das Prüfproblem völlig unberührt, wenn ihre Funktion nur für die Prüfung, nicht aber für den Betrieb erforderlich ist. Dies gilt für Maschinen von etwa 6 bis etwa 10 kV Nennspannung ohne Einschränkung. Bei Maschinen oberhalb 10 kV wird der Endenglimmschutz (EGS) bereits zur Unterdrückung von Entladungen im Betrieb benutzt, d. h. er ist selbst ein Teil der zu prüfenden Isolierung. Für den EGS gilt grundsätzlich ebenso wie für die Nutisolierung, daß die Spannungsbeanspruchung um so länger ausgehalten wird, je niedriger sie ist; da jedoch die Unterdrückung von Entladungen am Nutaustritt nicht von entscheidener Bedeutung für den Betrieb ist, sind genauere Untersuchungen zu diesem Thema bisher nirgends ausgeführt worden. Hinsichtlich der Aussagekraft einer Prüfung des EGS mit Wechselspannung gelten daher zwar ähnliche Einschränkungen wie für die Nutisolierung, jedoch ist deren praktische Bedeutung gering.

Die Verhältnisse im Wickelkopf bei Prüfung der Wicklungsstränge gegeneinander sind gekennzeichnet durch den relativ großen Luftabstand zwischen den isolierten Leitern und durch die an bestimmten Stellen diese Abstände dielektrisch überbrückenden Versteifungselemente. Träger der elektrischen Beanspruchung ist vor allem die Luft zwischen den Wicklungselementen; die feste Isolierung wird nur voll geprüft, wenn der Abstand zwischen benachbarten isolierten Leitern durch Glimmentladungen überbrückt wird. Diese Entladungen setzen bei der üblichen Bemessung erst knapp unterhalb der VDE- oder ASA-Prüfspannung ein und treten bei Wiederholung der Prüfung mit reduzierter Prüfspannung nicht mehr auf.

An Versteifungsklötzen aus Isolierstoff verteilt sich die Spannung etwa linear auf die eigentliche Wickelkopfisolierung und den Isolierstoffklotz. Die Prüfbeanspruchung ist wegen der großen Isolierstoffdicke sehr gering. Die Prüfung neuer Wickelkopfisolierungen ist daher im wesentlichen ein Bemessungsproblem, elektrische Alterungsvorgänge bzw. der Verbrauch *elektrischer Lebensdauer* bei der Prüfung spielen keine Rolle. Bei durchgehender kunstharzimprägnierter Glimmerbandisolierung besteht kein Unterschied zwischen Nut- und Wickelkopfisolierung und da keine Stoßstelle am Nutaustritt vorhanden ist, bleibt das Problem der Hochspannungsprüfung auf die Nutisolierung und — bei Maschinenspannungen über 10 kV — auf den Endenglimmschutz beschränkt.

Die Aussagen einer überstandenen 1 min-Wechselspannungsprüfung an einer neuen Wicklung lassen sich kurz zusammenfassen:

1. Die Wicklung enthielt vor der Prüfung keine um mehr als einen bestimmten Prozentsatz (z. B. rd. 50% bei Westinghouse Thermalastic-isolierung) geschwächten Nutisolierungen.

2. Die Bemessung des Umpressungsüberstandes und etwaiger Spannungssteuerungen am Nutaustritt ist ausreichend (bei Mikafoliumisolierungen) für die Prüfspannung.

3. Die Isolierung zwischen den Wicklungssträngen an Verschnürungsstellen ist ausreichend für die Prüfspannung.

4. Angaben über die weitere Lebenserwartung sind grundsätzlich nicht möglich; auch Mindestwerte sind nicht angebbar, da während der Prüfung *Lebensdauer* verbraucht wird.

5. Bei Wiederholung einer Prüfung kann grundsätzlich (wegen 4.) ein Durchschlag unterhalb der vorher gehaltenen Prüfspannung erfolgen.

Das Isoliervermögen nach VDE 0530, § 44 bis 48. Geht man von der oben skizzierten Aussagekraft einer 1 min-Wechselspannungsprüfung aus, durch die — gegebenenfalls ergänzt durch eine 3 min-Windungsprobe mit dem 1,5fachen der Maschinenspannung — das Isoliervermögen einer Wicklungsisolierung definiert ist, so erkennt man die Grenzen dieser Begriffsbildung. Entsprechend dem auf S. 188 erläuterten Vorgang des Verbrauches elektrischer Lebensdauer der Isolierung bei der Prüfung, stellt das ermittelte *Isoliervermögen* einer Isolierung gar keine positive Größe dar: Die erfolgreich überstandene Prüfung sagt nur aus, daß vor der Spannungsprobe die Lebensdauer der Isolierung bei Prüfbeanspruchung mindestens 1 min betrug. Über die Restlebensdauer wird grundsätzlich nichts ausgesagt.

In die Definition des *Isoliervermögens* sind offenbar die an gasförmigen Isoliermitteln gewonnenen Vorstellungen eingegangen; für einen Freiluftstützer könnte man z. B. ein Isoliervermögen durch eine Spannungsprobe definieren, da sich das spannungstragende Medium, die Luft, ständig erneuert und keinen bleibenden Alterungsvorgängen unterworfen ist. Der Begriff *Isoliervermögen* ist jedoch, soweit er Maschinenisolierungen betrifft, verbesserungsbedürftig.

b) Die Prüfung von Wicklungsisolierungen zur Betriebsüberwachung. *Prüfen mit Wechselspannung.* Während die beschränkte Aussagekraft der Wechselspannungsprobe bei neuen Wicklungen keine entscheidende Rolle spielt, da erfahrungsgemäß bei bekannten Herstellerfirmen an der grundsätzlichen Qualität der Isolierung keine Zweifel bestehen und nur sichergestellt werden soll, daß keine groben Fertigungsfehler, mechanische Beschädigungen usw. vorliegen, ist die Situation bei gebrauchten Wicklungen völlig anders. Die Güte einer alten Isolierung ist nämlich nicht mehr allein durch Isolationsart und Können des Herstellers bedingt, sondern ganz entscheidend durch die Art der Betriebsführung, Überlastungen, Verschmutzung, Feuchtigkeit usw. Die Isolierungen von zwei gleichen Maschinen können bei verschiedener Betriebsweise völlig verschiedene Lebensdauer erreichen. VDE 0530, § 46 gibt an, wie ein *ausreichendes Isoliervermögen* von gebrauchten Wicklungsisolierungen durch 1 min-Wechselspannungsprüfungen nachzuweisen ist. Für teilweise neu gewickelte Maschinen gilt, daß mit dem 0,75fachen der Prüfspannung für neue Wicklungen zu prüfen ist. Gebrauchte Maschinen nach Revisionen, Reinigung und Trocknung sollen mit dem 1,5fachen der Nennspannung geprüft werden.

Mit der Reduzierung der Prüfspannungen wird dem Umstand Rechnung getragen, daß Über- und Durchschlagspannung einer Isolierung sich im Laufe des Betriebes verringern. Durch die Reduzierung der Prüfspannung will man erreichen, daß nicht durch Prüfungen bereits zu einem unnötig frühen Zeitpunkt schwache, aber für den Betrieb noch ausreichende Teile der Isolierung durchgeschlagen werden.

In der Praxis werden jedoch oft diese an älteren Wicklungen vorgesehenen Prüfungen mit $1,5\,U_n$ aus Furcht vor möglichen Beschädigungen des Prüflings durch die Wechselspannungsprobe nicht ausgeführt. Entweder werden niedrigere Spannungen gewählt, oder es wird auf die Spannungsprobe überhaupt verzichtet.

Die Prüfung mit Gleichspannung. Die nur beschränkte Aussagekraft einer Wechselspannungsprüfung hat in Verbindung mit praktischen Erwägungen hinsichtlich des technischen Prüfaufwandes zu Versuchen geführt, für Spannungsproben an Wicklungen statt Wechselspannung hohe Gleichspannung zu verwenden.

Die Prüfung mit Gleichspannung erfordert im Gegensatz zur Wechselspannungsprüfung, bei der leistungsstarke Prüftransformatoren zur Deckung des hohen Blindleistungsbedarfes benötigt werden, nur leistungsschwache leicht transportable Gleichspannungsquellen.

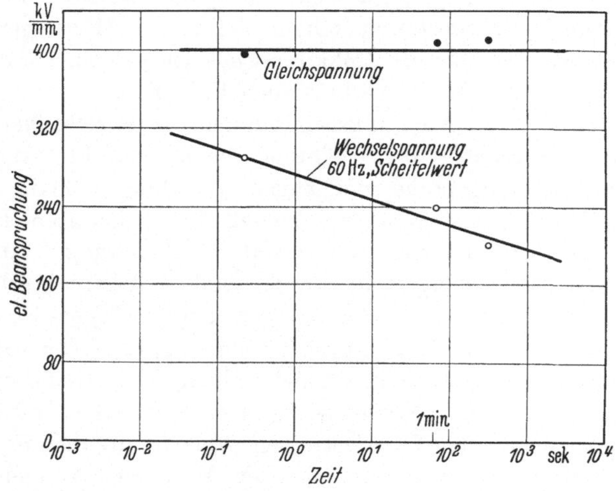

Abb. 174. Spannungsdauerfestigkeit von Spaltglimmer [79]

Ein sehr gewichtiges Argument für die Gleichspannungsprüfung war jedoch vor allem der in Abb. 174 und 175 zutage tretende Unterschied in der Zeitabhängigkeit der Gleich- und Wechselspannungsfestigkeit von Wicklungsisolierungen auf Glimmerbasis [79].

Die Gleichspannungsfestigkeit ist in dem gezeigten Bereich bis etwa 10^4 sek praktisch nicht abhängig von der Zeit. Das bedeutet, daß während der Prüfung keine Schädigung der Isolierung eintritt. Zumindest in dem gezeigten Zeitbereich bis zu etwa 1 Std. kann man den Begriff der Lebensdauer bei Gleichspannungsbeanspruchung gar nicht definieren, vielmehr erscheint die Gleichspannungsfestigkeit als zeitunabhängige Stoffeigenschaft. Man könnte daher eine Gleichspannungsbeanspruchung beliebig oft zur Prüfung verwenden, solange man nicht in den Bereich der Gleichspannungsfestigkeit des Isolierstoffes gerät. Wird eine Prüfung mit Gleichspannung überstanden, so sollte man sicher sein, daß die Isolierung hinterher nicht schlechter ist als vorher. Dieser Umstand hat in den USA bereits zur weitgehenden Anwendung der Gleichspannungsprobe geführt; es wird jedoch immer noch über den Aussagewert der Gleichspannungsprüfung diskutiert.

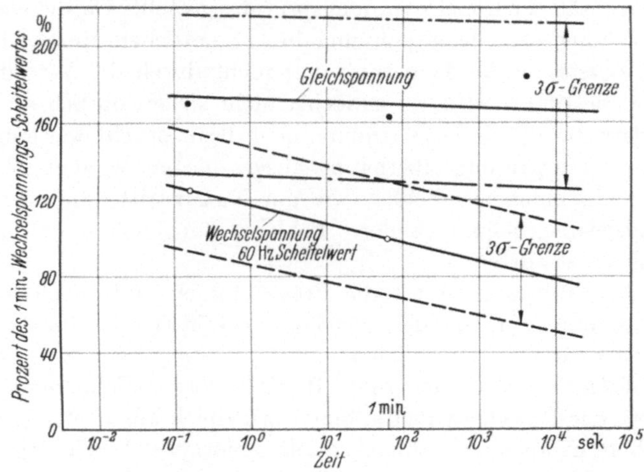

Abb. 175. Spannungsdauerfestigkeit einer Hochspannungsisolierung auf Glimmerbasis [79]

So haben neuere Untersuchungen gezeigt, daß der horizontale Verlauf der Gleichspannungsfestigkeit abhängig von der Zeit offenbar nicht unter allen Umständen für jede Isolierung streng gilt. Abb. 176 zeigt

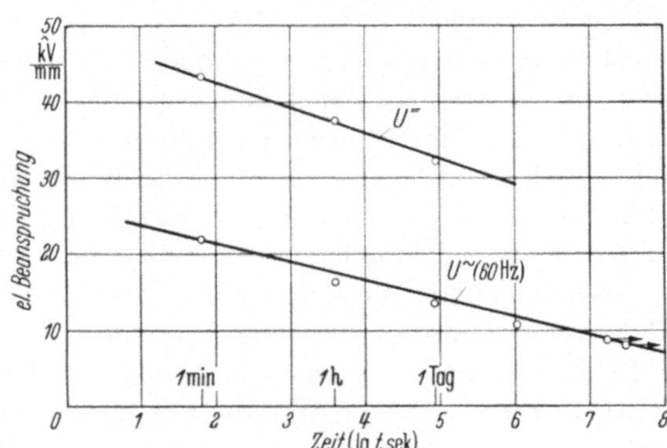

Abb. 176. Spannungsdauerfestigkeit einer Glimmerisolierung [83]

Gleich- und Wechselspannungsfestigkeit einer Glimmer-Hochspannungs-Isolierung in Abhängigkeit von der Beanspruchungszeit [83]. Es gibt danach anscheinend für das untersuchte Isolationssystem auch eine gewisse Alterung bei Gleichspannungsbeanspruchung; es bleibt jedoch auch bei diesem Verhalten ein Vorzug der Gleichspannungsprüfung, daß die auf die absolute Höhe der Gleichspannungsfestigkeit bezogene

Abnahme der Beanspruchbarkeit mit der Zeit viel geringer ist als bei Wechselspannung. Darüber hinaus wird immer wieder die Frage nach der Selektivität der Gleichspannungsprüfung gestellt. Da die elektrische Beanspruchung bei Gleichspannung im wesentlichen durch die ohmschen Widerstände der Isolierung und nicht durch die Verteilung der Kapazität bestimmt wird, ist zunächst nicht sicher, ob Schwachstellen, die im Betrieb mit Wechselspannung hoch beansprucht werden, bei der Gleichspannungsprüfung überhaupt ausgeschieden werden. Besonders an Stellen inhomogener Felder, wie am Nutaustritt, sind bei Gleichspannungsbeanspruchung andere Feldverteilungen als bei Wechselspannung zu erwarten.

Für die Prüfpraxis lautet die Frage einfach: Wie hoch muß eine Gleichspannung sein, um den gleichen Prüfeffekt wie eine bestimmte Prüfwechselspannung zu erzielen?

Das Zahlenverhältnis der 1 min-Wechsel- und Gleichspannungsfestigkeit. Trotz der Unsicherheit, die ihnen prinzipiell anhaftet, beruhen die praktischen Erfahrungen zunächst auf genormten Wechselspannungsprüfungen. Es muß daher das Zahlenverhältnis von Gleich- und Wechselspannungsfestigkeit der Isolierungen für die Bemessung der Prüfgleichspannung herangezogen werden. Man vergleicht allgemein Werte der 1 min-Festigkeit, wobei entweder die Spannung stufenweise mit 1 min-Haltezeit je Spannungsstufe oder stetig in etwa 1 min bis zum Durchschlag gesteigert wird.

Da wegen des zerstörenden Charakters der Durchschlagsmessung grundsätzlich nicht an einer einzelnen Probe Gleich- und Wechselspannungsfestigkeit ermittelt werden kann, vergleicht man Messungen an einer Vielzahl gleichartiger Probekörper miteinander. Dabei können dann entweder einfach die arithmetischen Mittelwerte der Durchschlagsspannungen verglichen werden, wie z. B. in Abb. 174 für Spaltglimmer. Besser werden jedoch die statistischen Auswertungen der Durchschlagsmessungen (Darstellung der Verteilung der Durchschlagswerte im Summenhäufigkeitsnetz) miteinander verglichen. Dies ist in Abb. 177 für einlagige Polycarbonatfolie — nach Messungen des Verfassers — ausgeführt worden. Diese Art der statistischen Auswertung hat den Vorteil, daß sie nicht nur die Mittelwerte, sondern auch gerade die für eine Prüfung wichtigen niedrigen Werte unter definierten Bedingungen zu vergleichen gestattet. Eine ähnliche Auswertung zeigte bereits Abb. 175.

Dort sind zu den dick gezeichneten Mittelwertkurven der Durchschlagsspannungen noch die sog. 3σ-Grenzen angegeben, wobei die untere Grenze diejenige Spannung angibt, bis zu der 0,15%, und die obere Grenze diejenige Spannung angibt, bis zu der 99,85% aller Prüflinge durchgeschlagen sind.

Für Polycarbonatfolie und glimmerlose Wickelkopfisolierung (Abb. 177 u. 178) wurde das Zahlenverhältnis $U_d^=/U_d^\sim$ für diejenigen Spannungen angegeben, bei denen 10, 50 bzw. 90% aller Prüflinge durchgeschlagen sind (Tab. 20).

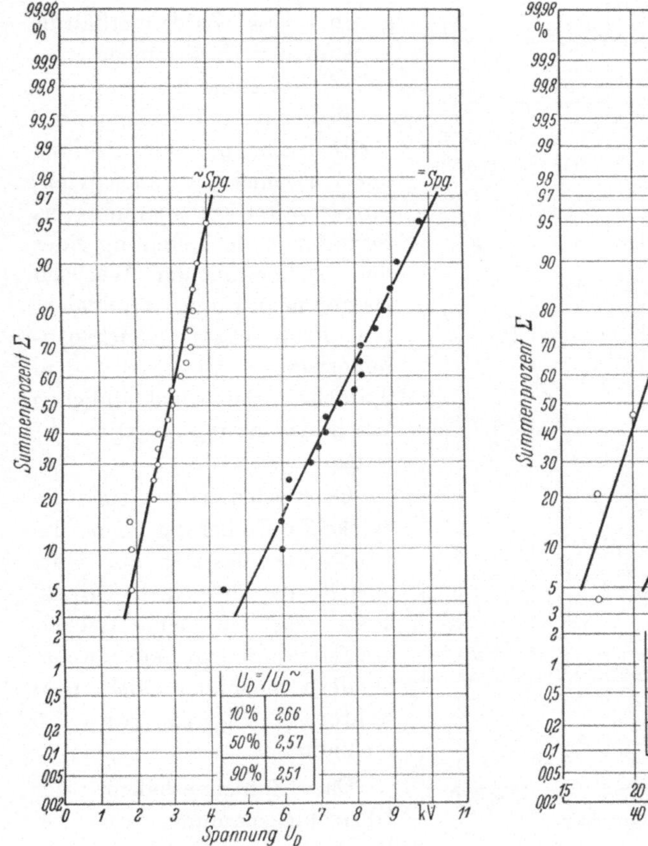

Abb. 177. Durchschlagspannung von Polycarbonatfolie, 20 μ dick, zwischen ebenen Elektroden

Abb. 178. Gleich- und Wechselspannungsfestigkeit von Wickelkopfisolierung

Tabelle 20. *Verhältnis $U_d^=/U_d^\sim$ neuer Isolierungen*

Summenprozent	Spaltglimmer nach MOSES [79] (Abb. 174)	Glimmerisolierung nach MOSES [79] (Abb. 175)	Polycarbonatfolie 20 μ (Abb. 177)	6 kV-Wickelkopfisolierung (Abb. 178)
0,15	—	2,5	—	—
10	—	—	2,66	2,64
50	2,4	2,25	2,57	2,64
90	—	—	2,51	2,73
99,85	—	2,25	—	—

13*

Das Zahlenverhältnis $U_{\overline{d}}/U_{\tilde{d}}$ ist also nicht ein konstanter, nur vom Isolierstoff abhängiger Wert, sondern ist noch von der absoluten Höhe der Durchschlagspannung abhängig. Eine einheitliche Tendenz, ob dieses Zahlenverhältnis mit steigenden Spannungsabsolutwerten steigt oder fällt, scheint es nicht zu geben. Das Zahlenverhältnis liegt für neue Isolierungen etwa zwischen 2,2 und 2,7.

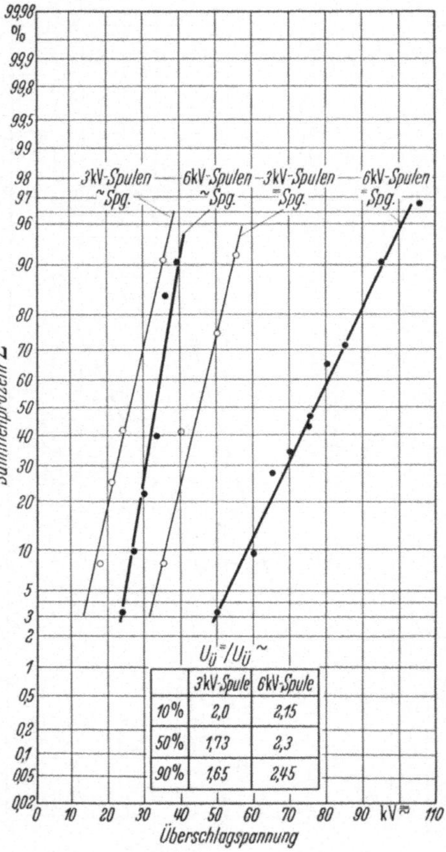

Prüfen neuer Wicklungen mit Gleichspannung. Die Prüfung der Nutisolierung neuer Wicklungen mit Gleichspannung erfordert zur Sicherstellung eines der herkömmlichen Wechselspannungsprüfung äquivalenten Prüfeffektes Gleichspannungswerte von rd. dem 2,5fachen der sonst üblichen Wechselspannungseffektivwerte.

Es werden jedoch auch die Wickelkopfisolierung und die Isolationsbemessung am Nutaustritt geprüft. Nach Tab. 20 kann man für neue Wickelkopfisolierung aus Lackgewebebändern ebenfalls mit einem Faktor $U_{\overline{D}}/U_{\tilde{D}}$ von etwa 2,5 rechnen.

Das Zahlenverhältnis der Überschlagspannungswerte bei Wechsel- und Gleichspannung $U_{\overline{ü}}/U_{\tilde{ü}}$ wurde an voll isolierten 3 kV- und 6 kV- Einzelspulen gemessen (Abb. 179)[1]. Dabei ergaben sich für die wichtigen unteren Überschlagswerte Zahlenverhältnisse von etwa Zwei, so daß auch von dieser Seite einer Gleichspannungsprüfung neuer Wicklungen keine grundsätzliche Schranke gesetzt ist. Die Messungen sind als erste Orientierung zu werten und die Berechtigung zur Übertragung der Ergebnisse auf komplette neue Wicklungen beliebiger Hersteller muß in jedem Einzelfall erst geprüft werden.

$U_{ü}{}^{=}/U_{ü}{}^{\sim}$	3 kV-Spule	6 kV-Spule
10%	2,0	2,15
50%	1,73	2,3
90%	1,65	2,45

Abb. 179. Überschlagspannung neuer Einzelspulen, Spulen mit voller Stirnseitenisolierung

---

[1] Nach Messungen des Verfassers.

Tatsächlich ist die Gleichspannungsprobe bereits zur Prüfung neuer Wicklungen beim Hersteller herangezogen worden [73].

Prüfen von Wicklungen mit Gleichspannung nach längerem Betrieb. Bei der Prüfung älterer Wicklungen mit Gleichspannung geht es nicht mehr darum, nur eine den üblichen Wechselspannungsproben äquivalente Gleichspannung festzulegen.

Verlangt man nämlich von einer solchen Gleichspannungsprüfung nicht, daß sie den Nachweis des ohnehin ungenügend definierten *Isoliervermögens* in der gleichen Weise liefert wie die Wechselspannungsprüfung nach VDE 0530, so entfällt das Problem des Verhältnisses von Gleich- zu Wechselspannungsdurchschlagswerten. Entscheidend wird dann, wieweit die jeweilige Gleichspannungsfestigkeit ein Maß für bereits verbrauchte oder noch zur Verfügung stehende Lebensdauer ist.

G. L. MOSES [79] gibt für die Nachweisbarkeit der verbrauchten elektrischen Lebensdauer die in Abb. 180 dargestellten Verhältnisse an: Während nach einer Beanspruchung von 6,6 Std. mit $35\,\mathrm{kV_{eff}}$ ein Abfall der 1 min-Wechselspannungsfestigkeit um rd. 8% eingetreten ist, verringerte sich die 1 min-Gleichspannungsfestigkeit um rd. 26%.

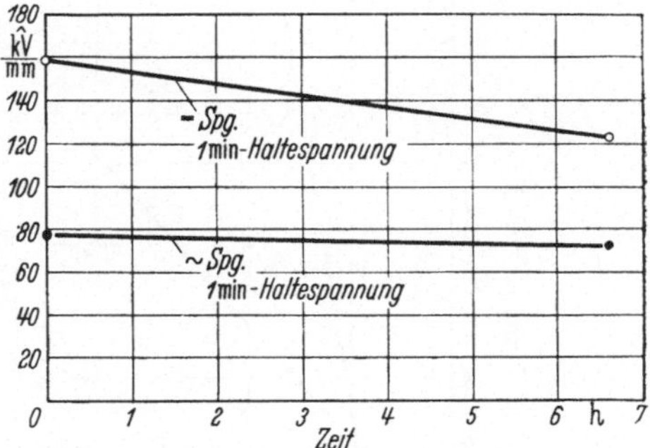

Abb. 180. Gleich- und Wechselspannungsfestigkeit vor und nach elektrischer Beanspruchung [79]

Das Verhältnis der Gleich- und Wechselspannungswerte sinkt dabei von 2,9 im Neuzustand auf 2,4 nach der elektrischen Beanspruchung. In diesem Absinken des Zahlenverhältnisses $U_D^=/U_D^\sim$ mit fortschreitender Spannungsalterung kommt zum Ausdruck, daß die Gleichspannungsfestigkeit eine elektrische Schädigung der Isolierung deutlicher nachweist als die Wechselspannungsfestigkeit.

Absinken des Zahlenverhältnisses $U_D^=/U_D^\sim$ bei alten Wicklungen. Bei der Prüfung alter, zur Erneuerung vorgesehener Maschinenisolierungen bis zum Durchschlag wurde von verschiedenen Autoren [25, 84, 89, 105] Gleich- und Wechselspannungsfestigkeit ganzer Wicklungsabschnitte und einzelner teils ein-, teils ausgebauter Spulen ermittelt..

Abb. 181 und 182 zeigen Summenhäufigkeitsdarstellungen der diesen Veröffentlichungen entnommenen vergleichenden Durchschlagsmessungen. Soweit möglich, ist das Zahlenverhältnis der Durchschlagswerte, bezogen auf gleiche Häufigkeit, für 10, 50 und 90 Summenprozent angegeben.

Während in drei Fällen (Abb. 181 u. 182 links) das Baujahr der Maschinen bekannt ist, wurde für die vierte Wicklung nur angegeben, daß es sich um *eine ungewöhnliche Gelegenheit, Prüfdaten an einer Isolation eines relativ neuen Typs* (Asphaltglimmerbandisolierung) zu erhalten, gehandelt habe. Das Alter wurde auf etwa 10 Jahre geschätzt.

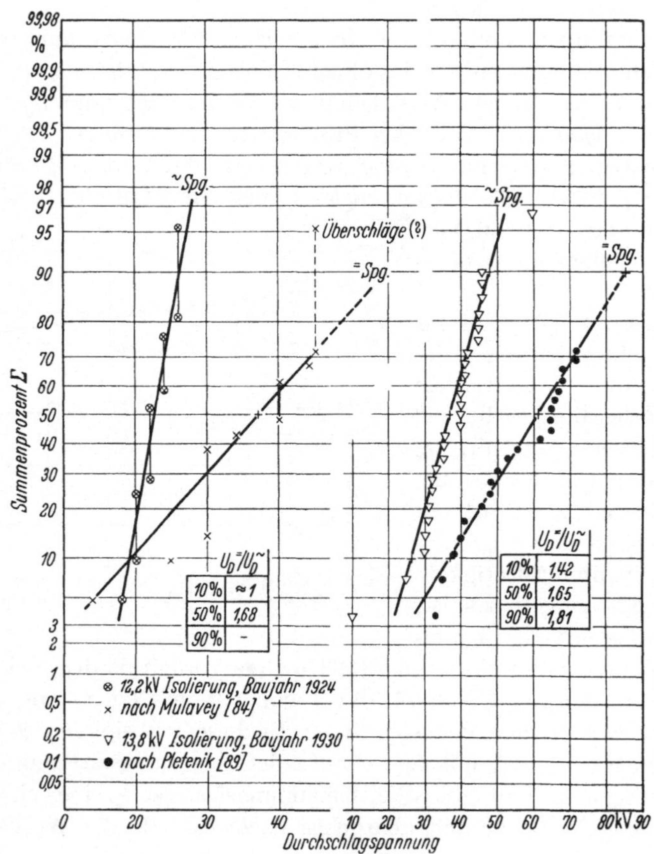

Abb. 181. Gleich- und Wechselspannungsfestigkeit von Maschinenisolierungen nach längerem Betrieb [*84, 89*]

In Abb. 183 wurden für neue Glimmerisolierung, Wickelkopf-Lackgewebe-Isolierung und für die vier Wicklungen aus Abb. 181 und 182 die Zahlenwerte $U_D^=/U_D^~$ (10%-Werte) über dem Lebensalter der Maschinen aufgetragen. Es zeigt sich, daß bei allen alten Wicklungen dieses Zahlenverhältnis deutlich gegenüber neuwertiger Isolierung abgenommen hat. Das bedeutet aber, daß die Gleichspannungsfestigkeit, bezogen auf den Anfangswert im Neuzustand, stärker abgesunken ist als die Wechselspannungsfestigkeit.

Diese Tatsache läßt die Vermutung zu, daß die Gleichspannungsfestigkeit nicht nur ein besseres Maß für den Verbrauch der elektrischen Lebensdauer ist, als die Wechselspannungsfestigkeit, was in Abb. 180 bereits zum Ausdruck kam, sondern daß dies darüber hinaus auch für die Anzeige des Lebensdauerverbrauches durch thermische und mechanische Beanspruchung gelten könnte, da ja an den untersuchten alten Wicklungen elektrische, thermische und mechanische Betriebsbeanspruchungen an der Alterung beteiligt waren. Diese Fragen bedürfen jedoch noch einer eingehenden Untersuchung und Klärung.

In der Praxis der Betriebsüberwachung älterer Wicklungen hat sich vor allem in den USA die Gleichspannungsprobe bereits weitgehend durchgesetzt. Dabei wird allgemein ein Faktor $U_p^=/U_p^\sim$ von 1,6 als Bemessungsgrundlage für die Prüfgleichspannung gewählt.

An mehreren älteren

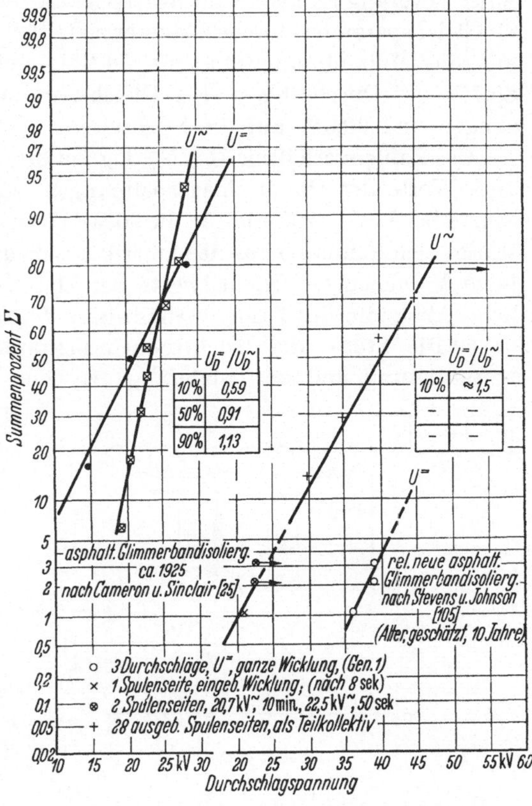

Abb. 182. Gleich- und Wechselspannungsfestigkeit von Maschinenisolierungen nach längerem Betrieb [25, 105]

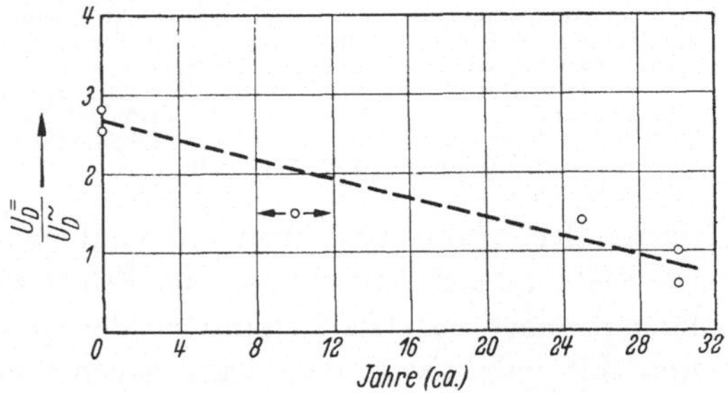

Abb. 183. Zahlenverhältnis $U_D^=/U_D^\sim$ der 10%-Durchschlagspannung an Isolierungen verschiedenen Alters

Wicklungen mit Schellackmikafoliumisolierung im Wickelkopf konnte nachgewiesen werden [26], daß der Prüfeffekt der Gleichspannung sich

13a*

von dem bei Wechselspannung nur wenig unterscheidet. Bei abschnittsweiser Prüfung an insgesamt acht Wicklungen wurden 126 Wechsel- und 99 Gleichspannungsdurchschläge erzielt. Bei Wechselspannung entfielen auf die Mikafoliumumpressung 14,3%, auf die Stirnseitenisolierung 85,7% der Durchschläge. Bei Gleichspannung 9,1% auf die Umpressungen und 90,9% auf die Stirnseiten.

Das Zahlenverhältnis $U_D^=/U_D^\sim$ lag bei diesen acht Wicklungen für die 10%-Werte der Durchschlagsspannungen bei $1,4 \cdots 2,13$, für die 50%-Werte bei $1,56 \cdots 2,5$ und für die 90%-Werte zwischen 1,8 und 2,5. Es bestätigt sich damit die aus den amerikanischen Untersuchungen besonders beim Vergleich der Kleinstwerte der Durchschlagsspannungen ersichtliche Abnahme des Zahlenverhältnisses $U_D^=/U_D^\sim$ von alten Wicklungen.

c) **Die Stoß- und Hochfrequenzspannungsprobe.** Das Prüfen der Nutisolierung und der Isolierung zwischen verschiedenen Wicklungssträngen ist mit Gleich- oder Wechselspannung einfach ausführbar. Dagegen sind zur Prüfung der Windungsisolierung von Vollspulen schnell veränderliche Spannungen erforderlich, um die gewünschten Windungsspannungen bei kleinen Werten des Prüfstromes zu erzielen.

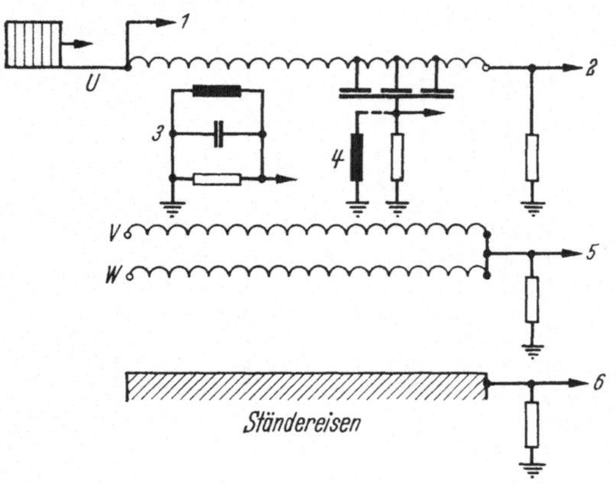

Abb. 184. Möglichkeiten und Mittel zur Darstellung von Ausgleichsvorgängen in Maschinenwicklungen [*72*]

1 Oszillogramm der Stoßspannung am Wicklungseingang oder am Wicklungsende; *2* Oszillogramm des Stoßstromes am Wicklungsende; *3* Induktive Sonde zur Messung induzierter Spannungen und Ströme; *4* Kapazitive Sonde zur Messung kapazitiv übertragender Spannungen und Ströme; *5* Oszillogramm induzierter Spannungen und Ströme in Nachbarwicklungen bei einphasigem Stoß; *6* Oszillogramm des Stromes am Ständereisen

Die Prüfung vollständiger Wicklungen. Die Anwendung einer Stoßspannungsprüfung an vollständigen Wicklungen wird z. Z. noch allgemein abgelehnt, weil die Anzeige von Fehlern, die bei der Prüfung entstehen, nicht mit ausreichender Sicherheit möglich ist. Während sich Erdschlüsse und Fehler zwischen benachbarten Wicklungssträngen aus Oszillogrammen der Stoßspannung, des Stoßstromes und mit induktiven sowie kapazitiven Sonden, sicher erkennen lassen (Abb. 184), gilt dies nicht für Windungsschlüsse zwischen einzelnen Windungen einer Spule, besonders wenn die Fehlerspule nicht Eingangsspule der Wicklung ist [*51, 55, 72, 101*].

Von mehreren japanischen Autoren [*106*] wurden die in Abb. 185 skizzierten Prüfschaltungen angegeben, bei denen gleichzeitig in zwei

Wicklungsstränge eine Stoßwelle einläuft. Zwischen zwei Punkte der beiden Wicklungsstränge, an denen man aus Symmetriegründen für die Stoßspannung gleichen zeitlichen Verlauf erwartet, legt man als Nullindikator einen Oszillographen. Bei gestörter Wicklung mißt man dann eine Differenzspannung, die als Fehleranzeige dient. In ganz ähnlicher Weise ist die Brückenschaltung für den Stoßstrom aufgebaut. Die Stoßstromoszillographie zeigt nur eine geringe Empfindlichkeit für den Nachweis von Windungsschlüssen; deutlicher scheint der Nachweis durch den Stoßspannungsvergleich zu sein; ob er jedoch für jede Wicklungsart und Maschinengröße ausreicht, ist ungeklärt.

Dazu kommt, daß der Prüfeffekt einer in eine Maschinenwicklung einlaufenden Stoßspannungswelle für die Spulen je nach der Lage innerhalb der Wicklung unterschiedlich ist. Während an der ersten Spule

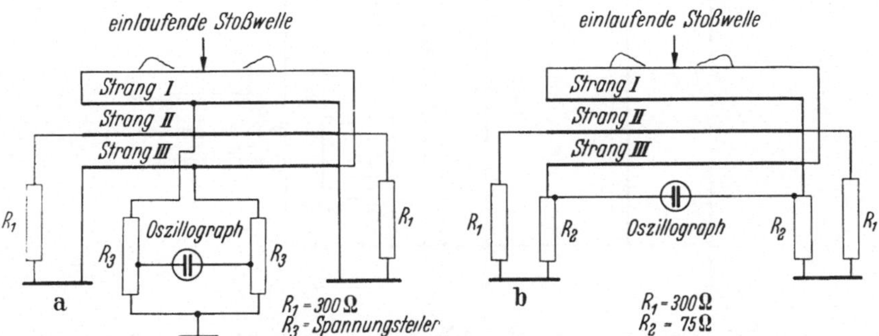

Abb. 185a u. b. Methoden zum Nachweis von Windungsschlüssen bei Stoßspannungsprüfungen [106]
a) Spannungsabgleich; b) Stromabgleich

einer Wicklung noch Windungsspannungen in Höhe von etwa 20% der Prüfspannung erzeugt werden, nehmen die Windungsspannungen in den nachfolgenden Spulen ab und liegen schließlich im größten Teil der Spulen nur noch zwischen 5 und 10% der Gesamtprüfspannung [54].

Eine derartige Abstufung der Windungsprüfspannung längs der Wicklung ist sinnvoll, wenn Stoßspannungsprüfungen zum Nachweis einer ausreichenden Sicherheit der Isolierung gegen gleichartige Betriebsbeanspruchungen dienen sollen.

Soll jedoch ein Nachweis für den einwandfreien Zustand der Windungsisolierung erbracht werden, sei es nach dem Einbau der Spulen in die Wicklung zur Aufdeckung von Beschädigungen, sei es nach längerem Betrieb zur Beurteilung von Alterungserscheinungen, so müssen alle Windungen gleich hoch beansprucht werden.

Versuche, die Windungsisolierung von eingebauten Wicklungen bei gleichmäßiger Spannungsbeanspruchung aller Spulen zu prüfen, wurden von JOHNSON und KELLY [51] ausgeführt. Ein Kondensator C_1 wird über eine Funkenstrecke und eine vorgeschaltete Induktivität L_1 auf die zu prüfende Wicklung entladen. Zusammen mit einer parallel zur Wicklung liegenden Zusatzkapazität C_2 wird eine flache Wellenstirn der in die Wicklung einlaufenden Stoßspannung erreicht (Abb. 186). Die Ausbildung von Laufzeitvorgängen innerhalb der Wicklung wird dadurch vermieden, daß die Frequenz der sich ausbildenden Entladeschwingung durch geeignete Wahl von C_1 und C_2 unterhalb der Eigenfrequenz der geprüften Wicklung liegt. Während die Windungsspannungen mit dieser Methode längs der Wicklung sehr vergleichmäßigt werden, genügt jedoch die Genauigkeit des Fehlernachweises nicht, um einzelne Windungsschlüsse innerhalb der Wicklung sicher zu erkennen.

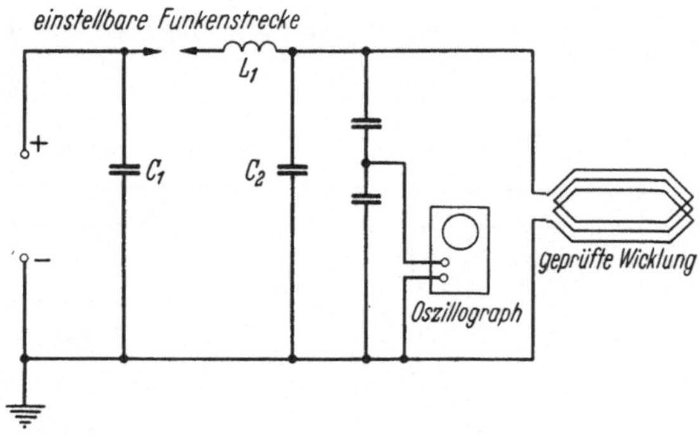

Abb. 186. Schaltung zum Prüfen von Wicklungen mit Hochfrequenzspannung [51]

Glücklicherweise zeigen die Erfahrungen, daß das Einlaufen von Stoßspannungen in Maschinenwicklungen nicht von sehr großer Bedeutung ist; einmal werden die größten Maschinen mit Stabwicklungen ausgeführt, so daß das Problem der Windungsisolierung überhaupt entfällt, zum anderen zeigt sich gegenwärtig die Windungsisolierung von Spulenwicklungen allgemein den auftretenden Beanspruchungen gewachsen.

Zu dieser günstigen Situation trägt auch die Tatsache bei, daß weitaus die meisten Maschinen über Transformatoren oder Kabel an Netze angeschlossen oder, daß sie bei direktem Anschluß an Freileitungen durch Überspannungsableiter und Schutzkondensatoren vor hohen Stoßspannungsbeanspruchungen geschützt sind [80]. Daher sind Stoßspannungsprüfungen in den Regeln für elektrische Maschinen VDE 0530/7.55 nicht mehr aufgeführt und rotierende elektrische Maschinen in den Leitsätzen für die Bemessung und Prüfung der Isolation elektrischer Anlagen für Wechselspannung von 1 kV und darüber, VDE 0111/8.53, von Vorschriften über Prüfung und Höhe ihres Stoßpegels ausgenommen.

Die Prüfung von Einzelspulen. Die erforderliche Betriebssicherheit der Windungsisolierung von Spulenwicklungen wird in der Praxis durch

Prüfung der Einzelspulen von dem Einbau in die Maschine mit hochfrequenter Spannung gewährleistet. Alle Verfahren zur Prüfung der Windungsisolierung einzelner Spulen haben als gemeinsames Kennzeichen die Entladung eines Kondensators über die Induktivität des Prüflings. Abb. 187 zeigt drei Prüfschaltungen, die sich vor allem durch die Art des Fehlernachweises unterscheiden. Während die für die volle

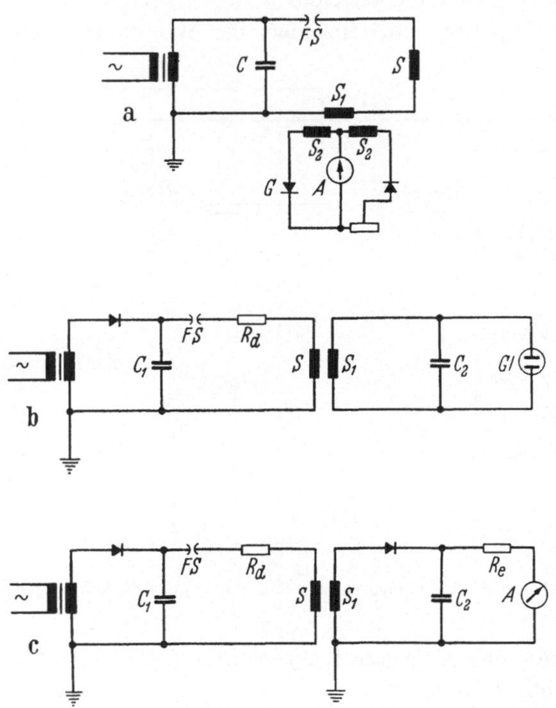

Abb. 187a—c. Schaltungen zum Prüfen der Windungsisolierung
a) Schaltung nach RYLANDER [95]; b) Schaltung nach WELLAUER [111]; c) Schaltung zum Nachweis von Windungsschlüssen [72]
FS Funkenstrecke; R_d Dämpfungswiderstand; R_e Entladewiderstand; A Galvanometer; Gl Glimmlampe; G Gleichrichter; C, C_1, C_2 Kapazitäten; S Prüfling (Spule); S_1, S_2 Spulen

Blindleistung $U^2 \omega C$ bemessene Wechselspannungsquelle der Schaltung nach RYLANDER [68, 95] in jeder Halbwelle eine Kondensatorenentladung und damit bei 50 Hz 100 Spannungsstöße je Sekunde bewirkt, beruhen die beiden anderen Schaltungen [72, 111] auf der Anwendung einzelner Entladungsstöße. Der Nachweis von Windungsschlüssen ist durch die Veränderung der Gegeninduktivität zwischen dem Prüfling und geeigneten Indikatorspulen einwandfrei möglich.

Zur Prüfung der Windungsisolierung von einzelnen Wicklungsspulen nach erfolgtem Einbau in den Ständer ist eine Schaltung angegeben

worden, in der die Prüfspannung induktiv auf die zu prüfende Spule
übertragen wird [*51, 101*]. Zum Fehlernachweis wird eine Schaltung
benutzt (Abb. 188), bei der zwei symmetrisch zueinander liegende
Wicklungsspulen mit je einer Induktionsspule gekoppelt werden. Durch
periodisch wechselnde Entladung eines Kondensators über die eine und
die andere Induktionsspule und oszillographische Darstellung einer
symmetrisch zu den beiden Spulen abgegriffenen Spannung wird bei
fehlerfreier Isolierung ein einzelner, bei Windungsschluß in einer der

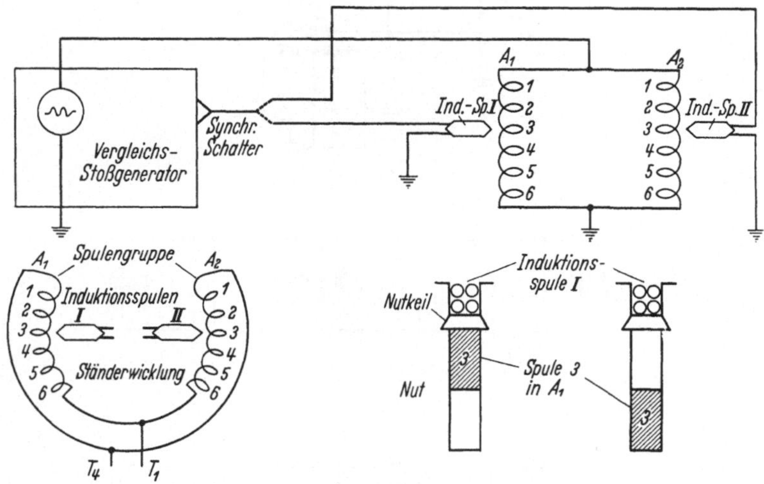

Abb. 188. Induktions-Stoßspannungsprüfung von Einzelspulen in kompletten Wicklungen [*101*]

beiden Spulen ein doppelter Kurvenzug auf dem Oszillographenschirm
erzeugt (Abb. 189a u. b).

Der Nachweis von Windungsschlüssen ist bei dieser Prüfmethode
offenbar sehr deutlich, da bereits die Prüfung einer der Defektstelle
benachbarten Spule wieder ein einwandfreies, aus einem Kurvenzug
bestehendes Oszillogramm ergibt (Abb. 189c). Mit der angegebenen Prüfschaltung sollen in den zu prüfenden Einzelspulen etwa 15% der Lade-
spannung des Stoßkondensators induziert werden können. Erprobt
wurde diese Prüfung an Ständerwicklungen von zweipoligen Turbogeneratoren, um etwaige Beschädigungen durch die mechanischen
Beanspruchungen beim Einbau der Spulen zu erkennen. Sie scheint
jedoch auch zur Anwendung bei älteren Wicklungen geeignet zu sein, bei
denen eine Beurteilung des Zustandes der Windungsisolierung erforderlich ist. Der Zeitbedarf für eine derartige Prüfung ist relativ groß,
besonders weil zur einwandfreien Anbringung der Induktionsspulen der
Läufer der Maschine möglichst ausgefahren werden muß.

Die Bemessung von Stoßprüfspannungen. Sieht man von den Schwierigkeiten des Fehlernachweises bei Stoßspannungsprüfungen an ganzen Wicklungen einmal ab, durch die einer allgemeinen Einführung derartiger Prüfungen noch entscheidende Hindernisse entgegenstehen, so bleibt als zweite offene Frage die Höhe der anzuwendenden Prüfstoßspannungen. Für die Höhe des nachzuweisenden Stoßpegels einer Maschinenwicklung kann einmal der Gesichtspunkt der Koordination der Stoßfestigkeit ganzer Anlagen herangezogen werden. Die bisher vorliegenden Kenntnisse über die tatsächliche Höhe und Häufigkeit der

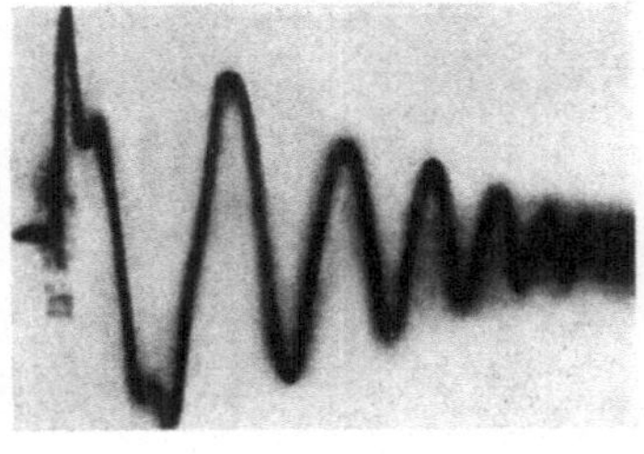

a

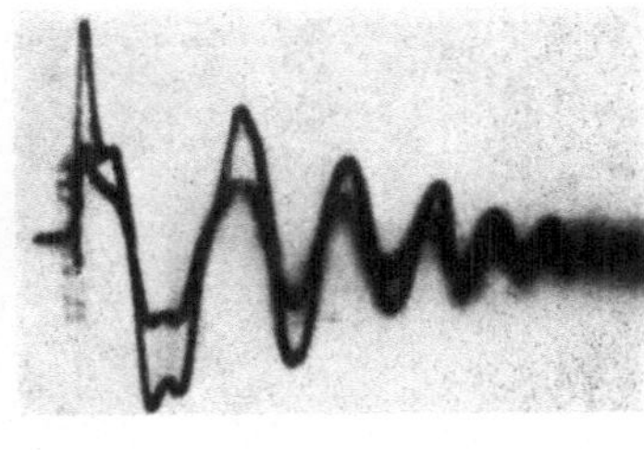

b

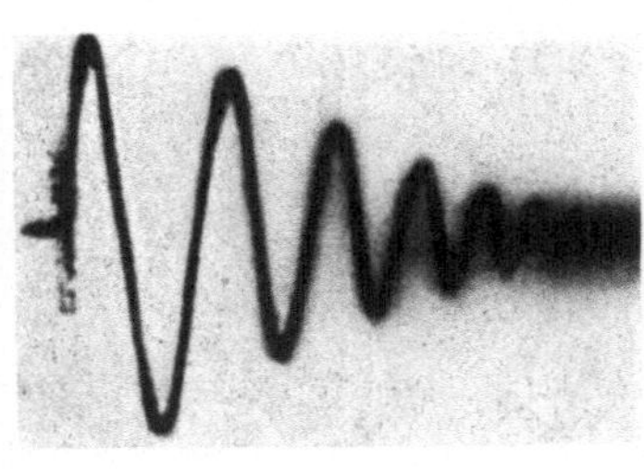

c

Abb. 189a—c. Oszillogramme von induzierten Spannungen nach Abb. 188

a) ohne Fehler; b) 1 Windungsfehler, Induktionsstoßspule über der fehlerhaften Spule in der Wicklung; c) 1 Windungsfehler, Induktionsstoßspule in Nachbarnuten der fehlerhaften Spule

Stoßspannungsbeanspruchung und über die wirkliche Stoßspannungsfestigkeit von Maschinenwicklungen sind bisher jedoch so gering, daß man von einer allgemeinen Normung von Stoßpegeln für elektrische Maschinen noch weit entfernt ist. Für einzelne Beispiele sind Angaben über die Mindestwerte der Stoßfestigkeit der Hauptisolierung von Generatorwicklungen gemacht worden. MOSES und ALKE [*80*] geben z. B. an, daß die Hauptisolierung an Generatoren mit Stabwicklungen eine Stoßspannungsfestigkeit von mehr als dem 1,25fachen des Scheitelwertes der 60 Hz-Prüfspannung nach ASA–C 50 besitzt und damit über dem durch Schutzeinrichtungen eingestellten Stoßpegel liegt.

Angaben über die Höhe auftretender Schaltüberspannungen an Asynchronmotoren und Untersuchungen über die Stoßfestigkeit der Wicklungen derartiger Maschinen haben in Frankreich zu Vorschlägen über die Höhe anzuwendender Prüfspannungen geführt [*28*], die etwa als Scheitelwert das 4fache der Nennwechselspannungswerte der Maschinen betragen sollen.

Schließlich ist bei der Bemessung von Prüfstoßspannungswerten auch zu berücksichtigen, daß durch die gegenseitige Beeinflussung der gestoßenen Wicklungsstränge innerhalb der Wicklung höhere Spannungen gegen Erde auftreten können, als an den Maschinenklemmen [94]. Messungen der Spannungsverteilung mit niedrigen Stoßspannungen können mit sog. Repetitionsstoßgeneratoren, die verschiedene Stoßwellenformen einzustellen gestatten, relativ schnell ausgeführt werden;

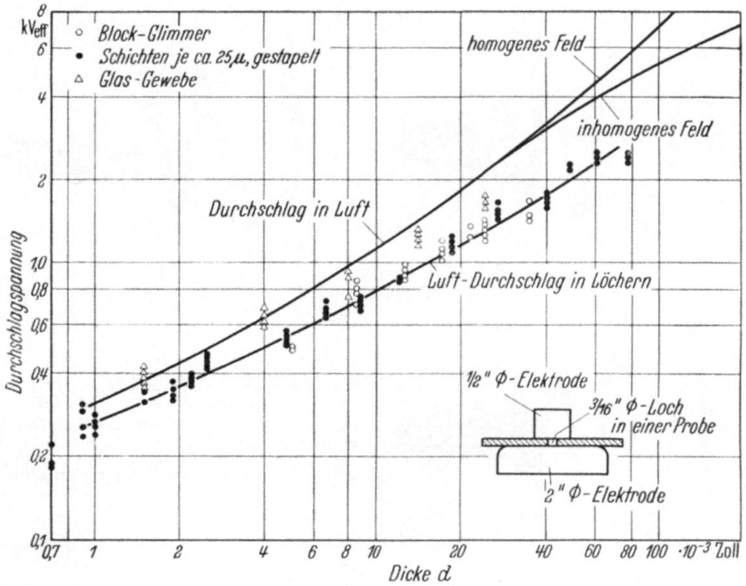

Abb. 190. Durchschlagspannungen für Löcher in Isolierungen [51]

sie erfordern jedoch Meßanschlüsse längs der Wicklung, so daß derartige Untersuchungen entweder vor der vollständigen Isolierung der Wicklung im Herstellerwerk, oder aber nach Entfernen der Wickelkopfisolierung an einer großen Anzahl von Stellen ausgeführt werden müßten.

Zur Bemessung der Prüfstoßspannungen nach der Höhe der maximal auftretenden Windungsspannungen liegen ebenfalls einige Untersuchungen vor. JOHNSON und KELLY [51] gehen von der Festsetzung aus, daß die Windungsprüfspannung mindestens so hoch sein muß, daß sie das völlige Fehlen der festen Isolierung beim Nennabstand zwischen den Windungen der betreffenden Maschinen nachweisen kann. Die Durchschlagspannungen für Löcher in Isolierungen von 0,025, 0,250 und 2,5 mm Dicke liegen etwa bei 80, 70 bzw. 50% des Durchschlagswertes von gleich dicken Luftschichten im homogenen Feld (Abb. 190). Bei

0,035 ··· 2,5 mm Windungsisolierungen wären demnach Mindestprüfspannungen von rd. 450 ··· 5000 V im angegebenen Bereich der Windungsisolationsstärke erforderlich.

KOSYREW und LITWINOWA [61] haben versucht, die oberen Grenzen der zulässigen Windungsprüfspannungen zu ermitteln. Kriterium für die Festlegung der maximalen Prüfspannung ist, daß auch eine sehr große Zahl von Stoßprüfungen noch keine merkliche Schädigung der Windungsisolierungen hervorrufen darf. Abb. 191 zeigt die Abhängigkeit der Stoßdurchschlagspannung von der Zahl der Stöße, die erforderlich ist, um 50% einer bestimmten Anzahl gleichzeitig

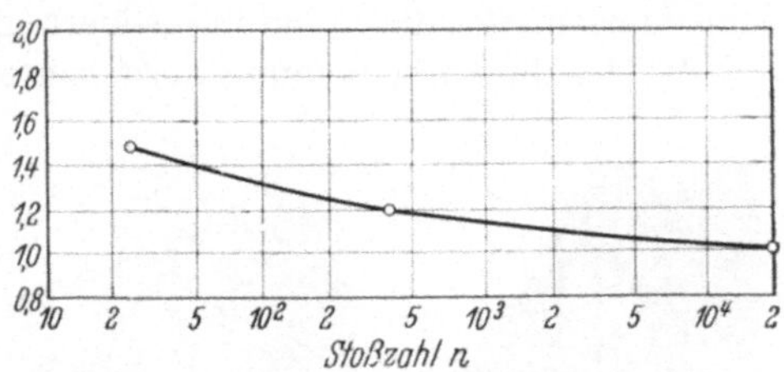

Abb. 191. Stoßdurchschlagspannung im Vielfachen der mittleren Stoßdurchschlagspannung in Abhängigkeit von der Stoßzahl, die erforderlich ist, um 50% der Proben der Windungsisolierung eines 6 kV-Motors durchzuschlagen [61]

beanspruchter Prüflinge durchzuschlagen. Bei Anwendung der mittleren Stoßdurchschlagspannung wurden 20000 Stöße benötigt, um 50% aller Prüflinge durchzuschlagen; bei nur 70% der mittleren Durchschlagspannung wurden 11688 Stöße benötigt, um einen von zehn Prüflingen durchzuschlagen, und beim 0,6fachen der mittleren Durchschlagspannung

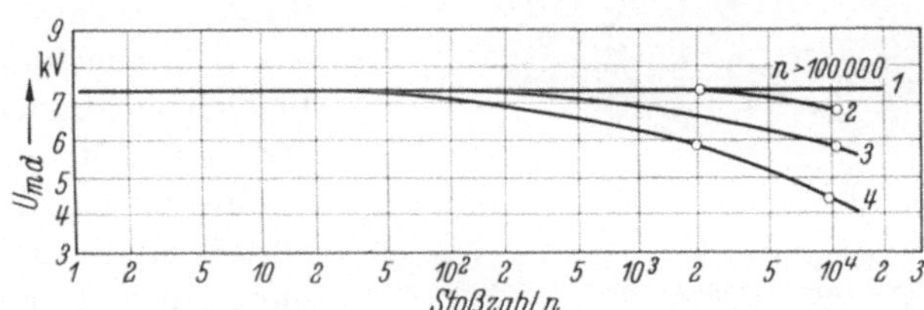

Abb. 192. Durchschlagspannung industrieüblicher Frequenz in Abhängigkeit von der Stoßzahl bei verschiedener Stoßspannungshöhe [61]
1 Prüfstoßspannung gleich 50% der mittleren Stoßdurchschlagspannung; 2 dasselbe bei 60%; 3 dasselbe bei 70%; 4 dasselbe bei 80%

schlug auch nach 100000 Stößen kein Prüfling durch. Daraus wird gefolgert, daß eine Prüfung mit dem 0,6fachen der mittleren Stoßdurchschlagspannung das Ergebnis nachfolgender Stoßspannungsprüfungen nicht beeinflußt, d.h., daß keine Schädigungen auftreten, welche die Stoßfestigkeit der Isolierung merkbar verringert.

Ergänzend wurde untersucht, nach wieviel Spannungsstößen einer bestimmten Höhe die 50 Hz-Durchschlagspannung der Windungsisolierung abnimmt. Abb. 192 zeigt, daß bei 0,6facher mittlerer Stoßdurchschlagspannung die Wechselspannungsfestigkeit nach rd. 10^4 Stößen um etwa 4% gesunken ist, bei höheren Stoßspannungen entsprechend stärker. Bei Stößen mit dem 0,5fachen der mittleren Stoß-durchschlagspannung ist auch nach 100000 Stößen keine Verringerung der Wechselspannungsfestigkeit nachweisbar.

Eine Stoßspannungsprüfung mit dem 0,5fachen des mittleren Stoß-durchschlagswertes kann daher auch bei mehreren tausend Stößen als ungefährlich für die Windungsisolierung angesehen werden.

d) Visuelle Untersuchung ausgebauter Wicklungsteile. Als wertvolle Ergänzung zu zerstörungsfreien Messungen und Spannungsproben an Wicklungsisolierungen muß noch die visuelle Untersuchung ausgebauter Wicklungsteile hervorgehoben werden. Besonders wenn auf Grund des Alters einer Maschine oder veranlaßt durch ungewöhnliche Meßergebnisse der Verdacht entsteht, daß die Isolierung ernstlich Schaden erlitten hat, kann durch Ausbau eines oder mehrerer Wicklungselemente leicht eine Entscheidung über die Betriebstüchtigkeit der Isolierung gefällt werden.

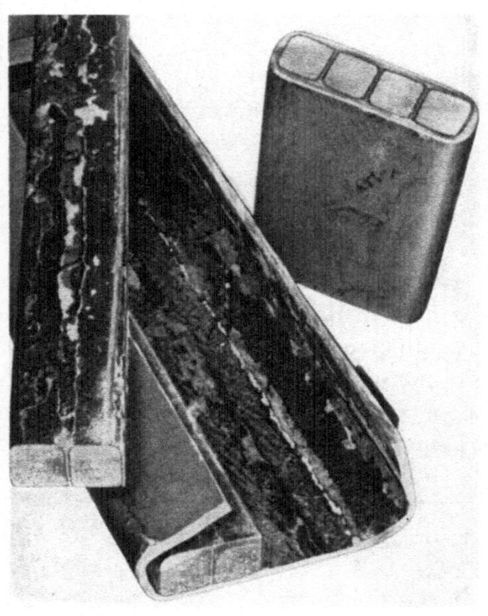

Abb. 193. Preßseilspulenwicklung eines 6 kV-Motors nach 43 Jahren. An Windungs- und Hauptisolierung sind keine besonders lokalisierbare Beschädigungen erkennbar. Alle organischen Isolierstoffe, wie Papier. Asphalt und Schellack, waren jedoch infolge hoher Betriebstemperatur so stark gealtert, daß die Isolierung der gesamten Wicklung spröde und brüchig war. Die Wicklung wurde erneuert

Messungen des Verlustfaktors, abhängig von Spannung und Temperatur an den ausgebauten Teilen, anschließende Spannungsproben bis zum Durchschlag und endlich Öffnen der Isolierung und visuelle Inspektion geben meist ein ausreichendes Bild vom Zustand der Isolierung. Chemische und mechanische Untersuchungen können bei Bedarf noch zur Aufklärung von Einzelheiten etwa auftretender Zerstörungen dienen.

Zweckmäßigerweise werden Wicklungselemente, Stäbe oder Spulen vom spannungsmäßig hoch beanspruchten Wicklungsanfang und vom praktisch nur thermisch beanspruchten Sternpunkt gleichzeitig ausgebaut und einer vergleichenden Untersuchung unterworfen. Ein derartiges Verfahren wird zwar oft auf Abneigung stoßen, tatsächlich können aber gerade die letzten Entscheidungen über die Notwendigkeit der

Abb. 194. 6,3 kV-Wasserkraftgenerator. Vergrößerte Abbildung der Durchschlagstelle in einer Stabisolierung. Innenseite der Umpressung mit Bruchlinie in der Isolierung, die in die Durchschlagstelle weist. Der Schaden konnte sicher als Einzelfall einer mechanischen Beschädigung erkannt werden. Eine generelle Verschlechterung der Isolierung lag nicht vor

Neuwicklung von Maschinen meist erst nach derartigen Untersuchungen erfolgen.

Abb. 193 bis 195 zeigen Beispiele von Isolierungen, die zur besseren Beurteilung der Schadensfälle aufgeschnitten wurden. Besonders augenfällig sind Abb. 194, in der eine äußerlich nicht erkennbare Bruchlinie in der Mikafoliumumpressung sichtbar wurde, und Abb. 195, in der sich die unvollständige Imprägnierung einer noch nicht im Vakuum asphaltierten Windungsisolierung zeigt.

4. Die Praxis der Betriebsüberwachung

Es sind mehrere ihrem Wesen nach unterschiedliche Aufgaben der Betriebsüberwachung zu unterscheiden,

Abb. 195. Spule aus einem 6 kV-Motor, Baujahr 1929. Die Windungsisolierung aus Baumwollgewebe ist stellenweise nicht imprägniert. Die Maschine fiel durch Windungsschluß aus und mußte eine neue Wicklung erhalten

nämlich die Schwachpunktsuche und -beseitigung, die periodische Kontrolle allgemeiner Alterungsvorgänge in der Isolierung, die Sicherstellung günstiger Betriebsbedingungen und die Ortung bereits eingetretenen Fehler oder Isolationsveränderungen.

a) Die Schwachpunktsuche. Vorhandene Schwachpunkte der Isolierung können auf Fertigungsfehler zurückgehen, die vorhergehende Spannungsproben noch überstanden haben; sie können im Betrieb mechanisch durch Kurzschlußkräfte, Fremdkörper und durch Schwingungen loser Ständerbleche u. dgl. entstehen. Endlich können Heißpunkte innerhalb der Maschine zu lokalen Fehlerstellen in der Isolierung führen.

Schwachpunkte der Isolierung sind nur durch Prüfen der Wicklung mit ausreichend hoher Spannung nachzuweisen; dabei kann Wechsel- oder Gleichspannung verwendet werden. Die Spannungsproben müssen in bestimmten zeitlichen Abständen wiederholt werden, um etwaige beschleunigt alternde Schwachstellen auszuscheiden, bevor sie im Betrieb zum Ausfall der Isolierung führen. Nach dem derzeitigen Stand der Kenntnisse ist eine ausreichend hohe Gleichspannung einer Wechselspannung vorzuziehen, um Spannungsalterungsvorgänge, die besonders an Schwachpunkten stattfinden können, während der Prüfung weitgehend auszuschalten. Als Höhe von Prüfgleichspannungen wird vom AIEE-Standard Nr. 56 das 1,6 fache der sonst anzuwendenden Prüfwechselspannung angegeben. Allgemein anerkannte Vorschriften hierüber gibt es z. Z. noch nicht.

Bei Wechselspannungsprüfungen ist international üblich, Wicklungen gebrauchter Maschinen 1 min lang mit dem 1,5 fachen der Maschinennennspannung zu beanspruchen (vgl. deutsche Vorschrift VDE 0530, amerikanische Vorschrift ASA C 50 [*15*], sowjetische *Betriebsvorschriften für Elektrokraftwerke und Versorgungsnetze* [*59*]). Dies gilt für die Hauptisolierung gegen Erde und zwischen den Wicklungssträngen mehrphasiger Maschinen.

Für die Prüfung der Windungsisolierung gibt es keine allgemein anerkannte Vorschrift. AIEE-Standard Nr. 56 empfiehlt die vergleichende Stoßspannungsprüfung an einzelnen Spulen der Wicklung, insbesondere die Induktionsmethode (vgl. S. 204).

b) Der Nachweis allgemeiner Alterungsvorgänge. Anerkannte Meßvorschriften hierzu existieren nicht; die anschließende Zusammenstellung versucht, einen kurzen Überblick über die verschiedenen Prüfverfahren und die durch sie vorzugsweise erkennbaren Veränderungen der Isolierungen zu geben. Bei der zerstörungsfreien Messung von Kenngrößen der Isolierungen ist stets zu berücksichtigen, daß diese prinzipiell nichts über die elektrische Festigkeit der Isolierungen aussagen, sondern ihren Wert vor allem darin haben, daß sie jeweils auf einen Anfangswert bezogen werden können, der für die neuwertige Isolierung möglichst bekannt sein sollte.

Die thermische Alterung. Die Erwärmung der Maschinen im Betrieb hat im Laufe längerer Zeit chemische und physikalische Veränderungen in allen organischen Bestandteilen der Isolierungen zur Folge. Die Überschreitung der vom Hersteller der Maschinen vorgesehenen Betriebstemperaturen durch Überlastungen oder ungenügende Kühlung infolge Fehlbedienung oder Verschmutzung von Kühlwegen kann zur Beschleunigung der Alterungsvorgänge führen. Die thermische Alterung ist bei manchen Isolationsarten durch Messung der Temperaturabhängigkeit des Verlustfaktors zu erkennen. Periodische Messungen von Isolationsstrom und Widerstand mit niedriger Gleichspannung können ebenfalls Hinweise auf Veränderungen der Isolierung geben. Ernsthafte Schäden durch hohe Temperaturen werden durch Häufung von Wicklungsschlägen bei der periodischen Prüfung mit hoher Wechsel- oder Gleichspannung aufgedeckt. Die elektrische und visuelle Untersuchung ausgebauter Stäbe bringt die wertvollsten Aussagen über den tatsächlichen Grad der Alterung.

Die elektrische Alterung. Die elektrische Beanspruchung der Isolierung hat bisweilen ebenfalls Alterungsvorgänge zur Folge, die dann den Wicklungsanfang betreffen. Sie können in einer Verschlechterung der Isolierung oder auch in einem Angriff auf den Leiterverband der Spulen oder Stäbe bestehen. Nur in ganz groben Fällen sind solche Beschädigungen aus einer Erhöhung des periodisch gemessenen Verlustfaktoranstieges erkennbar.

Spannungsproben und Untersuchung ausgebauter Wicklungselemente sind die sichersten Mittel zum Nachweis dieser nur selten in stärkerem Maße auftretenden elektrischen Alterungsvorgänge.

Mechanische Veränderungen der Isolierung. Hierher gehört das Aufgehen der mit thermoplastischen Bindeharzen hergestellten Isolierungen als Folge der Betriebserwäruung. Es ist nachweisbar durch die Zunahme des an der eingebauten Wicklung periodisch gemessenen $\tan\delta$-Anstieges $\varDelta \tan\delta/\varDelta U$. Veränderungen der Isolierung durch die bei Lastwechseln der Maschine auftretenden unterschiedlichen Wärmedehnungen von Isolierung, Wicklungskupfer und Ständereisen sind nur visuell oder, falls eine merkliche Schädigung eingetreten ist, durch Spannungsproben nachweisbar. Schäden dieser Art sind selten und bisher in größerem Umfang nur bei asphaltimprägnierten Glimmerbandisolierungen (USA) von großen Turbogeneratoren und einigen langen Maschinen mit Asphaltmikafoliumisolierung bekannt geworden.

Veränderung durch chemische Einflüsse. Über den meßtechnischen Nachweis derartiger Einflüsse liegen bisher keine Erfahrungen vor. Chemische Schädigungen sind allgemein auf aggressive gas- oder dampfförmige mit der Kühlluft in die Maschinen eindringende Produkte zurückzuführen. Die Wickelkopfisolierung ist daher chemischen Ein-

14*

flüssen besonders ausgesetzt. Die getrennte Messung der dielektrischen Verluste oder des Isolationsstromes dieses Teiles der Isolierung wird daher am ehesten Hinweise auf chemische Veränderungen erwarten lassen. Der visuellen Untersuchung des Wickelkopfes kommt zur Erkennung derartiger Schäden eine erhöhte Bedeutung zu.

c) Vorübergehende Isolationsverschlechterung. Feuchtigkeitsaufnahme und Verschmutzung der Isolierung können die Betriebsfähigkeit einer Maschine gefährden; als Alterungsvorgänge sind diese Erscheinungen jedoch nicht zu werten, da sie durch Trocknung und Reinigung wieder rückgängig zu machen sind.

Feuchtigkeit. Zum Nachweis von Feuchtigkeit in Isolierungen hat sich bereits in vielen Ländern die Messung des Polarisationsindex *PI* mit niedriger Gleichspannung eingeführt. AIEE-Standard Nr. 56 (USA) gibt als Richtwerte für trockene und saubere Isolierungen einen Polarisationsindex (Verhältniswert des 1- und 10-Minutenwertes des Isolationsstromes) von $\geqq 1{,}5$ bei Klasse A- und $\geqq 2{,}5$ bei Klasse B-Isolierungen an. Mit ähnlichen Werten wird auch in anderen Ländern gearbeitet (vgl. S. 171). Absolutwerte des Isolationswiderstandes und des Verlustfaktors sind ebenfalls zur Beurteilung des Feuchtigkeitsgehaltes geeignet. Dabei ist es bei mehrphasigen Maschinen vorteilhaft, die Wickelkopfisolierung, die der Feuchtigkeit besonders ausgesetzt ist, gesondert zu erfassen (vgl. S. 161).

Verschmutzung. Der Nachweis der Verschmutzung von Wicklungsisolierungen ist im wesentlichen einer visuellen Beurteilung vorbehalten. Unter Umständen können Messungen des Isolationswiderstandes und des Verlustfaktors besonders zwischen verschiedenen Wicklungssträngen Hinweise auf Verschmutzung geben.

d) Die Fehlerortung. Eine grobe Ortung von Isolationsfehlern ist zunächst immer soweit möglich, wie sich die Wicklung in einzelne Abschnitte auftrennen läßt. Über die Ermittlung des fehlerhaften Wicklungsabschnittes hinaus kann jeweils noch durch Prüfen zwischen getrennten Wicklungsteilen und gemeinsame Prüfung beider Teile gegen Erde festgestellt werden, ob die Wickelkopfisolierung zwischen den Teilen oder die Hauptisolierung betroffen ist. Dies gilt sowohl für den Nachweis allgemeiner Veränderungen durch zerstörungsfreie Messung von Verlustfaktor und Isolationsstrom, wie für die Lokalisierung von Durchschlagstellen.

Eine Sonderstellung unter den lokalisierenden Prüfverfahren nimmt die Messung des Hochfrequenzstörfeldes von Glimmentladungen mit Hilfe von kapazitiven oder induktiven Sonden über den Nutverschlußkeilen ein. Unter günstigen Umständen lassen sich so einzelne Wicklungselemente mit starken inneren Glimmentladungen nachweisen, in Zweischichtwicklungen allerdings wohl nur in der Oberlage.

Besonders wichtig kann jedoch bei unvorhergesehenen Schäden im Betrieb die schnelle Ortung von Erd- (Gestell-) Schlüssen, von Wicklungsschlüssen zwischen verschiedenen Wicklungssträngen und von Windungsschlüssen sein.

Ortung von Erdschlüssen. Ausbrennen. Die einfachste Methode ist die des *Ausbrennens* der Fehlerstelle mit einer leistungsfähigen Gleich- oder Wechselstromquelle. Solange die Erdschlußstelle noch einen gewissen Übergangswiderstand besitzt, wird durch den fließenden Fehlerstrom die Isolierung erhitzt und verbrennt an der Fehlerstelle unter Rauchbildung. Die in Frage kommenden Maschinenteile müssen gut sichtbar sein und Zugluft ist möglichst zu vermeiden, damit der Rauch nicht in unzugängliche Teile der Maschine verdrängt wird. Die Dauer einer solchen Prüfung ist begrenzt, da der Übergangswiderstand und die noch verbrennbare Menge an Isolierstoffen an der Fehlerstelle abnehmen.

Entladen eines Kondensators auf die Fehlerstelle. An Stabwicklungen kann man Erdschlüsse auch dadurch finden, daß ein mit Gleichspannung von einigen kV aufgeladener Kondensator in der Größe von etwa $0{,}1 \cdots 10\,\mu\mathrm{F}$ auf den fehlerhaften Wicklungsabschnitt (z. B. auch ein nicht beschädigter Wicklungsstrang) entladen wird. Durch die stoßartig umgesetzte Ladeenergie entsteht an der Fehlerstelle ein Funke, der durch seine Licht- und Geräuschwirkung leicht zur Ortung herangezogen werden kann. Bei Spulenwicklungen empfiehlt sich diese Methode nicht, weil eine unkontrollierbare Beanspruchung der Windungsisolierung gesunder Wicklungsteile auftreten könnte.

Stromspannungsmessungen. Die bekanntesten Methoden zur Ortung von Erdschlüssen beruhen auf Strom- bzw. Spannungsmessungen. Nach Abb. 196 werden die Teilspannungen U_1 und U_2 an den Klemmen einer

mit der Gleichspannung U_3 beaufschlagten Wicklung mit einem möglichst hochohmigen Voltmeter gemessen [6]. Ist der Übergangswiderstand R_e der Erdschlußstelle gegenüber dem Instrumentenwiderstand vernachlässigbar klein, so wird $U_1 + U_2 = U_3$, und die Teilspannungen sind den jeweiligen Wicklungslängen zwischen Klemmen und Erdschluß-

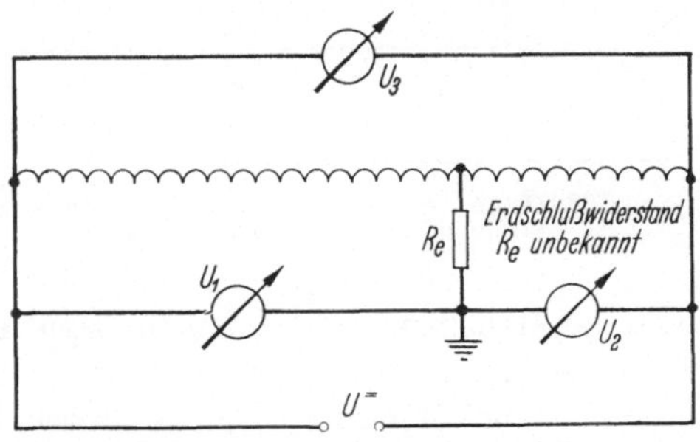

Abb. 196. Ortung eines Erdschlusses, Teilspannungen $U_1 + U_2 \lessgtr U_3$, Messung mit hochohmigem Voltmeter [6]

stelle proportional. Nach Abb. 197 kann mit Hilfe von zwei Widerständen R_3 und R_4 und einem empfindlichen Strommesser als Nullinstrument eine sehr empfindliche Brückenschaltung aufgebaut werden, in der R_e keine Rolle spielt. Messungen dieser Art sind über die Schleifringe auch an Polradwicklungen während des Laufes möglich.

Eine zweite Methode beruht darauf, daß nach Abb. 198 Gleichströme i_1 und i_2 von den beiden Enden in die Wicklung eingespeist werden, die gemeinsam über die Erdschlußstelle zurückfließen. In den beiden zwischen Erdschluß und Klemmen liegenden Wicklungsteilen fließen Ströme verschiedener Richtung. Weist man längs der Wicklung die Stromrichtung, z. B. mit einer Magnetnadel nach, so erkennt man die Erdschlußstelle am plötzlichen Umschlagen der Stromrichtungsanzeige.

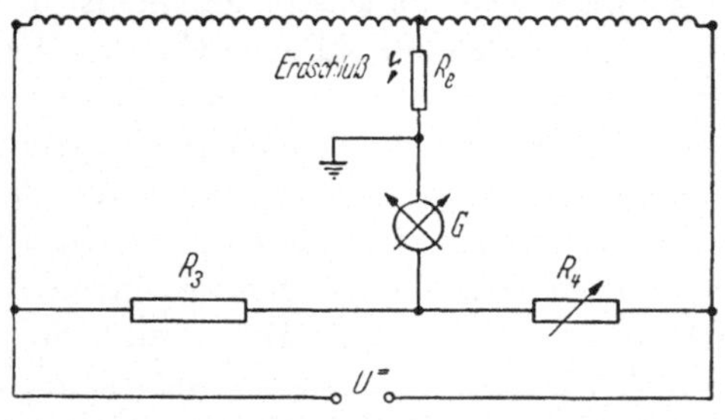

Abb. 197. Ortung eines Erdschlusses mit Brückenschaltung

R_1, R_2 Teilwiderstände der Wicklung; R_3 Festwiderstand; R_4 veränderlicher Widerstand; R_e Widerstand der Erdschlußstelle; G Strommesser als Nullinstrument

Bei Anwendung der gleichen Methode unter Verwendung von Wechselstrom läßt sich die Stromumkehr auch mit geeigneten Induktionsschleifen oszillographisch feststellen.

Eine Methode zur Ortung von Erdschlüssen in Ständerwicklungen mit Stoßspannungen verwendet die Richtungsumkehr eines induzierten Spannungsimpulses in einer in die Ständerbohrung eingebrachten Sondenwindung [55].

Ortung von Windungsschlüssen. Die einfachsten Methoden zum Auffinden von Windungsschlüssen beruhen auf dem Nachweis der durch die Kurzschlußwindungen erzeugten zusätzlichen Erwärmungen.

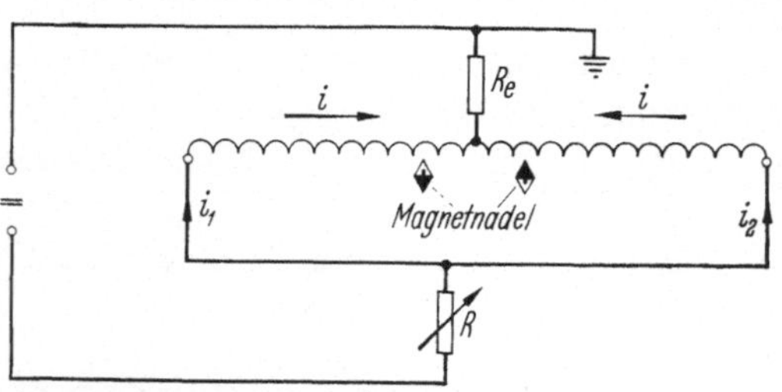

Abb. 198. Ortung eines Erdschlusses durch Anzeige der Stromumkehr mit Magnetnadeln [6]

Spulen mit Windungsschlüssen sind u. U. schon an Verfärbungen der Isolierung erkennbar; oft tritt im Gefolge eines Windungsschlusses durch Verbrennen der Hauptisolierung an der Fehlerstelle zusätzlich ein Erdschluß auf, und endlich kann man beim Fehlen dieser Anzeichen eine Maschine mit Windungsschluß nochmals kurzzeitig in Betrieb nehmen und nach Abschalten durch Abtasten die übererwärmte Spule suchen.

Andere Verfahren, z. B. vorzugsweise für Asynchronmaschinen, beruhen auf Induktionswirkungen zwischen Ständer- und Läuferwicklung [6], wobei je nach Speisung der Ständer- oder Läuferwicklung mit Wechselstrom das Drehen des Läufers nur ruckweise möglich und mit Schwankungen des eingespeisten Stromes verbunden ist, wenn die nicht gespeiste, offene Wicklung den Windungsschluß enthält. Sind die Windungen oder die Anschlüsse einzelner Pole einer Wicklung, z. B. bei Polradwicklungen frei zugänglich, so kann man bei Speisung der Wicklungen mit Gleich- oder Wechselstrom die Spannung an gleichartigen Wicklungsteilen vergleichen und findet so leicht die schadhaften Pole oder Windungen. Abb. 199 zeigt die Ortung von Windungsschlüssen

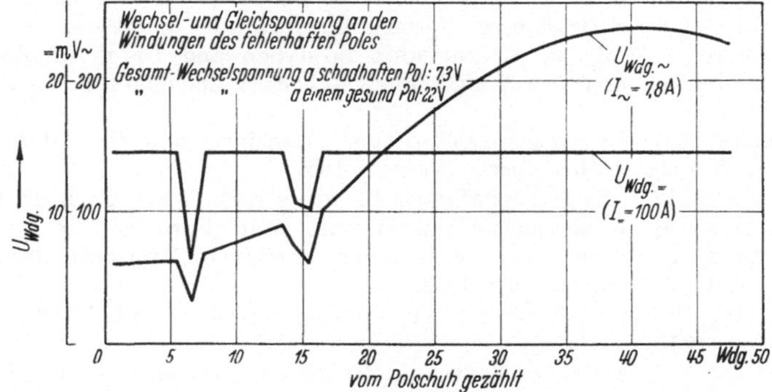

Abb. 199. Ortung von Windungsschlüssen in der Erregerwicklung eines Wasserkraftgenerators

durch Messung der Windungsspannungen an einem Pol der Erregerwicklung eines großen Wasserkraftgenerators. Die Anwendung von Wechselstrom gestattet, mit weniger empfindlichen Meßinstrumenten und mit schwächeren Stromquellen zu arbeiten.

Die Ortung von Windungsschlüssen in Polwicklungen, die nur im Lauf auftreten, ist durch Widerstandsmessung möglich; dabei ist jedoch mindestens ein zusätzlicher Schleifring erforderlich und die Anschlüsse der einzelnen Pole müssen zugänglich sein.

Auch die bereits auf S. 204 erwähnte vergleichende Stoßspannungsprüfung mit Induktionsspulen ist zum Auffinden von Spulen mit Windungsschlüssen geeignet. Bei satten Windungsschlüssen können dabei sehr niedrige, für die Windungsisolierung völlig ungefährliche Stoßspannungen verwendet werden. Endlich ist noch auf die im Handel für die Ortung von Windungsschlüssen erhältlichen Instrumente hinzuweisen, die auf dem Nachweis des verstärkten magnetischen Streuflusses beruhen, der über Nuten entsteht, in denen Kurzschlußwindungen liegen.

14 a*

Schrifttumsverzeichnis

A. Bücher

[1] D'Ans, J., u. E. Lax: Taschenbuch für Chemiker und Physiker, 2. Aufl. Berlin/Göttingen/Heidelberg: Springer 1949, S. 1136 und 1384.

[2] Fleming, A. P. M., u. R. Johnson: Insulation and Disign of Electrical Windings. London/New York/Bombay/Calcutta: Longman, Green and Co. 1913.

[3] Heiles, F.: Wicklungen elektrischer Maschinen und ihre Herstellung, Berlin/Göttingen/Heidelberg: Springer 1953.

[4] Oburger, W.: Die Isolierstoffe der Elektrotechnik. Wien: Springer 1957.

[5] Roth, A.: Hochspannungstechnik, 3. Aufl. Wien: Springer 1950.

[6] Spieser, R.: Krankheiten elektrischer Maschinen, Transformatoren und Apparate. Berlin: Springer 1932.

[7] Stäger, H.: Werkstoffkunde der elektrischen Isolierstoffe. Berlin: Borntraeger 1955.

[8] Turner u. Hobart: Die Isolierung elektrischer Maschinen. Berlin: Springer 1906.

[9] Wandeberg, E.: Kunststoffe in Industrie und Technik. Berlin/Göttingen/Heidelberg: Springer 1955.

B. Vorschriften, Richtlinien, Empfehlungen

[10] VDE 0318, Regeln für Hartpapier und Hartgewebe (Schichtpreßstoffe).

[11] VDE 0331, 1932, Leitsätze für Prüfung und Lieferung von Asbestfabrikaten.

[12] VDE 0332/IX, 1938, Leitsätze für Glimmererzeugnisse.

[13] DIN 7735, Typentafeln für Schichtpreßstoffe.

[14] AIEE Standard Nr. 43, April 1950.

[15] AIEE Standard Nr. 56, Febr. 1958.

C. Aufsätze, Einzelveröffentlichungen

[16] Abbeg, K.: Bull. Oerlikon 324 (1957) S. 78—81.

[17] Abbeg, K., Ch. Caflisch u. F. Knapp: Bull. Oerlikon Nr. 332 (1959) S. 8—21.

[18] Beldi, F.: Bull. SEV 39 (1948) S. 329—335.

[19] Beldi, F.: E. u. M. 50 (1932) S. 541—549.

[20] Bormann, E.: Siemens-Ztschr. 29 (1955) S. 482—500.

[21] Büssing, W.: Arch. f. El. Tech. 36 (1942) S. 333—361 und S. 735—742.

[22] Caflisch, C.: Diskussion zu [75]. Techn. Ber. 193 (Dez. 1959) der Studiengesellschaft für Höchstspannungsanlagen.

[23] Cameron, A. W.: Trans. Amer. Inst. El. Eng. III, 71 (1952) S. 263—274.

[24] Cameron, A. W.: Diskussion zu [31].

[25] Cameron, A. W., u. A. M. Sinclair: Trans. Amer. Inst. El. Eng. III, 75 (1956) S. 201—210.

[26] CIGRE-Studienkomittee Nr. 17, Unterkommission f. diel. Untersuchungen, Bericht vom 31. 1. 1957.

[27] DAKIN, T. W., H. M. PHILOFSKY u. W. C. DIVENS: El. Eng. 73 (1954) S. 812—817.

[28] DESCANS, F.: Bull. Soc. Franc. Electr. 3 (1953) S. 719—726.

[29] DEXTER, J. F.: Bericht auf der Tenth Annual Power Distribution Confer., Austin, Texas, 28.—30. Okt. 1957.

[30] DOLJAK, B., M. MORAVEC u. O. WOHLFAHRT: BBC-Mitteilungen 47 (1960) S. 352—360.

[31] DUKE, C. A., C. W. ROSS u. J. S. JOHNSON: Trans. Amer. Inst. El. Eng. III, 75 (1956) S. 673—679.

[32] EDWIN, K.: Diss. TH Graz 1959.

[33] EDWIN, K., u. W. H. ZWICKNAGL: E. u. M. 77 (1960) S. 141—149.

[34] EDWIN, K.: ÖZE 13 (1960) S. 625—632.

[35] FABRE, J., G. LANG, J. LAVERLOCHÈRE, G. LEROY, J. NARCY u. G. RUELLE: CIGRE-Bericht 137 (1956).

[36] FABRE, M. J.: Rev. El. Gen. 68 (1958) S. 105—113.

[37] McFARLIN, V. S.: AIEE-Conference Paper 58—1310.

[38] FINDEISS, A.: Diskussion zu [116].

[39] FINDLAY, D. A., R. G. BREARLY u. C. C. LOUTTIT: Trans. Amer. Inst. El. Eng. III, 78 (1959) S. 268—279.

[40] FLYNN, E. J., C. E. KILBOURNE u. C. D. RICHARDSON: Trans. Amer. Inst. El. Eng. III, 77 (1958) S. 358—365.

[41] FOOTE, N. M.: Industr. and Eng. Chem. 39 (1947) S. 1642—1646.

[42] GEMANT, A.: Arch. Elektrotechn. 23 (1930) S. 683—694.

[43] GIBSON, G. P., u. G. L. MOSES: Westinghouse Eng. (Juli 1954).

[44] GSODAM, H.: ELIN-Zeitschr. 10 (1958) S. 167—174.

[45] HAIER, U.: Bull. scientifique de l'association des ingenieurs electriciens. Hrsgb.: L'institut electrotechnique montefiore (Sept.—Okt. 1958) S. 858 bis 877.

[46] HELD, W.: VDE-Fachberichte 19 (1956).

[47] HUNT, G. H., J. J. KOULOPOULOS u. P. H. WARE: Trans. Amer. Inst. El. Eng. III, 77 (1958) S. 25—28.

[48] JOHNSON, J. S.: Trans. Amer. Inst. El. Eng. 70 (1951) S. 749—755.

[49] JOHNSON, J. S.: Trans. Amer. Inst. El. Eng. II, 70 (1951) S. 1993—1997.

[50] JOHNSON, J. S., u. A. W. ZWIENER: Trans. Amer. Inst. El. Eng. III, 76 (1957) S. 416—420.

[51] JOHNSON, J. S., u. R. E. KELLY: AIEE-Conference Paper 57—295.

[52] JOHNSON, J. S., u. R. M. SEXTON: Diskussion zu [39].

[53] KALLAS, H.: VDJ-Z. 99 (1957) S. 502—506.

[54] KERN, B.: ETZ-A 78 (1957) S. 849—858.

[55] KERN, B.: ETZ-A 79 (1958) S. 956—964.

[56] KERN, B.: Elektroteknisk Tidsskrift (Norw.) 9 (1960).

[57] KILBOURNE, C. E.: Diskussion zu [66].

[58] KNAPP, F.: Diskussion zu [75]. Techn. Ber. 193 (Dez. 1959) der Studiengesellschaft für Höchstspannungsanlagen.

[59] KOLIN, J. S.: Elektrischeskije Stanzii 1956, S. 25—28.

[60] KOSKE, B.: Energietechnik 2 (1952) S. 181—186.

[61] KOSYREW, N. A., u. E. L. LITWINOWA: Elektrischestwo 1956, H. 8.

[62] KRAFT, R.: VDJ-Z. 99 (1957) S. 511—520.

[63] KUEHLTHAU, J. L., u. P. A. KRYDER: Allis Chalmers El. Rev. 20 (1955) S. 4—7.

[64] LAFFON, C. M.: Trans. Amer. Inst. El. Eng. 49 (1930) S. 213—225.

[65] LAFFOON, C. M., u. J. F. CALVERT: Trans. Amer. Inst. El. Eng. 54 (1935) S. 624—631.

[66] LAFFOON, C. M., C. F. HILL, G. L. MOSES u. L. J. BERBERICH: Trans. Amer. Inst. El. Eng. 70 (1951) S. 721—730.

[67] LANGLOIS-BERTHELOT, R.: CIGRE-Bericht 105 (1954).

[68] LIEBSCHER, F., u. ZIEGLER: Siemens-Z. 8 (1928) S. 581—587.

[69] LIEBSCHER, F.: Wiss. Veröffentl. a. d. Siemenswerken 21 (1943).

[70] LIEBSCHER, F.: ETZ-B 1955, S. 359—362.

[71] LIEBSCHER, F.: VDE-Fachberichte 19 (1956).

[72] LIEBSCHER, F., u. H. MEYER: ETZ-A 78 (1957) S. 481—490.

[73] LINDSTRÖM, C.: ASEA-Tidning 51 (1959) S. 63—69.

[74] MEYER, H.: ETZ-B 9 (1957) S. 289—293.

[75] MEYER, H.: ETZ-A 80 (1959) S. 719—724.

[76] MEYER, H.: E. u. M. 76 (1959) S. 189—199.

[77] MODLINGER, R.: Elektrizitätswirtsch. 55 (1956) S. 758—761.

[78] MONTSINGER, V. M.: Trans. Amer. Inst. El. Eng. 49 (1930) S. 397.

[79] MOSES, G. L.: Trans. Amer. Inst. El. Eng. 70 (1951) S. 763—769.

[80] MOSES, G. L., u. R. J. ALKE: Trans. Amer. Inst. El. Eng. III, 72 (1953) S. 123—131.

[81] MOSES, G. L., u. J. C. BOTTS: CIGRE-Bericht 136 (1954).

[82] MOSES, G. L.: Trans. Amer. Inst. El. Eng. 75 (1954) S. 522—525.

[83] MOSES, G. L., u. J. C. BOTTS: AIEE-NEMA-Confer., 7.—10. Dez. 1959, Wash., DC, USA, Conference Paper 59—5073.

[84] MULAVEY, J. E.: Trans. Amer. Inst. El. Eng. III, 75 (1956) S. 152—156.

[85] MURPHY, E. J.: Trans. Electrochem. Soc. 83 (1943) S. 161—174.

[86] NOWAK, P., u. F. WEBER: ETZ-B 10 (1958) S. 101—107.

[87] NOWAK, P.: ETZ-A 80 (1959) S. 692—698.

[88] PALM, A.: ATM J 921-3 (Sept. 1932).

[89] PLETENIK, A.: AIEE-Winter-Meeting, Jan.—Febr. 1955, Conference Paper.

[90] POLECK, H.: Wiss. Veröff. a. d. Siemenswerken 18 (1939) S. 129—147.

[91] POLECK, H.: ATM J 921-15 (Nov. 1939).

[92] POVEY, E. H., u. F. S. OLIVER: El. Eng. 70 (1951) S. 498.

[93] RENAUDIN, C.: CIGRE-Bericht 105 (1954) Anhang II.

[94] RIMKUS, H.: Diss. TH Berlin 1948.

[95] RYLANDER, J. L.: Journ. Amer. Inst. El. Eng. (März 1926) S. 217.

[96] SCHERING, H.: Z. f. Instrumentenkunde 1920, S. 124.

[97] SCHINDELMEISER, F.: Diskussion zu [75]. Techn. Ber. 193 (Dez. 1959) der Studiengesellschaft für Höchstspannungsanlagen.

[98] SCHLEIF, F. R., u. L. R. ENGVALL: Trans. Amer. El. Eng. III, 78 (1959) S. 156—163.

[99] SCHMIDT, M. L.: Trans. Amer. Inst. El. Eng. III, 77 (1958) S. 747—749.

[100] SCHWENKHAGEN, H. F.: Der Maschinenschaden 25 (1952) S. 105—116.

[101] SEXTON, R. M., u. R. J. ALKE: El. Eng. 70 (1951) S. 270—274.

[102] SHIMITSU, T., N. ISEKI u. R. TANIGUCHI: Fuji Denki Rev. 5 (1959) S. 1—11.

[103] SIEMER, W.: ETZ-A 76 (1955) S. 321—326.

[104] SIDWAY, C. L., u. B. R. LOXLEY: Trans. Amer. Inst. El. Eng. III, 72 (1953) S. 1121—1129.

[105] STEVENS, K. M., u. J. S. JOHNSON: Trans. Amer. Inst. El. Eng. III, 73 (1954) S. 1115—1126.

[106] TOMIYAMA, J., C. UENOSONO, S. HOKI u. G. IKEDA: CIGRE-Ber. 113 (1956).

[*107*] VEITH, H.: Frequenz 3 (1949) S. 165—173 und S. 216—223.
[*108*] VEITH, H.: Kolloid-Z. 150 (1957), S. 14—19.
[*109*] VOGLIS, G. M.: Z. Physik 109 (1938) S. 52—79.
[*110*] WAY, W. R.: CIGRE-Ber. 111 (1954).
[*111*] WELLAUER, M.: Bull. Oerlikon 251 (1944) S. 1625.
[*112*] WILIMZIG, H.: Siemens-Zeitschr. 31 (1957) S. 598—601.
[*113*] WINFREY, R.: Jowa State College Bull. 125 (1935).
[*114*] WICHMANN, A.: ETZ-A 77 (1956) S. 289—294.
[*115*] WICHMANN, A.: ETZ-A 77 (1956) S. 512—517.
[*116*] WICHMANN, A.: VDE-Fachberichte Nr. 19 (1956).
[*117*] WICHMANN, A.: E. u. M. 74 (1957) S. 169—172.
[*118*] WICHMANN, A.: Bericht zur Sitzung d. CIGRE-Studienkomittees Nr. 17 (Generatoren) am 9. 10. 1959 in Brüssel.
[*119*] WICHMANN, A.: ETZ-B 12 (1960) S. 237—243.
[*120*] WICHMANN, A.: ETZ-A 76 (1955) S. 340—347.

Sachverzeichnis